商管 全華圖書
叢書 BUSINESS MANAGEMENT

U0044853

Training and
Development for Industry

5 版

企業訓練與發展

維持組織競爭力
的不二法門

張仁家　著

單元編排扎實

章前除以「管理格言」引領讀者快速學習，並於章後規劃「本章摘要、章後習題、問題與討論」單元，幫助讀者快速掌握學習重點。

理論實務並重

本書以企業教育訓練的「規劃與實施程序」編排，並提供國內中小企業訓練與發展的實例，以契合師生進行相關議題的探討。

最新資訊增補

本版除更新相關企業訓練法規，也與時俱進，修正了關於此領域的理論內容，以利讀者掌握最新企業訓練發展脈動。

願將此書獻給我最親愛的家人！

全華圖書股份有限公司

五版序

近年因氣候劇變、COVID-19 疫情、俄烏戰爭、ChatGPT 快速發展等因素，對自然環境、社會及全球經濟產生嚴重影響，永續發展成為政府與企業經營的首要課題。不論是在主流媒體或是企業，幾乎都在倡議 ESG。ESG 的縮寫首見於聯合國在 2004 年發布的「WHO CARES WINS」報告，報告中提出企業應該要將環境 (Environmental)、社會 (Social)、公司治理 (Governance) 3 項指標納入企業營運的評量標準，除了促進企業永續經營之外，也能替社會、環境與經濟帶來正面效益，並讓公司有效實現企業社會責任 (CSR, Corporate Social Responsibility)。

「人才是企業最重要的資本」。企業在面臨全球競爭激烈的景況下，愈來愈多的組織致力於開發智慧資本以取得競爭優勢。許多領導人認為成功的企業與失敗的企業間差別在於組織是否能夠吸引、發展、配合、保留其人力資本，以達到永續的經營；另外，社會對於終身學習概念日趨重視，企業亦逐漸了解持續性學習對組織建立競爭力的重要性，因此更是將人才的訓練與發展視為提升競爭力的重點策略之一。以往，訓練僅著重課堂的講授，然而，當體認到持續學習的重要性後，訓練在組織中所扮演的角色逐漸朝向 LCS（學習 learning、創造 creating 與分享 sharing）的角色發展，此種角色意涵在於它能協助組織建立難以取代的競爭優勢，並從策略的角度出發，以處理因環境快速變化所帶來的種種挑戰。這種策略性的思維與轉變，對一位教育訓練的工作者實不可不慎。

一本大專程度的專業用書能夠印行到第五版，除了感謝讀者對《企業訓練與發展》一書的支持外，我更意識到產官學研界對於教育訓練的殷切需求，也就是這股力量讓我不得不對這本書的修訂過程更加戰戰兢兢。除了保留原有安排的章節，另也增加了許多新興議題，如勞動權益、數位轉型、職能基準及 TTQS 等。「作家永遠不可以忘記他的讀者是哪些人」。在修訂這本書時，我一直牢記這句話。尤其是在修訂的過程中，我不曾忘記這本書的讀者們是「學生」及剛踏入人資領域的「社會新鮮人」，而不是那些教授及研究人員。因此，除了增加近幾年的思潮重點，那些太過於學術性的議題則予以刪除，另加入一些實務性的議題。對於本書的特色，在此做簡單的介紹，但真正的感受還是留待讀者去細細品味了。在前三版的章節中，包括了教育訓練體系的五大環節：

- 訓練需求評估（第四章）
- 訓練計畫擬定（第五章）
- 講師的教學（第七章）
- 訓練課程的設計與規劃（第八章）
- 教育訓練的成效評估（第十章）

在第四版中，則新增了以下議題：

- 教育訓練的新趨勢（第一章）
- 科技產業的訓練需求（第一章）
- 專業證照與訓練的關聯性（第三章）

●我國對師級證照制度的落實（第三章）

●企業員工訓練需求的可能方向（第四章）

●心智圖法的概念與應用（第七章）

●體驗式學習的概念與應用（第七章）

●標竿企業的教育訓練方式與途徑（第八章）

●國內中大型企業教育訓練與發展實例（第十一章）

　　企業訓練與發展是指組織有系統規劃的來協助組織成員學習與工作相關、應具備之職能，這些職能包含知識、技能、行為與態度，這都會影響工作績效的表現。到了第五版，除了將有關企業訓練的相關法規做了更新之外，本書特別將勞動部於 2015 年以國家訓練品質獎為基礎，融合國家人力創新獎之精神與做法，並與國際人資獎項評審指標接軌，新成立的獎項「國家人才發展獎」加以介紹。同時，也將職能基準與職能分析的議題納入，對於企業申請驗證，常常與認證一詞混淆，也做了進一步的釐清與探討。

　　一本好的專業用書，應該有許多輔助學習的工具，在這方面，本書有下列特色：

●每章開頭都有一句管理格言，道出本章的重要涵義。

●每章的偏欄均提供該章節的重要名詞與重點整理，有助於讀者領略專業術語之意涵。

●每章均指出該章內容的「重點摘要」，幫助讀者在最短時間掌握該章的重點。

●每章均有 5-7 題的「問題與討論」以及書末附錄的「課堂活動」，供讀者進一步探討，亦可以在課堂上熱烈討論。

●每章的章末均有提供隨堂測驗的試題，可協助教師檢測學生的學習結果，也可以提供給學生自我檢測。

●有些段落為了更能表達概念，爰設計了以 QRCode 的連結方式觀看 Youtube 影片，加深讀者的閱讀印象，也可讓讀者增添樂趣。

　　一本專業書籍的完稿代表了智慧與時間的結晶，但一本書的付梓仍需要許多人的鼓勵與支持，才能問世。特借一隅致上謝忱，首先要謝謝我的恩師—國立澎湖科技大學前校長蕭錫錡，現為正修科大講座教授，還有我的老長官前教育部次長、前臺北科大校長，現為考試院考試委員姚立德，以及長期致力職業訓練與人力發展的勞動部勞動力發展署蔡孟良署長，和多年的好友行政院政務顧問、聖和汽車股份有限公司柯育沅董事長，以及大華人力管理顧問有限公司張啟城董事長，他同時也是國立臺北科技大學現任校友總會的總會長，非常感謝他們在百忙之中撥冗審閱並惠允聯合推薦此書，都給我莫大的鼓勵。全華陳董事長本源的慨允再發行第五版及編輯部王博昶先生的細心編校，在此一併致謝。最後，本書雖然再三修正，但疏漏之處，在所難免。祈請讀者與同好先進們，隨時匡正賜教，讓本書能像學習型組織中的成員—持續成長、不斷改進。

張仁家　謹識

2023年　於臺北端午前夕

目 錄

目　錄

You need to spend your 100% time on key problems.
要將你的百分之一百的時間，用於處理關鍵性的問題。

Robert Townson
羅伯·湯森

資料來源：https://teambuilding.com/blog/time-management-books

Chapter 01

緒論

▮▮▮前言

　　德魯・卡內基（Andrew Carnegie）曾經說過：「帶走我的員工，把工廠留下，不久工廠的地板就會長滿雜草；拿走我的工廠，把我的員工留下，不久後我們會有個更好的工廠。」建構出組織生命力的是人，而非建築物、設備或商標。當我們省思卡內基的話語，我們就知道人在組織的重要性，欲達成組織目標，不能不靠人力資源。在知識密集的數位新經濟時代，如何累積並有效應用知識與培訓優秀人才，已成為國家是否能在變化快速及全球化競爭激烈的產業環境下脫穎而出的關鍵。微軟的總裁比爾・蓋茲（Bill Gates）說過：「未來產業要生存，關鍵是速度」，在面對如此快速變遷，競爭加劇的時代，企業唯有加速員工終身學習，才能「贏」向知識經濟時代。

　　當前是臺灣轉型的重要關卡，能不能在新世紀持續我們的競爭優勢，將會影響臺灣未來的前途與命運。不論是政府或民間都應該深思這個問題，我們不只要跟全球競爭，更要與時間競爭，為了在此競爭的舞臺上，能占有一席之地，進而提升我國的競爭力，均有賴活絡人力資源乃能克竟其功。這些人力如何能推動時代的巨輪、邁向新世紀、擁抱新臺灣？答案就是——持續不斷的學習。在地狹人稠的臺灣，我們應該致力於提升人力，以求在知識經濟時代中脫穎而出；而提升人力，最好的手段莫過於員工的教育訓練與發展。

第一節 教育、訓練和發展之定義

　　在探討教育訓練的意義時，一般均會先將教育（education）、訓練（training）與發展（development）三個名詞加以分析。這三個概念，雖然在目標和功能上有所不同，但彼此間仍然有著相當程度的關聯性，並非相互獨立可以清楚劃分的。

　　Miller（1987）以時間序列將訓練、教育及發展區分為現在、未來、兼具現在與未來三種。也就是，「訓練」是以目前的需求為主，以現階段的任務為首；「教育」則以可預知的未來為前提，加強未來所需的知識與能力；「發展」則兼具現在與未來，包含了長期與短期的需求，並對主要需求施以系統思考，以求全面均衡的發展（圖1-1）。

圖1-1・教育訓練的意義

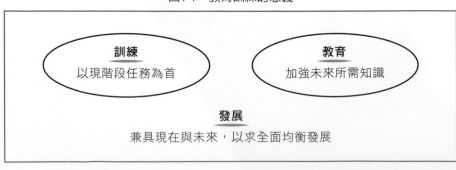

另外，Nadler（1984）認為人力資源發展應包含教育、訓練及發展三個概念的學習活動。因此，明析教育、訓練及發展的意涵為探討教育訓練或人力資源發展之首要工作，茲將三者之意義分述如下：

一、教育

根據維基百科全書（Wikipedia）的定義指出，「教育」即為在課程中對於知識、資訊及技能的學習。在職場中，「教育」即是欲培養員工在某一特定方向或提升目前的工作能力，以期配合未來工作能力提升的規劃，或擔任新工作時對組織能有較多的貢獻。要稱得上「教育」，就必須符合英國教育哲學家皮德思所提的三大規準（Peter's Three Education Criteria）：合價值性、合認知性、合自願性。

> **教育**
> 培養員工在某一特定方向或提升目前的工作能力，以期配合未來工作能力提升的規劃，或擔任新工作時對組織能有較多的貢獻。

1. 合價值性（cognitive）：指教育要合乎價值，符合正向價值意義，教育必須符合一切正向發展的價值活動，價值包含有助於學習者個人潛能開展、或是知識道德的增進。

2. 合認知性（worthwhileness）：指教育要合乎認知，符合求知和辨認事實，課程教材應具有驗證性或否證性，也就是可提供學習者反覆證明其真假，並要配合學習者的身心發展條件。

3. 合自願性（voluntariness）：指教育要合乎自願，符合學習者的意願、學習者的自發性，重視學習者的動機、興趣、能力或潛能等。

教育是一種長期持續不斷的學習過程，目的是增加學習者學習其他新事物的能力，或是提升員工基本的、廣泛性的能力，屬於較長期性、廣泛性、全面性和發展性的學習，重點在「知其然」、「未來用」。

二、訓練

訓練是學習過程中的一部分，教導某人具備所需的技藝、專業或工作能力的歷程（Merriam-Webster, 2016）；Hall 認為訓練是幫助員工透過思想和行動，發展適當的習慣、技能、知識和態度，而在目前或未來的工作上獲得效果的過程（呂貞儀，民 91）；Beach 則提出，訓練乃是工作人員針對某一特定目的而學習某項知識與技能的一種有計畫的歷程（李月卿，民 93）。Daft（2001）甚至認為為了確保企業各項的決策都能考慮倫理議題，也可以透過訓練讓員工習得相關知識（Daft, 2001: 335）。

> **訓練**
> 為了改善員工目前的工作能力及對新工作能夠立即的投入，相對的可以馬上有所產出，以適應新的產品、工作程序、政策和標準等，方能提高工作績效。

綜合以上學者對訓練的定義可知,「訓練」是爲了改善員工目前的工作能力及對能夠立即投入新工作,相對的可以馬上有所產出,以適應新的產品、工作程序、政策和標準等,方能提高工作績效。訓練工作對組織的影響較直接,學員在接受訓練之後,將其有效應用至工作的執行,屬於較短期性、專業性和功能性的學習,重點在「知其行」、「立即用」。

三、發展

發展原爲心理學名詞,係指個人從出生到死亡的一連串歷程,在此過程中,個人的心理與生理均不斷地受到與生俱來的特質,以及後來所獲得經驗的影響。而此處所指的「發展」,則係指員工進入職場後心智的成長與自我實現的歷程。

發展的目的在獲得新的視野、產生新的觀點,使整個組織有新的目標、狀態和環境。在發展活動中,往往將焦點放在儲備員工未來工作責任的長期觀點上,並透過教育及訓練的手段達成,故發展亦可提升員工執行當前工作的能力(Desimone, Werner, & Harris, 2002)。發展通常包含「組織發展」與「個人發展」,兩者有密切的關係,唯有個人能充分的發展,組織發展方能充分發揮。換言之,組織在擬訂組織發展策略時,須先考量個人的發展計畫,因此,發展的重點在「學以致用」。

綜合上述,我們不難發現,「發展」的基礎是「教育」和「訓練」,唯有透過「教育」和「訓練」,員工才得以「發展」,無論如何,在教育訓練之後,都可能讓員工的專業技術增進、人格發展成熟、氣質端莊穩重、智慧思慮成熟、不畏艱難挑戰等。

教育的目的是發展學員的能力,以期盼他們可以勝任未來的某項職位,而訓練的目的是要讓學員在一定的時間內完成知識、技巧等課程學習,在訓練結束後,這些學員已具備相對應的職能,可以在他的工作崗位上,使用這一項職能,以期完成任務(104 人力銀行,民 111)。

鍾欣怡(民 91)認爲教育主要是針對未來的工作績效,而訓練則是針對現在的職務及工作上增加績效;若從定義、目的、導向、範圍、投資報酬、時間、功能、出發點和人力規劃等角度分析教育和訓練之間的差異,如表 1-1 所示,可以發現教育和訓練有其差異性,但也有類似

發展
員工進入職場後心智的成長與自我實現的歷程。目的在獲得新的視野,產生新的觀點,使整個組織有新的目標、狀態和環境。

的性質。如 Goldstein（1993）認為，教育和訓練有許多相類似的地方，兩者均為透過學習經驗，而導致行為改變的歷程，實無加以劃分的必要（呂碧茹，民 88）。此外，由於實務上企業界對於教育、訓練及發展多無明確劃分，故我們常以「教育訓練」泛稱之。

表1-1・教育、訓練和發展之比較

項目	教育	訓練	發展
定義	針對未來工作及職涯發展的需求，學習並獲得系統性的知識與觀念，以處理未來將面對的職務和情境。	引起個人行為改變的歷程。一般是為了獲得目前工作上所需的知識和技能。	組織活動的擴充及其現代化之長期歷程。
目的	「知其然，未來用」：提供知識、觀念與技術，以因應環境的變遷。	「知其行，立即用」：提供特定知識和技能，以有效執行某一特定的工作任務。	「學以致用」：確保組織經常擁有可資運用之人力，以順利達成組織的目標。
導向	將目前所學運用於未來，以中、長期目標為導向。	將所學運用於解決目前實際需要，以短期目標為導向。	兼顧長、短期目標，因應具體化的需要。
範圍	處理有關認知、技能與價值的整合。	處理個人工作及成長目標下的任務。	處理能激發組織成員發揮其潛能，並與現在或未來的組織績效相關的事物。
投資報酬	性質上屬於長期投資，若教育後無適當職位可安置，或轉到其他公司，對原公司將形成投資的損失。	訓練對工作的影響是可立竿見影，由於訓練後可立即使用，投資上所冒的風險較低。	可提高個人工作滿意度；對個人的生產力較易評量，但較難評量對組織的效益。
時間	中、長期	短期	中、長期
功能	培養組織所需人才	配合員工的職務與工作所需	同時滿足受訓者本身成長的學習需求與組織未來發展
出發點	以個人為主	以工作為主	以組織的長程發展著眼
人力規劃	中、長期人力規劃	短期人力規劃	長期人力規劃

資料來源：整理自吳瓊治，民89，頁19；蔡志民，民93，頁27。

第二節　教育訓練的意涵

一、教育訓練的定義

Robbins（2004）指出教育訓練是一種學習經驗，試圖使個人在能力上有相對持久的改變，以增進工作績效；Nadler（1984）則從人力資源發展的角度，將教育訓練定義為雇主所提供之有組織的學習經驗，而員工需在特定的時間內完成，以提升組織整體績效。

此外，教育訓練是經由連續而有系統的發展計畫，以增進員工的知識與技術、改善工作態度，進而提高工作效率與生產力。因此，教育訓練為一種能改善員工從事某項工作的技術與能力的過程。((Colims English Dictionary, 2023)) 換言之，所有的教育訓練都是為了特定目的而協助個人獲得新知或是改善其技能。而這個目的往往希望幫助員工學會執行任務，或是思考使用不同以往的方式執行工作（McArdle, 2007）。

近年來，企業界普遍認為欲取得競爭優勢，訓練的內容不能只涉及員工基本知能的發展。亦即，組織若欲運用訓練以獲致競爭優勢，則必須將訓練視為足以提升其智慧資本（intellectual capital）的手段，而非強化員工的知能而已。智慧資本包括：基本技能（勝任該工作所需的技能）、進階技能（如何利用 IT 與其他員工分享資訊、對顧客或是製造系統的了解程度，以及自發性創造力）（Noe, 2004）。

教育訓練
雇主提供一種具有計畫、目標及組織的學習經驗與機會，目的在於提升員工目前或未來的工作績效，以期最後能提升組織整體的績效。

綜合上述各家看法可以得知，教育訓練為雇主所提供的一種具有計畫、目標及組織的學習經驗與機會，目的在於提升員工目前或未來的工作績效，以期最後能提升組織整體的績效。教育訓練可說是企業組織為維持員工人力素質，達成組織目標的人力培訓過程。

二、教育訓練的實施程序

教育訓練的模式頗多，但各種不同的模式，都不離 Goldstein（1993）所提出的訓練三階段，他認為訓練的過程可分為訓練前的需求評估、訓練與發展和訓練後的成效評估等三大階段，其模式如圖 1-2 所示（Cascio, 1998）：

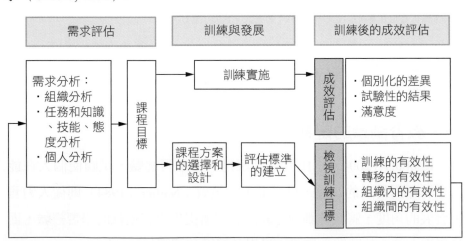

圖1-2・教育訓練的實施程序

資料來源：W.F., Cascio, 1998，p.262。

　　Cascio（1998）則將訓練後的成效評估階段細分爲成效評估及檢視訓練目標二個步驟，故認爲教育訓練過程的模式可分爲需求評估、訓練與發展、成效評估、檢視訓練目標等四個步驟，其中課程目標必須由需求評估之後加以確立，才可同時進行「課程方案的選擇與設計」與「評估標準的建立」二大步驟，前者引導訓練的實施，並應用評估模式進行評估；後者則運用評估模式應用的結果檢視訓練的有效性、轉移的有效性、組織內的有效性、組織間的有效性等訓練目標的達成，以符合組織訓練的需要，發揮教育訓練的功效。

　　而 Nadler(1982) 所提倡提出的教育訓練模式的九大步驟，其主要內涵整理如下：

1. 決定組織訓練需求：決定組織訓練需求的目的在於確定組織問題的本質以及決定是否學習是解決問題重要的途徑。

2. 特定工作分析：詳細說明每一項工作的內涵，以及所期望的績效表現。

3. 確認學員的個人需要：確認哪些從事被指派工作的人之學習需求。

4. 決定訓練目標：決定訓練目標與學習經驗考量之決定因素量，此外尚須列出明確的規劃目標及設計有關的學習目標。

5. 建立訓練課程：了解配合先前所決定的訓練目標，列出學習專案，安排訓練的教學活動。

6. 選擇訓練策略：訓練策略必須符合課程設計的目標。

7. 獲得訓練資源：以計劃妥當的規劃，必須確信所有需要的教學資源取得無礙。

8. 執行訓練：執行訓練須以教學目標與教學策略確實的執行，以確保教學成果的呈現。

9. 評鑑與回饋：從訓練需求分析到訓練執行完成階段中，均需加以評鑑，以瞭解教學目標、教學策略是否達成。

上述系統當中，每一步驟皆利用評估與回饋的機制，相互檢視，反應意見，能彈性地做出至少二次以上的修正，以期建立一完備的技術人員訓練模式，如圖 1-3 所示。

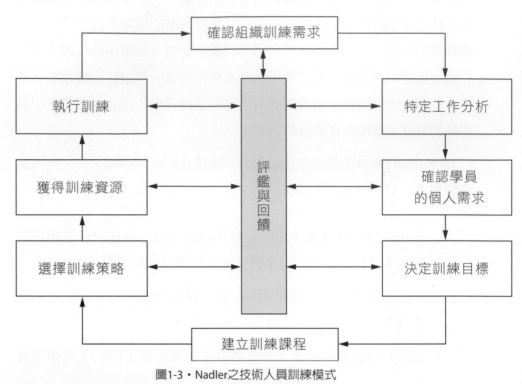

圖1-3・Nadler之技術人員訓練模式

資料來源：Nadler(1982)。

三、教育訓練的步驟

Schuler（1997）認為任何教育訓練的實施都有三個主要的階段，分別為：(1) 決定組織的訓練和發展的需求；(2) 執行實際的訓練和發展，透過一些訓練方案可以學習到新的態度、技能和能力；(3) 訓練成效評估。

Lin（1996）則將訓練與發展活動分為四個部分：需求評估、訓練方案設計、實際執行以及評估四個階段。更可細分為二十個步驟：(1) 確認訓練需求；(2) 決定訓練可解決什麼問題；(3) 評估投資報酬率（ROI）；(4) 確認學習者的需求；(5) 進行工作分析；(6) 估計所需費用；(7) 設立學習目標；(8) 考慮相關的學習理論；(9) 發展課程；(10) 撰寫教案；(11) 選擇教學策略；(12) 尋求教學資源；(13) 考慮員工受訓權益及教材版權等法律問題；(14) 準備所需經費；(15) 準備訓練方案；(16) 安

排訓練所需場地、設備及講義；(17) 課室管理；(18) 計算投資報酬率；(19) 修正訓練方案；(20) 透過管理方式修正整體訓練方針（McArdle, 2007）。

綜合以上學者所提出的觀點，雖然諸位學者對教育訓練制度的看法有些許差異，但是基本的觀念是一致的。胡雯雯（民91）綜合上述學者的看法，歸納出教育訓練的實施程序，可分為下列四步驟：

(一) 訓練需求評估

McGehee & Thayer（1961）對於訓練需求之評估，提出了整合的三層面方案設計，以進行有系統的、客觀的了解訓練需求。此三層面分別是組織分析（organizational analysis）、工作分析（task analysis）及人員分析（personal analysis），但它們不是被個別執行的，必須透過緊密的結合，才能產生統合的訓練需求組合。各項分析之說明，請詳見第四章。

> 訓練需求評估包括：
> (1)組織分析；(2)工作分析；(3)人員分析。

(二) 訓練目標設定

透過訓練的需求分析後，可以得知企業組織長期、中期、短期所要達成的目標，同時，也可以確定企業是否有訓練的需求，或是訓練需求所需的目標設定。通常在決定訓練需求時，必須考慮到企業的政策（policy）、戰術（tactics）、戰略（strategy）、成本（cost）、時間（time）及人員受訓之動機（motivation），進而再設定訓練的目標。

訓練目標應為具體而且可以量測的，明確地訂定出希望透過訓練，使某些能力或表現上產生相當持久的改變，進而達成組織目標。通常我們可運用 SMART 原則訂定組織的成長目標，包括明確的（specitfic）、可衡量的（measurable）、可達成的（achievable）、有關聯的（relevant）、和有時間性（time），它們同時也是設定目標該遵循的原則。透過 SMART 原則，能確保目標具體、明確、量化並能實現。

(三) 訓練方法執行

因應各種不同的訓練方式與主題，所以就有各種類別之訓練，但主要仍以是否將工作崗位作為訓練實施的場域，而分為工作中訓練與工作外訓練（陳鎮江，民89）：

1. 工作中訓練（on-the-job training, OJT）

    OJT 是在工作時以一對一的方式所舉行的訓練。Stern（1986）

> **OJT**
> 工作時以一對一的方式在受訓者的工作崗位上所舉行的訓練。

認為 OJT 發生在工作場所,當員工正在工作的時候進行。陳鎮江(民 89)指出,工作中的訓練是指在受訓者的工作崗位上進行實施訓練,以實際工作為訓練媒體。OJT 是東方企業人才培育的主幹。許宏明(民 84)認為工作中訓練最常使用的方式為:職務輪調、特別的工作指派、實習訓練、職前訓練、學徒制訓練、工作代理、派任專案工作小組、派任委員會工作等(陳鎮江,民 89)。

2. 工作外訓練(off-the-job training, Off-JT)

Stern(1986)指出,工作外訓練發生於工作場所之外。工作外訓練通常是在工作時間或在工作時間之外進行。因此,Off-JT 是指將學員調離工作崗位,於特定時間、特定的訓練場所,將學員集中起來共同學習特定主題(楊松德,民 87)。中大型的企業可能擁有工作外訓練的設施,也可能另尋求外界機構提供訓練。工作外訓練比工作中訓練更為正式,故往往具有以下幾項特徵:

(1) 為團體學習,而非一對一的指導。

(2) 有預定的訓練時間。

(3) 運用專業的訓練人員。

(4) 較理論而較不實務的訓練。

(5) 較常運用系統化的評估。

工作外訓練最常使用的方式,例如:演講法、討論法、角色扮演法、敏感性訓練、籃中練習、管理競賽、電視教學、模擬訓練、個案教學等。

(四) 訓練績效評估

對企業來說,訓練績效評估可用來證明訓練的功能,並可衡量訓練目標是否達成及決定訓練人員之績效(楊松德,民 87)。一般而言,訓練績效評估的目的可劃分為兩大類:改善訓練程序與成效,或是作為日後訓練決策(採行、中止或結束等)的參考。訓練績效評估大多以學員對於訓練課程的體驗和學習成果的反應加以測量,而一般探討評估的模式雖然不少,但大體不脫 Kirkpatrick 四層次評鑑的範圍,其層級先後依序為反應(reaction)、學習(learning)、行為(behavior)和

📄 **Off-JT**
將學員調離工作崗位,於特定時間、特定的訓練場所,將學員集中起來共同學習特定主題。

結果（results），而各層級均有其中心議題（簡建忠，民 84；Delahaye, 2000），如圖 1-4 所示：

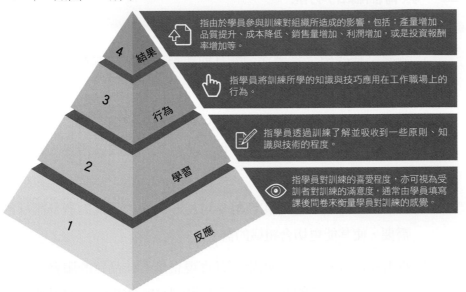

指由於學員參與訓練對組織所造成的影響，包括：產量增加、品質提升、成本降低、銷售量增加、利潤增加，或是投資報酬率增加等。

指學員將訓練所學的知識與技巧應用在工作職場上的行為。

指學員透過訓練了解並吸收到一些原則、知識與技術的程度。

指學員對訓練的喜愛程度，亦可視為受訓者對訓練的滿意度，通常由學員填寫課後問卷來衡量學員對訓練的感覺。

4 結果

3 行為

2 學習

1 反應

圖1-4・Kirkpatrick四大層級中心議題

第三節 教育訓練的目的、功能及效益

一、教育訓練的目的

(一) 就員工而言

1. 提升員工的工作滿意程度，降低流動率。
2. 協助員工成長，幫助員工面對新的工作挑戰或升遷。
3. 提升員工素質、發揮潛能、減少錯誤並提升產品品質。
4. 提升員工學習工作所需知識、技術與能力，使員工勝任工作。
5. 養成員工正確的工作習慣與良好的工作態度，提升工作滿足感。

至於教育訓練是否能提昇員工的工作滿意度或降低流動率？則未有定論。

(二) 就組織而言

1. 提升員工素質。
2. 增加獲利率。
3. 提升組織凝聚力。
4. 組織中人際關係的改善。
5. 增加員工適應力與專業知識。

二、教育訓練的功能

陳建光（民 88）指出，教育訓練的功能如下：

1. 知識、技能的培養提高：就長期觀點論之，其可有計畫、有組織、有效率且持續全面地推動人力資源的培育。

2. 強化員工的向心力：教育訓練可強化員工的向心力，增進員工團隊合作和增進工作意願，使企業更順利達成其預定的經營目標。

3. 理解經營、管理原理和理論：可提高生產力及幫助發覺訓練的需要，使其能更切合組織的需要。

4. 提升組織成員之專業職能：以實現企業最佳品質的服務，引導潛能發揮，包括態度、知識與技能等職能（KSAO）的提升。

5. 強化組織競爭力與應變能力：不斷推陳出新的知識和資訊，必須採行新的技術和管理方式，才能促使員工學習新知，能使其更具競爭力與應變能力。

策略性的教育訓練將可：

1. 塑造優質的卓越企業文化。

2. 提升企業整體人力資源。

3. 開發企業員工潛能與競爭力。

4. 掌握企業內外部環境趨勢。

5. 引導企業變革。

三、教育訓練的效益

教育訓練的效益，可透過有形、無形二種形式來表現（施郁芬，民 86）：

(一) 有形效益

1. 實際辦理教育訓練的績效數字。
2. 營業收入的增加。
3. 製造生產力的提高。

教育訓練的成效在於人力素質的提升、工作士氣的鼓舞、人事流動的減少、經營績效的提高、企業競爭力的強化及員工生產力的增長等。

4. 確保產品品質。

5. 每年可節省之費用。

6. 所獲得的獎勵。

(二) 無形效益

1. 產生共識，形成企業自有之文化。

2. 提高人力素質，擴大員工認知領域。

3. 全員參與學習，上下溝通流暢，使勞資關係更融洽。

由上可知，教育訓練的成效在於人力素質的提升、工作士氣的鼓舞、人事流動的減少、經營績效的提高、企業競爭力的強化及員工生產力的增長等。

第四節　企業教育訓練人員的能力和角色

一、企業教育訓練人員的專業能力

過去的教育訓練失敗的機率偏高，主要是因為不了解企業訓練人員（以下簡稱企訓人員）必須具備什麼樣的專業能力。鄭志宏（民 83）認為一位專業的企訓人員必須具備下列能力：

1. 分析訓練課程、規劃課程內容。

2. 訂定訓練目標。

3. 確認個人訓練需求。

4. 講授技巧。

5. 選擇訓練師資。

6. 掌握教學互動。

7. 分析組織內在環境。

8. 建立組織內人際關係。

9. 評估學員學習成果。

10.評估訓練效益。

不同行業的教育訓練專業人員所需之能力略有偏重與不同。例：科技產業之教育訓練人員應對研發過程有所了解，金融服務業則重視其溝通與熱忱。劉子綾（民 95）針對國內某大壽險公司的教育訓練部門 25 位主管進行調查，結果發現這些教育訓練部門主管認為一位優秀的教育訓練人員首應具備「人際關係職能」，其次為「心智職能」與「行政職能」，最後才是「專門職能」。次年，葉淑櫻（民 96）調查 29 家人壽保險公司（含外商在臺分公司）共 193 位壽險業的教育訓練講師，研究結果指出：一位成功的壽險業訓練講師依重要性應具備：「教學熱忱」、「專業道德」、「任教科目的專業知識與技能」、「熟悉教材內容」、「敬業精神」、「良好的口語表達能力」、「教學生動」及「了解壽險業法令政策」等專業精神與專業能力。

桂正權（民 99）指出我國職業訓練師資的工作職能，可分為「共通核心職能」、「專業職能」、「教學職能」、「人文素養」等。「共通核心職能」可視為一切與工作成敗有關的行為、動機及知識的總稱，可被分類為：動機能力、知識能力、行為能力等，此共通核心職能可包括：客戶導向、團隊合作、專業導向、積極主動、績效導向等；而「專業職能」則是強調職業訓練師資從事職業訓練專業性教學，應具備專業基礎知識（學科）與專業基本技能要求（實習術科）；「教學職能」被視為擔任教學應具備的要求，強調職訓師資在教學時，應具備傳授及教學能力與導引學習者學習課程內容之能力，包括分析學員特質、使用適當教學策略、清晰口語表達等皆屬之；「人文素養」涵括具有以身作則的正確價值觀與態度，以及主動協助學員的熱忱。

二、企業教育訓練人員的角色

從前述教育訓練的過程中，一位稱職的企業訓練人員所具備的專業能力不僅多元也需專業，根據美國訓練與發展學會（American Society for Training and Development, ASTD, 1983）的分類，企業教育訓練人員大致可分為下列十五種角色，並可歸納為四種主要角色：(1) 協助者；(2) 諮詢者；(3) 督導者；(4) 教學者（McArdle, 2007）。

1. 行政管理者：主要為協調並支援企業教育訓練方案的實施。

2. 績效評估者：主要為確認企業教育對個人組織績效的影響。

3. 個人生涯發展顧問：協助員工評估自己的能力、價值觀及目標，並檢視、規劃及執行個人生涯發展行動方案。

4. 教材開發者：主要為製作書面或電子媒介教材等。

5. 專業講師：主要在提供資訊、引導結構化學習經驗並指導小組討論過程等。

6. 企業教育訓練專業管理者：規劃、主導並支持企業教育訓練工作，且將企業教育訓練工作與整體組織相結合。

7. 行銷者：負責企業教育訓練相關見解、課程及服務的行銷及簽約事宜。

8. 媒體專家：能了解各式各樣的教學媒體，並有效運用教學媒體進行教育訓練。

9. 需求分析者：檢視理想與實際績效情況的差距，並確定這些差距發生的因素。

10. 專案計畫執行者：能有效執行組織中各項專案計畫，依專案計畫執行的效能又可包括：知識創新效能、人才培訓效能、產業服務效能、產業價值效能。

11. 課程設計者：主要在準備學習目標、界定課程內容、選擇各種系列活動，以執行特定計畫方案。

12. 策略專家：協助企業內部推動學習團隊，於導入前針對企業需求與預期效益進行正確評估，擬定有效的導入策略，並能制訂系統化且確實可行的實施方案。

13. 任務分析者：查核任務成員的職能是否與專案設計時所需的職能相符。

14. 研究者：檢視、發展或測試與企業教育訓練有關的理論、研究、概念、科技、模式、硬體等新資訊，並將該資訊轉化運用，以改進個人或組織績效。

15. 組織變革催化者：影響並協助組織行為之變革。

企業教育訓練人員的工作性質，已由傳統的事務行政角色邁向組織的績效顧問、變革的領導與催化者等策略性角色。

上述企業教育訓練從業人員的角色與功能，係隨著時代的變遷，而有所更迭，就企業教育訓練人員而言，亦因個人能力與組織大小複雜性等工作環境之不同而扮演不同角色，惟經由 ASTD 的研究可知，企業教育訓練的定位，已由傳統被動反應（reactive），封閉、本位、幕僚性質、產業導向、穩定不變、只重方法技巧、單一分工、只重投入與操作性議題、認為員工乃成本等，轉型為主動積極（proactive），開放、整體觀、事業合夥人、持續變革、重視原因探索、合工通才、重視產出與績效及策略性議題、認為員工乃資源等。企業教育訓練人員的工作性質，已由傳統的事務行政角色邁向組織的績效顧問、變革的領導與催化者等策略性角色。

三、教育訓練專業人員的思維

影響辦理企業教育訓練與發展的因素頗為錯綜複雜，大致可歸納主要的因素如下（McArdle, 2007）：

訓練必須與企業目標相結合。

1. 高階主管的支持。
2. 專業人員與直線主管的認同。
3. 技術水準的高低。
4. 組織結構的複雜程度。
5. 學習準則（目標、策略與方法）是否明確。
6. 與其他人力資源管理的配合等。

在對教育訓練專業人員的專業能力和所扮演的角色有進一步的認知後，企訓人員必須產生一些新的思維，以降低教育訓練失敗的可能性，李漢雄（民89）認為，新的教育訓練思維必須包含以下數點：

1. 訓練必須與企業目標相結合。
2. 運用「結果導向」的人力資源發展策略—訓練必須能改善績效。
3. 必須改善訓練方法，讓技能容易習得，容易運用在工作上。
4. 經理人是教練、訓練員、組織變革的推動者。
5. 教育訓練專業人員必須努力提升成為內部績效改善的顧問。
6. 協助員工發展長處、管理短處。
7. 克服組織上的障礙，協助組織成員將學習順利轉移到工作上。

第五節 教育訓練的趨勢

教育訓練是提升企業競爭力和員工工作績效最有效的途徑之一，教育訓練之成敗，取決於組織中核心人物的支持與否，因此管理者不得不對教育訓練的趨勢有所了解。依《管理雜誌》的調查，2000年企業最需要的前十種訓練課程依序為：團隊合作、績效管理、領導統御、情緒管理、人際溝通、顧客滿意、學習型組織、壓力管理、目標管理和策略規劃；而2003年企業最需要的訓練課程依序為：團隊合作、外語能力、領導統御、顧客滿意、主管管理能力、績效管理、人際溝通、壓力管理、時間管理和講師培訓（王為勤，民92）；到了2016年，則以資訊科技、設計創新及語言學習的訓練需求為前三名。

以下就這3次調查的前5名訓練課程（如表1-2），將企業的觀點提出供讀者參考。團隊合作需求10年前很重視，但現在企業創新求變，對資訊科技與設計創新逐漸重視；為因應全球化的時代，外語能力的需求仍舊高居不下，增加外語能力已是職場晉升的必要工具；但國內產業結構漸趨朝服務業的方向發展，各產業如何提高服務品質已然是相當重要的課題，因此10多年來仍相當重視顧客滿意，相信未來此項課程的重要性不容小覷。在人際與情緒管理的需求則微幅降低，顯示團體組織的重要性已大於個人；主管管理能力與講師培訓一度擠進排名，但是取而代之的是員工的學習態度，顯見企業逐漸重視員工的自主學習（104教育資源網，民105）。到了2023年，104人力銀行運用200萬筆資料，分析超過20萬家企業的大數據，整理出企業員工目前最普遍的前10大職能缺口，這些職能分屬於三大職能，包括共通職能、專業職務職能及主管職能，受訓者可根據這些職能選擇對應的相關訓練課程（104人資學院，民112）。

由上述分析可知，2000年與2023年的調查結果除了團隊合作之外，其需求項目有了很大的變化，訓練的課程隨著科技和產業環境在改變，訓練的規劃也應跟著有所改變。因此，一位優秀的教育訓練企劃人員必須透過對環境趨勢與時代需求的了解，進而規劃適合組織未來發展的教育訓練，以發揮教育訓練的功能，提升員工的素質與組織對外競爭的能力。

表1-2・2000、2003年、2016年及2023年企業訓練課程需求比較

排名	2000年	2003年	2016年	2023年共通職能	2023年主管職能	2023年專業職務職能
1	團隊合作	團隊合作	資訊科技	工作活力	建立信任	業務力
2	績效管理	外語能力	設計創新	主動積極	跨團隊協作	克服力
3	領導統御	領導統御	語言學習	誠信正義	成本管理	人資力
4	情緒管理	顧客滿意	技能培訓	工作管理	有效授權	財務力
5	人際溝通	主管管理能力	藝文休閒	認真負責	工作指導	行銷企劃力
6	顧客滿意	績效管理	企管行銷	正向思考	團隊建立	研發力
7	學習型組織	人際溝通	財會金融	壓力承受	發展他人	
8	壓力管理	壓力管理	學位進修	品質導向	追求卓越	
9	目標管理	時間管理	顧客滿意	適變能力	管理績效	
10	策略規劃	講師培訓	人際溝通	顧客服務	計畫組織	

資料來源：綜合王為勤，民92，頁70；104教育資訊網（民105）；；104人資學院（民112）。

數位學習（或數位訓練）
將訓練教材數位化或電子化，供員工不限時空的學習或下載教材。

另一方面，由於網際網路的發達，許多大型企業採用以網路為主（web-based training）的訓練方式。此種方式又可稱為「數位學習」（e-Learning）或「數位訓練」（e-Training），也就是將訓練教材數位化或電子化，供員工不限時空的學習或下載（download）教材（Zhang, et al., 2001）。此種方式最大的好處就是員工可以不再侷限於教室中受訓（不受時空限制）；其次，網路教材便於教材的更新或維護、管理；再者，主管或員工想要查詢學習紀錄也相當方便。不過，使用此種訓練方式，必須考量經濟效益與日後的維護成本。此外，為有效掌控員工的學習紀錄，在員工進行線上學習（on-line learning）時，通常都會設定員工的帳號、密碼以登錄學習，但是，企業仍須配合實地檢測，以了解上線學習的另一端是否為員工本人。

根據勞動部（民111）於2021年4~5月以投保勞工保險事業單位（抽樣調查）、政府機關（全查）為調查對象，調查545,241家事業單位，其調查結果摘述如下（表1-3）：

1. 2021年事業單位有辦理職業訓練者占33.63％，較2019年降1.7個百分點。

2. 2021年事業單位辦理職業訓練2,702.64萬人次，訓練支出185.9億元。

3. 有辦理職業訓練之事業單位平均年度支出為10.14萬元。

4. 訓練內容主要為「專門知識及技術之訓練」及「職業安全衛生訓練」。

5. 辦理方式以「自辦訓練」占65%最高。

6. 事業單位選派參訓人員以「主管及經理人員」及「技術員及助理專業人員」較多。

表1-3．2021年投保勞工保險事業單位職業訓練概況調查

主行業別	員工規模	家數（家）	未辦理職業訓練家數（家）	有辦理職業訓練家數（家）	有辦理職業訓練人次	每家訓練人次	每人訓練次數（次）	職業訓練支出（千元）	每家支出（千元）	每人次支出（元）
農林漁牧業	1-9人	1139	684	455	4523	10	2.3	7175	16	1586
農林漁牧業	10-29人	195	126	69	837	12	0.8	5841	85	6981
農林漁牧業	30-50人	42	29	13	425	33	0.8	447	35	1051
農林漁牧業	51-99人	28	9	19	788	41	0.7	807	42	1024
農林漁牧業	100-199人	16	4	11	1818	161	1.2	2344	208	1289
農林漁牧業	200人以上	6	0	6	4157	731	3.7	2201	387	530
工業	1-9人	111882	80322	31560	351964	11	2.4	322211	10	915
工業	10-29人	30833	17777	13056	437926	34	1.9	432725	33	988
工業	30-50人	6799	2796	4003	182244	46	1.2	241765	60	1327
工業	51-99人	4715	1251	3464	313415	90	1.3	279103	81	891
工業	100-199人	2176	324	1852	389399	210	1.6	306317	165	787
工業	200人以上	1894	125	1769	6960918	3935	5.2	2377208	1344	342
服務業	1-9人	311100	225405	85695	1386855	16	3.4	1742626	20	1257
服務業	10-29人	55795	27404	28391	1350884	48	3	2039551	72	1510
服務業	30-50人	8820	3104	5716	475957	83	1.7	688761	121	1447
服務業	51-99人	5373	1771	3602	776080	215	3.4	683005	190	880
服務業	100-199人	2313	511	1802	605694	336	2.5	563415	313	930
服務業	200人以上	2115	239	1875	13782614	7349	8.8	8894827	4743	645
合計		545241	361881 (66.37%)	183358 (33.63%)	2702649	13361	45.9	18590326	-	-

資料來源：勞動部（民111）。110年職業訓練概況調查。https://www.mol.gov.tw/1607/2458/2478/lpsimplelist

一、新興科技的訓練需求

　　為了解國內科技廠商在教育訓練上的需求，勞動部勞動力發展署為提供更多人力資源相關服務，幾乎每年都對廠商服務需求進行調查。以新竹科學園區為例，2022 年勞動部針對竹科的「積體電路」、「精密機械」、「電腦及周邊」、「通訊」、「光電」及「生物技術」六大產業，調查訪談逾 268 家竹科廠商，深入發掘竹科廠商在中階技術人力招募上的需求與期待，以規劃後續相關就業服務措施。結果顯示，竹科廠商近100% 滿意就業服務員的服務熱忱，但期待更即時性的單一窗口服務；95% 願意進用經過紮實專業知識與技術培訓後的非本科系人才；約六成受訪業者表示希望桃竹苗分署能完善學訓用合一機制與專業人才發展基地來協助養才、育才。

　　桃竹苗分署由使用者角度改良既有服務並規劃新服務，例如強化就業服務員主動訪廠服務，並就不同產業需求提供客製化服務；專業人才發展基地方面，更與國立陽明交通大學合作辦理「半導體與重點科技產業人才發展基地」於 2022 年 12 月 23 日正式揭牌啟動，從 2023 年 1 月起陸續開辦半導體、光電實務、電子電路系統設計應用等相關課程，即使沒有相關背景也有機會學習跨領域課程，讓非理工人才也可以引流至半導體等重點科技產業，同時也將優先媒合學員到力積電、聯電、環球晶圓、世界先進、群創光電、晶元光電等科技大廠（蔡淑芬，民 111）。

二、AI對教育訓練的影響

　　由於 AI、大數據及雲端技術的應用與發展，各行業對於教育訓練的議題也逐漸調整。例如，衛生福利部針對「台灣發展醫療人工智慧之新創趨勢與實務應用」辦理人才培育計畫，該計畫主要針對目前國際上AI 技術應用於各種醫療領域的最新發展趨勢，規劃基礎與應用場景培訓課程。邀集產、官、學、研等各方面專家，講授最新發展現況、未來可能發展方向以及產業應用與相關佈局策略等，同時討論因為 AI 的新技術所衍生出來的智財權、隱私、等法律與資安問題（台北市生物產業協會，民 110）。研討範圍涵蓋智慧醫療科技、新興醫療技術、生醫產業科技管理等相關新興技術，除了介紹其發展現況及展望外，更包含其營運模式及發展策略之解析，並鼓勵學員、講師之互動討論。該培訓以各

種角度討論臺灣健康產業、尖端醫療科技的發展及所帶來之影響，將相關議題廣泛且深入地檢討，進而形成一個正面的產業建言。

根據工研院產業學院於 2009 年 1 月 20 日至 2 月 3 日，針對 174 家科學園區及科技大廠所做的問卷調查，景氣衰退下，仍有五成以上科技業公司表示教育訓練的預算不縮減，會持續員工的在職訓練（人力資本雜誌，民 98）。

調查也發現，科技業認為員工必須具備的三大關鍵能力，分別是「能夠洞悉顧客需求，創造最大顧客利益」（33.3%），「能夠了解產業變化，預測趨勢並找出商機」（17.8%），「能夠訂定績效目標，並在過程中持續評估與修正，確保達成目標」（10.9%）。該調查發現，有六成五的企業主鎖定驅動改變的中階主管為首要培養人才；而科技業最願意花錢投資的前三大專業類學習內容分別是：專業與產業相關技術（63.2%）、品質管理（47.1%）、研發管理（45.4%），此說明了掌握產業相關知識的人才是企業首要投資重點，而加強產品品質、有效提升研發成果，也是專業人才不可忽視的能力。另外，科技業最願意投資的管理與共通類的學習內容則是：問題分析與解決（59.2%）、領導統御（42.1%）、部屬培育與啟發（41.4%），在日趨複雜的大環境條件下，企業管理訓練將重點投資在人才應變能力與人才管理能力。

另外，Ken Blanchard(2021) 在《Chief Learning Officer》雜誌發表了一篇〈對 2021 年 L&D 趨勢調查的思考〉中提及，由於 Covid 的影響，2020 年是充滿不確定性的快速變化的一年。為了更深入地了解 COVID-19 對 2020 年 L&D 工作的影響，他邀集了超過 1,000 名 L&D 專業人士參與該調查，調查結果顯示：在 COVID-19 之前，有講師的實體課堂培訓佔總培訓的 63%，虛擬培訓僅佔 10%。在 COVID-19 爆發後，面對面的講師課堂培訓驟降至僅 9%，而虛擬培訓則攀升至 53%。這種轉變異常困難，超過 40% 的受訪者表示他們在數位培訓設計、傳遞和技術方面遇到了挑戰。超過 51% 的受訪者認為，他們的新數位或虛擬產品與他們正在取代的面對面設計相比，效果稍差或低得多。多數的 L&D 專業人士深知面對面培訓的急遽減少，但受訪者仍希望在今年某個時候再次提供課堂培訓，不過他們仍為課堂培訓的使用方式發生重大變化而做準備。大多數受訪者（57%）表示，將會選擇地使用傳統教室

作為混合學習體驗的一部分，以及虛擬講師指導的培訓、自定進度的學習、輔導和指導。期望 L&D 領導者將針對特定類型的學習者量身定制面對面的培訓。最後，他下了一個結論：「這是一個『兩者兼而有之』，而不是『非此即彼』的命題。課堂和在線培訓都可以培養出更聰明、更熟練的勞動力。」。

整體而言，由於網路科技及民主化的發展神速，企業所提供的教育訓練方式也日新月異，遲嫻儒（民 93）曾提出未來的教育訓練有下列四大趨勢，再加上近年來企業相當重視的體驗式及數位化教育訓練，這六項趨勢都是相當值得各企業在辦理教育訓練之參考：

(一) 降低訓練成本，企業講師內部化

目前臺灣的大型企業傾向積極培養內部講師，以達全面性的教育訓練，降低訓練成本並提高訓練效益，縮短培訓時間。

(二) e＋c混搭，課程豐富化

意指「e-learning」（數位學習）和「class」（教室教學）混合運用，又稱為「混成學習」（blend learning），現今大部分的企業採雙軌並行制，也就是 e＋c 兩者相輔相成。目前仍以 c 為主，e 為輔，e 的課程主要以概念性、規範性、條例性和介紹性的課程為主，亦可以協助跨國企業在最短的時間內完成「全體訓練」這個不可能的任務。惟根據美國最新的調查研究指出，有 41% 的員工仍偏好傳統的教室教學，有 49% 的員工偏好 e＋c 混合教學，僅有 10% 的員工偏好完全 e 化的線上學習。

> **e＋c混搭**
> 意指「e-Learning」（線上學習）和「class」（教室教學）混合運用，兩者相輔相成，又稱為「混成學習」（blend learning）。

(三) 提升專業人才素質，訓練證照化

職場認證時代已經來臨了，講究「證照制度」的產業除金融服務業及製造業外，科技產業近十年來也吹起一股證照風。企業可安排具有證照考試的教育訓練，提高專業人才的素質。

(四) 提高學習成效，訓練生活化

教育訓練應從生活面培養，不要死板板的坐在教室上課，透過遊戲或是活動來帶領員工進入學習的情境，自然而然的從行動中學習。近年來，企業盛行的遊戲式學習（有些採數位遊戲式學習）即提供員工寓教於樂、親身體驗的全新感受，讓有此經驗的員工印象深刻，其訓練效果在學習動機與專業知能方面有明顯提升。

(五) 提高參與威，訓練體驗化

體驗式教育訓練的基礎源自於體驗學習（或稱經驗學習）是一種有意義的學習，學習者透過實際的主觀經驗，強調對經驗的反思整理，獲得對自己有意義的結果，建構在自己的認知架構中，成為可以應用解決新問題的能力（蔡居澤，民 99）。從實務課程操作來講，就是透過個人在人際活動中充分參與，來獲得個人的經驗，然後在訓練員引導下，成員經差異化過程的觀察反省與對話交流中獲得新的態度信念，並將之整合運用於未來新情境的解決行動方案或策略上，達到目標或願景（張仁家、游邵葳，民 102）。

(六) 職前教育訓練線上化

從 2020 年受 Covid-19 的影響，工作形態開始轉變，work from home 雖然是不得已，但企業老闆必須將員工的健康安全視為最大的考量。可是員工在家中工作，要怎麼樣維持工作效率，成為企業面臨的新挑戰。訓練課程的執行方式，不單單只能在「公司裡面」才能進行，隨著通訊軟體的發達，大家也慢慢的習慣在雲端分享彼此的工作進度，對於企業內訓課程更是如此（陳雅蓉，2021）。已有越來越多企業將職前教育訓練改為雲端網路課程進行，甚至改為每單元 10-15 分鐘的訓練 APP，不但會省人力的時間成本，也讓這一套的課程，成為企業中人力資源最不可缺少的資產。

第六節　結語

企業常流行一句話——「訓練很貴，不訓練更貴，效益不彰的訓練最貴！」。即在說明辦理教育訓練的成本高，但如果員工沒有更優異的知識、態度與技能，將使企業的優勢不再。然而，教育訓練之辦理絕不能為訓練而訓練，今日諸多公司感嘆教育訓練是白花錢的工作，多半是因為未能依人員的需求而施行。教育訓練扮演的既是一種積極性的支援功能，就必須針對人員的發展需求有系統的實施評估與了解，方能進一步設定參與人員、實施方式、目標，並在訓練後掌握訓練的成效，以達成有效的訓練發展。

↘ 本章摘要

- 在職場中，教育是欲培養員工在某一特定方向，或提升目前的工作能力，以期配合未來工作能力提升的規劃，或擔任新工作時對組織有較多的貢獻。

- 發展的基礎是教育和訓練，唯有透過教育和訓練，員工才得以發展。

- 訓練是為了改善員工目前的工作能力及對新工作能立即投入，可以馬上有所產出，以適應新的產品、工作程序、政策和標準等，提高工作績效。

- 發展通常包含組織發展與個人發展，兩者有密切的關係，唯有個人能充分發展，組織發展方能充分發揮。

- 教育訓練為雇主所提供的一種具有計畫、目標及組織的學習經驗與機會，目的在於提升員工目前或未來的工作績效，以期最後能提升組織整體的績效。

- Goldstein提出的訓練三階段包括：訓練前的需求評估、訓練與發展、訓練後的成效評估。

- 教育訓練的成效在於人力素質的提升、工作士氣的鼓舞、人事流動的減少、經營績效的提高、企業競爭力的強化及員工生產力的增加等。

- 企業教育訓練人員的工作性質，已由傳統的事務行政角色邁向組織的績效顧問、變革的領導與催化者等策略性角色。

- 由於網際網路的發達，許多大型企業採用以「網路為主」（Web-based training, WBT）的訓練方式，此種方式又稱為「數位學習」或「數位訓練」，將訓練教材數位化或電子化，供員工不限時空的學習或下載教材。

- 未來教育訓練六大趨勢：(1)降低訓練成本，企業講師內部化；(2)e+c混搭，課程豐富化；(3)提升專業人才素質，訓練證照化；(4)提高學習成效，訓練生活化；(5)提高參與感，訓練體驗化；(6)職前教育訓練線上化。

• 章後習題

一、選擇題

(　) 1. 在課堂對於知識、資訊及技能的學習之定義為：

    (A) 訓練　(B) 認知　(C) 教育　(D) 發展

(　) 2. 改善員工目前的工作能力及對新工作投入為：

    (A) 教育　(B) 發展　(C) 投資　(D) 訓練

(　) 3. 教育訓練的需求評估不包括哪一項？

    (A) 組織分析　(B) 成本分析　(C) 個人分析　(D) 任務分析

(　) 4. 教育訓練的成效評估模式的應用不包括哪一項？

    (A) 課程目標　(B) 個別化差異　(C) 試驗性結果　(D) 滿意度

(　) 5. 教育訓練實施檢視訓練目標何者為是？

    (A) 轉移的頻率　(B) 滿意度的高低　(C) 訓練的有效性　(D) 需求高低

(　) 6. 工作中訓練指的是：

    (A)WJT　(B)OTT　(C)WOT　(D)OJT

(　) 7. Kirkpatrick 四層次評鑑的第一層次為：

    (A) 學習 (learning)　(B) 結果 (result)　(C) 反應 (reaction)　(D) 行為 (behavior)

(　) 8. Kirkpatrick 四層次評鑑的第二層為：

    (A) 學習 (learning)　(B) 行為 (behavior)　(C) 反應 (reaction)　(D) 結果 (result)

(　) 9. Kirkpatrick 四層次評鑑的第三層為：

    (A) 學習 (learning)　(B) 行為 (behavior)　(C) 反應 (reaction)　(D) 結果 (result)

(　) 10. 未來企業教育訓練的趨勢何者為非？

    (A) 混成學習　(B) 提高參與感　(C) 企業講師外部化　(D) 訓練證照化

二、問題與討論

1. 試說明教育、訓練與發展三者的差異，並舉例之。

2. 您認為一位優秀的教育訓練企劃人員，於進行教育訓練時，應扮演何種角色？

3. 教育訓練的實施程序通常包括哪些部分？

4. Kirkpatrick的四層次評鑑模式為何？各層次主要的評鑑內涵為何？

5. 在現代科技與人文相互滲透的情形下，職業的分界愈來愈不明顯，您體認到未來教育訓練的趨勢為何？

↘ 參考文獻

一、中文部分

104人力銀行（民111）。無設計，不培訓！做好3種心態，再開始規劃教育訓練。https://blog.104.com.tw/no-design-no-training-do-3-kinds-of-mentality-and-then-start-planning-education-training/

104人資學院（民112）。104職能發展系列課程。https://ehr.104.com.tw/products/course_lp.html?gclid=Cj0KCQiA_bieBhDSARIsADU4zLewUYCTKGZPrveVMIFYDY-YWJrgUCubinU1TU1ksLSdJ2X7-olFAvgaAifrEALw_wcB

104教育資訊網（民105）。https://learn.104.com.tw/cfdocs/edu/class-listnew.cfm

人力資本雜誌（民98）。景氣差教育訓練不縮水 三大能力最關鍵。

王為勤（民92）。2003企業教育訓練大調查。管理雜誌，348，68-72。

台北市生物產業協會（民110）。台灣發展醫療人工智慧之新創趨勢與實務應用人才培訓計畫。衛生福利部（計畫編號MOHW109-TDU-T-212-000001）。

吳瓊治（民89）。知識獲取、知識整合與教育訓練關聯性之研究—摩托羅拉（Motorola）公司之個案分析。元智大學管理研究所碩士論文。桃園：未出版。

呂貞儀（民91）。企業推動知識管理與教育訓練之研究—以中華汽車為例。國立臺北科技大學技術及職業教育研究所碩士論文。臺北：未出版。

李月卿（民93）。教育訓練與員工績效之關聯性研究—以美髮業某公司設計師為例。佛光人文社會學院管理學研究所碩士論文。宜蘭：未出版。

胡雯雯（民91）。臺、日、英、德企業教育訓練制度與組織績效關係之比較研究。國立中央大學人力資源管理研究所碩士論文。中壢：未出版。

陳雅蓉（2021）。七大企業內訓課程種類，從新進人員職前訓練到階層別管理發展教育。https://www.spaceadvisor.com/blog/2021/10/22/corporate-internal-training-courses/

桂正權（民99）。職業訓練師資培訓暨職能架構系統及認證方式。行政院勞工委員會職業訓練局泰山職業訓練中心委託之專案研究結案報告書。

張仁家、游邵葳（民102）。體驗式教育訓練的內涵、實施及其發展趨勢。服務科學和管理，2，9-14。

勞動部（民103）。2014 年職業訓練概況調查報告。https://www.mol.gov.tw/announcement/2099/24028/

勞動部（民111）。110年職業訓練概況調查。https://www.mol.gov.tw/1607/2458/2478/lpsimplelist

楊松德（民87）。企業訓練專業人員工作手冊。臺北：行政院勞委會職訓局。

劉子綾（民95）。教育訓練單位員工之職能研究—以N公司為例。國立臺北科技大學技術與職業教育研究所碩士論文。臺北：未出版。

蔡志民（民93）。應用基因演算法於人力資源管理之研究—員工教育訓練課程選擇最適化。義守大學資訊管理研究所碩士論文。臺北：未出版。

蔡居澤（民99）。體驗教育反思活動之探討與實例。教師天地，165，11-18。

蔡淑芬（民111）。培育竹科人才勞動力發展署辦理服務措施發表會。工商時報，2022.12.29。https://ctee.com.tw/industrynews/cooperation/782777.html

新竹科學園區管理局（民95）。新竹科學園區人才培訓需求調查。新竹：新竹科學園區管理局。

葉淑櫻（民96）。壽險業訓練講師專業職能之研究。國立臺北科技大學技術與職業教育研究所碩士論文。臺北：未出版。

遲嫻儒（民93）。趨勢篇—自認跟得上潮流？看完再說！訓練四大新趨勢。管理雜誌，360，102-110。

臺北學習中心（民95）。Chief Learning Officer Web。

鍾欣怡（民91）。學習型組織之推動方式及教育訓練流程探討。國立中央大學企業管理研究所碩士論文。中壢：未出版。

二、英文部分

American Society for Training and Development (1983). Models for excellence: The conclusions and recommendations of the ASTD training and development competency study. Washington, D. C.: American Society for Training & Development.

Beach, D. S. (1995). Personnel: The management of people at work. NY: The MacMillon Co., 358.

Blanchard, K. (2021). Reflections on 2021 L&D trends survey. Chief Learning Officer, Feb. 2021. https://www.chieflearningofficer.com/2021/02/24/ reflections-on-2021-ld-trends-survey/

Cascio, W. F. (1998). Applied psychology in human resource management. Prentice Hall, International, Inc.

Collins English Dictionary. (2023). Definition of "training". London, UK: Harper Collins Publishers. https://www.collinsdictionary.com/dictionary/english/training

Daft, R. L. (2001). Organization theory and design (7th ed.). Ohio: South-Western College Publishing.

Delahey, B. L. (2000). Human resource development: principles and practice. John Wiley &Sons Australia, Ltd.

Desimone, R. L., Werner, J. M., & Harris, D. M. (2002). Human resource development (3rd ed.). Orlando: Harcourt, Inc.

Goldstein, I. L. (1993). Training in organizations: Needs assessment, development, and evaluation (3rd ed.). Monterey, CA: Books/Cole.

Lin, Carol Y. Y. (1996). Training and development practices in Taiwan: A comparison of Taiwanese, American and Japanese firms. Asia Pacific Journal of Human Resources, 34(1), 26-43.

McArdle, G. E. H. (2007). Training design & delivery (2nd ed.). MA: American Society for Training & Development (ASTD).

McGehee, W., & Thayer, P. W. (1961). Training in business and industry. Wiley.

Miller, V. A. (1987). The history of training. NY: McGraw-Hill Book Co.

Milton, H. (1987). Employee training in the public service. A Report by a Committee of the Civil Service Assembly (Chicago:1941)

Nadler, L.,&Nadler, Z. (1982). Developing human resources. San Francisco: Jossey Bass.

Nadler, L. (1984). The handbook of human resource development. NY: John Wiley & Sons.

Noe, A. R. (2004). Employee training and development (3rd ed.). NY: McGraw-Hill, Inc.

Robbins, S. P. (2004). Foundation of management. NJ: Prentice Hall, Englewood Cliffs.

Schuler, R. S. (1997). Managing human resources (5rd ed.). Ohio: Thomson Publishers.

Stern, S. (1986). Employee training in America. American Society for Training and Development Journal, 40(7), 34-37.

Merriam-Webster. (2016). Definition of training. http://www.merriam-webster.com/dictionary/training

Zhang, J. P., Khan, B. H., Gibbons, A. S., & Ni-Y. (2001). Review of web-based training. In Khan, B. H. (Ed.). Web-based training (pp.287-295). NY: Educational Technology Publications.

One's work may be finished someday, but one's education never.

一個人的工作也許有完成的一天，但一個人的教育沒有終止的一天。

Alexandre Dumas
亞歷山大‧杜馬

資料來源：https://www.azquotes.com/quote/360698

Chapter

02

人力資源發展與職涯規劃

▌▌▌ 前言

「職涯」係從英文 career 而來，亦有人譯為「生涯」，或「事業」，也有譯為「事業前程」或「職業前程」。由此可知生涯、事業、事業前程與前程其意義相同（洪維賢，民 91）。Greenhaus（2000）與 Schein（1987）對於生涯（career）一詞的描述可歸納如下列要點：

1. 具職業或組織的性質：若以此角度觀之，可將career視為一種對工作的描述，例如：我的經理生涯。

2. 不斷追求卓越與進步：此角度的論點，在於將career視為個人在職業中的進步情形或追求卓越的成就。

3. 具專業的狀態：career為不同於一般零工或非正式的專業工作。

4. 涵蓋在個人的工作中：有時career也成為個人抱怨工作的負面用語，例如：我「這輩子」再也不幹這項工作了。

5. 個人工作型態的穩定性：個人相關的工作順序（或階段）可稱為career，但與工作無關的順序則稱不上career。

不論是哪一種稱法，職涯對於個人或組織的未來規劃與發展而言皆相當重要。因此本章先從人力資源發展的角度說明職涯發展，其次對職涯發展之定義與內涵作一探討，最後，就職涯發展在組織面與個人面分別做深入的介紹，使讀者對職涯發展有更深入的了解。

第一節 ▎ 人力資源發展的組成

人力是企業最重要的資產，舉凡任何工作與服務均由人予以規劃、組織、執行、協調與控制，所以人力資源的持續發展乃是企業經營的重要課題。加上現今為講求國際化、自由化的競爭時代，無論為製造業或服務業，其人力資源的發展仍為核心關鍵。職是之故，企業組織必須有系統的培育訓練員工個人在知識、技能與整體能力的提升，以及個人行為的改進，並提供個人生活和專業成就的需求，亦即追求個人成長與職涯發展，間接促使組織績效改進、有效經營，並提升競爭力與獲利能力，促進組織發展（Gilley & Eggland, 1989）。

李隆盛（民 89）、McLagan（1989）認為人力資源發展是「訓練與發展」（training and development, T&D）、「職涯發展」（career development, CD）與「組織發展」（organizational development, OD）三者的統合運用，目的在改善個人、團隊和組織的效能。其中，「訓練與發展」係指透過澄清、確認及規劃好的學習經驗、幫助個人發展關鍵職能，以執行

目前或未來的工作;「組織發展」係確保組織內及組織外的關係能正向發展,以幫助團隊產生改變的動力及管理變革;「職涯發展」係確保個人的生涯規劃和組織發展的管理歷程是否一致,以達成個人與組織的需求有最佳的適配(Rothwell et al., 1990)。這三個領域是人力資源發展的焦點,以下針對此三層面分別以三足鼎立的關係(如圖 2-1)和漸層擴張的關係(如圖 2-2)加以解釋(李隆盛,民 89)。在圖 2-1 中,「訓練與發展」、「職涯發展」、和「組織發展」三者共同存在,且均與人力資源發展息息相關,也是構成人力資源發展的三大要素。在圖 2-2 中,人力資源發展從個人的「訓練與發展」開始,再到個人與組織適配的「職涯發展」,最後才能促進「組織發展」,依序逐漸開展。

圖2-1・人力資源發展三大要素的三足鼎立關係

資料來源:李隆盛,民89,頁9。

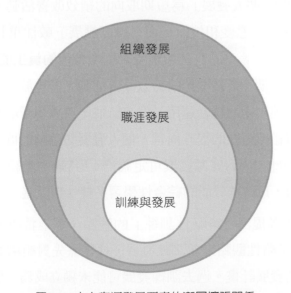

圖2-2・人力資源發展要素的漸層擴張關係

資料來源:李隆盛,民89,頁9。

一、訓練與發展

為提高績效和改善現有或特定工作之個人知識、技能、態度經歷的職涯規劃和管理等均屬於訓練與發展，最常借重非正式、工作崗位上的訓練（on-the-job training, OJT）活動進行學習。

二、職涯發展

在人力資源管理的範疇中，生涯管理（career management）的探討主要是針對職業生涯（簡稱職涯）而言，故「生涯發展」也可稱為「職涯」。職涯發展為發展個人未來工作能力所需的活動或過程，包含個人及組織活動，前者如職涯規劃，後者如人力資源規劃。若以一位訓練講師為例，他（她）的職涯係指這位講師於任教期間的各種職務安置、調動、升遷等歷程，包括了心智成長、知識增進與經驗提升等意涵（黃良志等人，民102）。

三、組織發展

組織發展係為改善組織、團隊或個人績效，而在人力資源領域中結合組織結構、文化、程序和策略的創新發展活動或過程，亦即組織發展的終極目標，旨在促使成員之間建構更緊密的工作關係，發展出組織自我更新的能力。

由上可知，「個人發展」為短期取向的績效改善活動，著重於改善某些工作的知識、態度和技能；而「職涯發展」較注重長期和較複雜的績效改善活動，著重於改善影響整個組織營運的員工能力；「組織發展」則是最為長期和最為複雜的績效改善活動，著重於績效困難的綜合分析和績效改善技術的統合運用，但有時並不借重學習活動或方案解決問題。故，就組織效能的提升而言，個人發展的位階最低，組織發展的位階最高。因此，人力資源發展可定義為：「透過增進組織成員當前或未來所需能力，以改善效能的綜合性學習系統（李隆盛，民89）。」

晚近有學者提出「策略性訓練」的觀點（王秦希康，民99；Noe, 2005），若從策略性觀點來看訓練發展，往往需先對組織的訓練發展部門有一長期的發展計畫。過去訓練發展可能未獨立成為一個部門，或是附屬於人事部門，然若要提升教育訓練至策略性地位，則必須將整個訓

練部門和組織的發展方向、與外部環境、企業競爭策略有明確的連結。而根據 Noe（2005）的說法，組織須體認到繼續學習才能因應組織面臨的挑戰，並維持競爭優勢。傳統對訓練的看法，只將其視為單一訓練方案，但現已逐漸將其角色擴展到與工作上的學習及知識的創造與分享相結合。訓練本身仍然著重在發展特定方案，然而，為求改善員工的績效，並滿足組織的需求與挑戰，訓練的角色必須與學習、創造與分享知識相結合，此即為策略性訓練。不論個人發展或職涯發展，乃至於組織發展，都與教育訓練息息相關，企業組織透過教育訓練將可促進人力資源發展。

第二節　職涯發展之內涵

　　由上述可知，職涯發展屬於人力資源管理的範疇之一，而人力資源管理所扮演的角色為企業不可或缺的角色，因此可知職涯發展所扮演的角色亦相當重要。然在尚未探討企業如何執行職涯規劃之前，宜先探討何謂職涯發展，職涯發展有何理念，並進一步探討其理念基礎與影響因素，作為進行職涯規劃的基礎。

【29秒看完一生】
https://youtu.be/EksNAvTiSxY

一、職涯發展之定義

　　職涯發展係基於員工個人職涯與企業組織目標達成的原則下，相互結合，彼此互惠，不斷地進步與發展，以實現其理想的過程。具體而言，職涯發展係指員工根據其特質、興趣、技能、經歷、經驗與動機，而組織提供員工適切的工作機會及相關資訊與協助，進而確立其相關工作目標，擬定未來的行動計畫，以達成既定目標的歷程。員工在此歷程中獲得成就感及滿足感；組織則因此提高獲利與建立優勢，持續成長（Delahaye, 2000）。

職涯發展
基於員工個人職涯與企業組織目標達成的原則下，相互結合，彼此互惠，不斷地進步與發展，以實現其理想的過程。

二、職涯發展之理念

　　根據前述的定義可以發現職涯發展含有下列理念（洪維賢，民91）：

1. 職涯發展係累積個人一生的工作和各種經驗之總和，而且連續不斷地調整。

2. 每個人在不同生活階段，有不同的發展需要和任務，故工作價值觀、工作態度和工作動機的不同而選擇職涯。

3. 每個人在工作上，以自我評價與肯定的能力，設定自我職涯的目標。

4. 職涯係意味著初次踏入職場延續到一個人的一生，包括至退休階段為止。

5. 具有正確自我評價觀念者，較能作適當的抉擇與調適，而獲致成功。

6. 擔任各種工作的角色，都有相互依存的關係，也都會受到外在環境的影響，並可從工作中獲得滿足個人的需求。

7. 個人工作職位之高低並不重要，重要的是應對社會的貢獻與價值，以肯定自我，實現自我。

三、職涯發展之理論基礎與發展模式

有關企業內員工的職涯發展理論，受到不同理論的影響，分別為：人格結構理論、自我觀念理論、生命階段理論、差異特質理論、動機理論與需求理論。以下分別敘述：

(一) 人格結構理論

企業內員工的職涯發展理論，受到不同理論的影響，分別為：人格結構理論、自我觀念理論、生命階段理論、差異特質理論、動機理論與需求理論。

佛洛依德（Freud）以精神分析論討論人格的發展時，認為每個人都要經過一定的發展階段，而在這些階段中的發展經驗，會形成成年後的人格特質，完成這些階段的發展，才能發展出成熟的人格。按 Freud 的人格結構理論（Theory of Personality Structure）所言，人格是一個整體，這整體包括了三部分，分別稱為本我（id）、自我（ego）、超我（super ego）。人格中的三個部分，彼此交互影響，在不同時間內，對個體產生不同的作用（維基百科，民 102）。

Freud 認為，本我、自我和超我三者之間相互作用、相互聯繫。「本我」不顧現實，只要求滿足欲望，尋求快樂；「超我」按照道德準則對人的欲望和行為多加限制；而「自我」則活動於「本我」和「超我」之間，它以現實條件實行「本我」的欲望，又要服從「超我」的強制規

則，它不僅必須尋找滿足「本我」需要的事物，而且還必須考慮到所尋找的事物不能違反「超我」的價值觀。因此，在人格的三方面中，「自我」扮演著兩難的角色，一方面設法滿足「本我」對快樂的追求；另一方面必須使行為符合「超我」的要求。所以，「自我」的力量必須強大能夠協調它們之間的衝突和矛盾，否則，人格結構就處於失衡狀態，導致不健全人格的形成（劉金花編，民102）。

(二) 自我觀念理論

John Holland 認為個人的職業選擇是其人格發展的結果，亦即人格的反應與環境交互作用之產物。每個人都受到環境的影響而產生性向的順序，希望發揮所學，表現自我。因此，成功的職涯規劃應由自我開始做起，其中以自我的能力、性格及價值觀為基礎，認識與了解自己並熟悉環境，特別與職涯有關的工作世界，加以分析、評估後選擇一適合自己的職涯。其相互關係如圖 2-3：

知己（自我）
・能力（性向）
・興趣（志向）
・性格（工作性格）
・價值觀

知彼（環境）
・社會經濟發展
・人力供需情況
・工作性質與條件
・就業機會

抉擇（意向）
・分析、比較
・作決定
・計畫、行動（求職、就業）

圖2-3・職涯規劃三要素

資料來源：洪維賢，民91，頁70。

(三) 生命階段理論

一個人從出生至死亡可將其分成六個時期：(1) 幼兒時期（1 歲至 5 歲）；(2) 兒童時期（6 歲至 12 歲）；(3) 青春時期（13 歲至 18 歲）；(4) 成年時期（19 歲至 45 歲）；(5) 更年時期（46 歲至 65 歲）；(6) 老年時期（65 歲以後）。

另外，Super 則將人的職涯發展程序分成五個階段：(1) 成長階段（1 歲至 14 歲）；(2) 探索階段（15 歲至 24 歲）；(3) 建立階段（25 歲至 44 歲）；(4) 維持階段（45 歲至 65 歲）；(5) 衰退階段（65 歲以後）。

本書所稱的職涯，正屬於 Super 的建立及維持階段。在以上的每個階段中，每個人均可透過自我發展、學習及訓練而達到自我實現。不過，由於國內的高等教育普及率逐年提高（註），投入職場的年齡有趨高的現象，Super 對個體的生涯發展階段的描述似乎已無法滿足臺灣的現況。（註：根據經濟合作發展組織（OECD）公布的「2012 年教育展望報告」（Education at a Glance 2012）（OECD, 2012），全球高等教育普及率在金融危機後繼續提高，已開發國家擁有大學學位的成年人占總人口比重在 2010 年衝破 30%，美國達 42%，加拿大高達 51%，是全球高等教育普及率最高的國家，臺灣則為 37.6%。）

(四) 差異特質理論

人格是個體與環境交互作用的過程中所形成的一種特質。由於一個人累積的生活與經驗，產生某種比較固定的特徵和傾向，如需求、興趣、態度與價值觀等，即所謂的人格。Parsons 認為個人的職業選擇是選擇要求條件和自己特質相配的職業，也就是以自我的能力、性格及價值觀為基礎，認識與了解自己，並熟悉週遭環境，加以分析、評估、輔導，以此選擇適合自己的職涯。

(五) 動機理論

動機
係指人們對生理或心理上的需求，刺激他們朝向某一目標活動的內在歷程。

所謂「動機」（motives），係指人們對生理或心理上的需求，刺激他們朝向某一目標活動的內在歷程。動機產生的原因是由於：(1) 需求（need）；(2) 刺激（stimulation）。然而，「需求」是個體缺乏某種東西的狀態，包括生理的需求與心理的狀態。而「刺激」乃指引起個體反應的驅力。個體缺乏某些需求便會引起「緊張狀態」，而產生驅力、引發行動，進而達到目的，以維持個體的「平衡狀態」（homeostasis）。

由此可知，動機也是一種推動需求達到目標的行動模式，每個動機都包括一連串的需求、行動及目標。動機又可分為「生理性動機」

內在動機
是指行為的動力來自個體的內在力量。

外在動機
是指行為的動力來自環境的外在刺激。

（physiological motives）（如餓、渴、性等）與「社會性動機」（social motives）（如求名、求利、求友）兩大類；有的把動機分為內在動機（intrinsic motives）與外在動機（extrinsic motives），「內在動機」是指行為的動力來自個體的內在力量，如有人沈迷於小說而廢寢忘食，運動員為追求勝利而忘卻傷痛；「外在動機」是指行為的動力來自環境的外

在刺激，如考試、排名，有意使員工在緊張的環境氣氛中不得不努力。不過，相同的行為或結果，並無法確定其是屬於內發或外誘的動機。

(六) 需求理論

Maslow 將人類的需求歸納為生理、安全、社會、自尊及自我實現的需求，需求強度由低層次到高層次。低層次的需求包括生理、安全及社會需求的一部分，而高層次的需求則包括另一部分的社會、自尊及自我實現的需求。當低層次的需求達到某種程度後，逐步尋求較高層次的需求，以自我繼續發展，並使自己的潛力作最大的發揮，達到自己所期望的目標。

根據 Maslow 的需求理論，員工為達到職涯的目標，會積極努力地投入於任務中，努力愈多，績效愈好，愈能達成目標。因此，能實現個人的滿足感與成就感，並再積極投入工作，追求更進一步的目標，形成一個成功的職涯循環（career circle），亦即職涯發展的模式。成功的職涯發展模式，如圖 2-4 所示（陳旻，民 90）。

圖2-4・成功的職涯發展模式

資料來源：改自陳旻，民90，頁30。

第三節 個人職涯發展階段

　　企業協助員工職涯發展，可將個人的生涯需求整合到不同的職涯發展階段中（Cummings & Worley, 2001），例如：在建立及維持階段，若能有師父或資深員工加以指導與協助，將可提高員工的工作滿足及工作動機；在衰退階段，提供更多的安置與鼓勵，將可降低退休前的不安與壓力。最常見的職涯發展階段，首推 Super 的職涯發展階段論（life stage theory）。

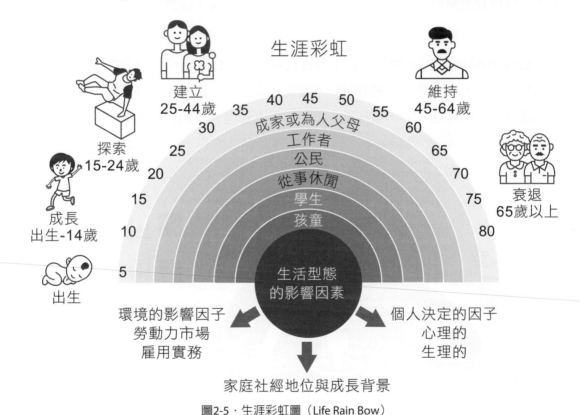

生涯彩虹

建立 25-44歲

維持 45-64歲

探索 15-24歲

成長 出生-14歲

衰退 65歲以上

出生

成家或為人父母
工作者
公民
從事休閒
學生
孩童

生活型態的影響因素

環境的影響因子
勞動力市場
雇用實務

個人決定的因子
心理的
生理的

家庭社經地位與成長背景

圖2-5．生涯彩虹圖（Life Rain Bow）

資料來源：http://www.careers.govt.nz/educators-practitioners/career-practice/career-theory-models/supers-theory/

職涯發展五階段：成長階段、探索階段、建立階段、維持階段與衰退階段。

　　根據該理論指出，自我概念的改變是時間與經驗發展的結果。正因如此，生涯發展就構成了我們的一生。Super（1957）將生涯發展分為五個階段，即成長階段（growth stage）、探索階段（exploration stage）、建立階段（establishment stage）、維持階段（maintenance stage）與衰退階段（decline stage）。讀者亦可參考 Super 的生涯彩虹圖（life rainbow），將對 Super 的生涯發展階段論有更進一步的了解。

在此簡略說明，在生涯彩虹圖的第一層（即最外層）代表橫跨一生的「生活廣度」，又稱為大週期，是一個人的年齡或生命週期，包括生涯發展的主要階段：成長期、探索期、建立期、維持期、衰退期。

第二層代表了縱貫上下的「生活空間」或範圍。是指一個人終其一生所扮演的各種不同角色和職位所組成，包括兒童、學生、休閒者、公民、工作者、家長等主要角色。

第三層是「生活深度」，是代表一個人在扮演每個角色時所投入的程度。

而國內外研究對於職涯發展階段亦有類似的劃分，茲歸納陳旻（民90）、黃英忠（民80）等學者的觀點，分述如下：

一、成長階段

從出生到 14 歲左右，此期間因家庭、朋友、老師及其他人之間的相互認同、互動，而形成自我觀念，並透過各種行為的嘗試，了解自己的興趣與能力，開始思考未來的職業方向。

二、探索階段

從 15 歲到 24 歲之間，個人會透過各種資訊，對自己的現在、未來先有概略的輪廓，評估自己的性向、能力與願望選擇，並完成學校教育，嘗試初步工作，驗證自己的能力，進而決定自己將來要走的方向（陳旻，民 90），這段時間之主要活動為：

1. 脫離父母依賴，建立自己的生活網絡。
2. 完成教育訓練，並嘗試不同的工作、生活興趣，以找到一個與其價值觀相符的職業。在找到合適的職業後，人們便進入建立階段。

三、建立階段

從 25 歲到 44 歲之間，是人們職涯發展的重心，主要活動為：

1. 找到一份合適工作並積極努力去勝任它。
2. 依據自己能力、興趣、價值觀，確立個人職涯目標。
3. 接受再訓練，充實自己專業知識並激發潛能獲得晉升。

此期間個人由初期嘗試接受到穩定成長，進入了事業中期危機，當事人會檢討本身的成就，和當初的雄心目標比較，因二者有差距而失望，進而調適轉向，或以職涯寄託真正希望，努力去達成。因此，此階段後半期大致職場地位已穩固、職業有保障，並能在競爭中達成自己的期望，或升任主管職位、或領高薪，此時也有人從母公司脫離而自行創業等。這階段也是多數人最富想像力與創造力的期間，接著進入了維持階段。

四、維持階段

從 45 歲到 65 歲之間，此階段分為巔峰期與黃昏期兩階段。

1. 巔峰期：此時期是個人生產力最高，對職場最有價值的時期，個人能感受到自己的成長、進步、成就與對組織的貢獻，並且也受到組織的尊重與讚賞。

2. 黃昏期：此時期個人所負擔的工作使命，逐漸需要靠自己的智慧與判斷來完成，並常負有教導後輩、承傳薪火的責任，有時候會感受到年輕有為之後進者的威脅，並因年歲漸長而調整原有的需求與期望，重新思考並自我再檢查。

在這階段，人們可能繼續獲得晉升或停在原職，假如他們對職涯發展未能達到他們的期望，則可能產生「中年危機」（middle-life crisis），怨憤和挫折感將導致工作和整個職涯的停止，甚至有可能中年轉（創）業。有時在維持階段的末期，可透過工作步調減緩、工作責任轉移或工作性質重新定義，以適應人們的另一種新的職涯經驗。當他們的生理與心理原動力凋萎時，人們便很容易進入職涯發展中的衰退階段，並準備退休。

五、衰退階段

該階段時期約在 65 歲以後，是個人職涯發展的尾聲，重要活動為：

1. 較重視個人健康，其職業生涯以個人家庭為重。
2. 由於生理的限制，希望訓練自己成為一個顧問角色。
3. 回歸自然。

此時期個人學習接受更少的事物，準備退休、重新適應家庭、朋友與社會關係，選擇性地參與活動、擔任顧問等工作。

　　職涯發展五個階段以圖形來表達，如圖 2-6 所示。由於國人對工作的看法轉變，逐漸重視工作生活品質及休閒活動，加上醫療科技的進步及政府的勞退政策等因素，使得職涯發展的維持與衰退階段有漸趨往後延長的現象，或許數年之後，恐怕 70 歲退休才是常態。

　　但人類的平均壽命相對延長，同時也帶來了人口老化的問題。所謂人口老化，係指總人口數中有 7%（含）以上達到 65 歲的社會，即稱為人口老化的社會。依聯合國的定義，臺灣地區早在 1993 年底，即已達到高齡化社會的標準，步入高齡化社會的人口結構（林麗惠、蔡侑倫，民 98）。因此，生涯發展階段與職涯的規畫，應可重新定義與解釋。此外，由於人口結構的改變，也導致職場出現了「晚進早出」（係指年輕人受教育的年數延長，進入職場的時間晚，但退休早）、「低進高出」（即人才國際流動的情況，臺灣人才外移遠高於移入）的現象，管理當局實不容小覷。

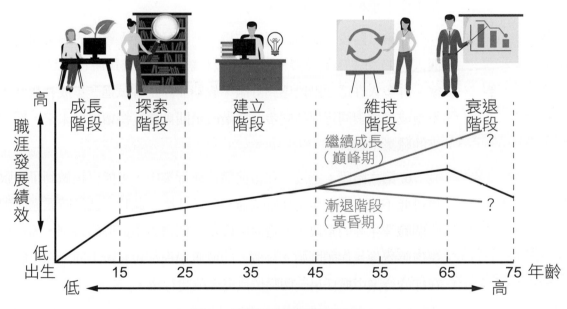

圖2-6・職涯發展各階段之示意圖

資料來源：陳旻，民90，頁31。

　　有別於 Super 以一個人終其一生的角度所提出的職涯發展階段論，美國商會（U.S. Chamber of Commerce）僅對於「求職者」提出職涯發展的 6 個階段，包括（Johnson, 2020）：

1. 第一階段：評估─這個階段是在大學畢業後開始的。可能知道一些自己喜歡做的事情，但並不完全了解自己的技能組合以及在工作中可以提供的東西。

2. 第二階段：調查─在此階段，應該開始與比自己早幾年的專業人士建立聯繫和交談。他們可以就什麼對他們有用，以及他們為確定自己的職業道路所採取的步驟提供指導。在調查階段可能會對聽起來很有趣的機會感到驚訝，應保持積極的態度和開放的心態。

3. 第三階段：準備─進入準備階段後，在自己選擇的職業中工作，開始獲得更多的知識和技能，並開始設定職業目標、考慮自己的未來。這個階段是最激動人心的階段之一，因為終於有了一些清晰度，並開始形成前進的動力。

4. 第四階段：承諾─一旦進入承諾階段，就已經縮小了想要做的工作類型，並且有一個具體的前進計畫。此階段專注於尋找新的機會，並在工作中承擔額外的責任。

5. 第五階段：保留─到目前為止，您已是受人尊敬的專業人士，其他人也將您視為領導者。您的知識和經驗使您成為所在領域公認的專家。許多人在這個階段感到舒服，放鬆並停止嘗試進一步成長和進步。不斷成長並與同行保持同步在此階段至關重要，持續展望未來，期待未來的職業里程碑。

6. 第六階段：過渡─在當前職位或行業中，可能已經做到了極限，也可能不確定下一步是什麼或還喜歡做什麼。此時，便是時候過渡到下一個職業生涯的階段了。過渡階段是一個讓人不舒服的時刻，因為它會讓您感覺像是從頭開始。每個人的過渡過程都會有所不同。它可能涉及在您的行業中擔任另一個職位或完全改變行業。

人生是多個不同角色的串聯，我們通常會在同一個階段擁有不同的舞臺，在不同的舞臺上都要扮演不同的角色，也就是有不同的生活空間。例如：在家中是父母、在社區是公民、在學校是在職班的學生、在辦公室是高階主管。如果一個人的能力與成熟度不足以應付這些角色間的轉換，就會互相干擾與衝突。我們也會常常面臨留職、調職、升職、去職或轉職等職涯轉換，這當中機會與勇氣往往又伴隨著智慧與決策。

第四節 影響職涯發展的因素

　　根據 Roe 的特質因素理論，每一個人都有其不同的遺傳特質，包括家庭社經背景和社會文化環境，也由於這些因素交互影響的結果造成每一個人有各不相同的條件（Hoffman et al., 1992），以下針對影響職涯選擇之因素做詳細探討。

特質因素理論
每一個人都有其不同的遺傳特質，包括家庭社經背景和社會文化環境，也由於這些因素交互影響的結果造成每一個人有各不相同的條件。

一、心理與生理因素

　　此項因素包括性向、興趣、人格特質、價值觀與生理要求等要項。例如：具藝術家特質的人，能簡單地表達他們的情感，且比那些難以表達出情感的人，易於選擇藝術、音樂、舞蹈和教育方面的職涯；又如富有企業心的人，因較喜好權力與影響別人，因此傾向於選擇像經理、律師等職業（陳旻，民 90）。

影響職涯發展的因素：心理與生理因素、社會因素、經濟因素、工作經驗。

二、社會因素

1. 家庭社經地位：社經地位（socioeconomic status, SES）係結合經濟與社會的因素來測量一個人（其實是代表一個家庭）的社會經濟有關的水準，通常包括收入、教育程度與職業。當我們在分析一個家庭的社經地位時，會以父母的收入，及有收入者的教育程度及職業一起做判斷。傳統上，我們會將社經地位劃分為高中低三個層次。不同社經地位的家庭對小孩的影響也不同。如家長的職業、地位、家長的期待與收入的高低，都會影響一個人的職業前程與發展。例如：父母是生意世家，小孩多半也會有很好的行銷手腕；父母是公教人員，子女也可能會選擇以公教人員為職業。雖然也有特例，但大體上，父母仍是對子女職涯具有最大的影響力量。尤其是因父母對子女的不同期望，如父母不識字，但仍努力工作讓子女完成博士學位等（陳旻，民90）。也就是每個家庭的社經水準大都維持在原有的社會階層，不易有太大的流動（即在不同社會階層之間作改變），但仍可透過求學、考試或婚姻等方式作流動。

2. 學校因素：如講師、輔導人員、同儕團體的影響及課程的安排與教學效果等。

社經地位（socioeconomic status, SES）係結合經濟與社會的因素來測量一個人的社會經濟有關的水準，通常包括收入、教育程度與職業。

3. 職業規範控制：如(1)教育訓練時間或執業證書和證照的控制；
(2)職業道德規範的限制；(3)雇主及同僚的影響力；(4)和社會角色的期待與衝突所帶來的影響，例如：女性求職的侷限性（郭芊彤，民101）。

4. 職業聲望：如社會階層或社會等級的區分。

5. 職業流動：如科技變遷與經濟發展所帶來的職業變動。

三、經濟因素

1. 勞力市場的需求與供給。

2. 工作的吸引力：如報酬、工作安定性與升遷機會。

3. 其他影響勞動力的因素：如工作者地區移動能力、職業轉移的限制、法律規章的變更、外勞的引進及國家教育制度等。

四、工作經驗

過去的工作經驗也提供了在不同領域中有關職涯機會的自覺。如工讀的經驗，讓我們了解到該領域的職涯情形；學校的校外實習課程，使學生經歷主修課程領域的實際工作狀況；一個人初踏出校門的前幾個工作亦會影響個人將來的職涯抉擇（陳旻，民90）。尤其是第一份工作，故不可不慎。

第五節 職涯規劃之內涵

職涯規劃
以個人職涯發展下，輔以健全之企業組織規劃，使個人的才能得以發揮，實現其理想與抱負，同時企業組織也能達到培植所需人力與充分運用人力的目的。

職涯規劃係以個人職涯發展下，輔以健全之企業組織規劃，使個人的才能得以發揮，實現其理想與抱負，同時企業組織也能達到培植所需人力與充分運用人力的目的。企業在了解職涯發展的相關概念之後，即需開始進行「職涯規劃」（career planning），本節先介紹職涯規劃之定義與功能，第六節再論及進行職涯規劃之執行。

一、職涯規劃的定義

職涯規劃是指個人對於職涯目標設定的歷程。這是相當具有高度個人化的且通常包括：(1) 對自身的興趣、能力、價值觀及目標的評估；(2) 檢視不同時機的選擇方案；(3) 可能影響目前工作的決策；(4) 規劃

欲達成職涯目標所應做的努力等。也由於職涯規劃的過程，導致人們對職業、公司、組織及工作的選擇（Cummings & Worely, 2001）。

二、職涯規劃之功能

職涯規劃係以工作及整體性組織規劃為重心，並提供邏輯的個人職涯發展計畫，以發展個人的職涯並完成企業目標。一個良好的職涯發展計畫，能實現下列功能（方崇雄，民 89）（表 2-1）：

表2-1，職涯規畫可實現之功能

員工個人方面	組織方面
1. 提升個人的工作滿足感。 2. 獲得個人潛能充分發展的機會。 3. 提高個人的工作生活品質。	1. 提升企業的生產力。 2. 改善員工對工作的態度。 3. 擴展與提升組織員工的知能。 4. 降低員工離職率。

三、個人職涯規劃的步驟

以個人中心為目標的職涯規劃，首先應加強對自我的了解，包括個人的能力、個人興趣、個人人格特質與個人工作價值觀等；其次，分析企業的內外部環境，根據分析結果與對自我的了解，擬定職涯發展方案（李隆盛、黃同圳，民 89），方能進行個人職涯規劃。而個人如何發掘其自我興趣則牽涉到其探索的過程。Tiedeman-O' Haro（1963）曾提出職涯發展的模式（張仁家，民 83）。由該模式可知，分化和統整這兩種心理作用在整個探索決定的過程中不斷地進行，整個決策過程分為兩個階段及七個步驟：預期階段及實踐與調適階段。在這兩個階段中，又包括：探索、具體化、選擇、澄清、入門、重整及統整等七個步驟。

個人在做職涯決策時有幾個特點：(1) 每個人在心理狀況在每個階段均有不同；(2) 每一步驟不必按既定的順序，有些步驟可能同時發生；(3) 興趣可能在任何時段改變。因此整個作決策的過程是循環、可逆的（張仁家，民 83）。

職涯發展的決策過程可分為兩個階段與七個步驟：預期階段及實踐與調適階段，在這兩個階段中又包括：探索、具體化、選擇、澄清、入門、重整、統整等七個步驟。

第六節 職涯規劃之執行

職涯規劃之執行主要分為組織方面與個人方面，但其主要目的皆是求取進步發展，達成組織或個人目標，因此兩者可說是相輔相成的。

一、組織規劃

(一) 訂定人力規劃系統

組織進行人力規劃時，首先需分析目前組織發展情況、公司的目標及未來環境變遷等因素，以預測未來人力資源狀況，作為組織培訓及發展的依據。

(二) 進行工作分析

設計職涯發展途徑首先應進行工作分析，蒐集組織的工作內容資料與人員資料，將其撰寫成工作說明書及工作規範，然後根據人力資源部門設計之員工職涯發展途徑策略，提供諮詢與輔導，讓員工了解自己在組織內的奮鬥目標。

(三) 擬訂教育訓練計畫

隨著時代的進步與企業經營的競爭，透過員工的在職教育與訓練是發揮員工能力與工作效率的最佳途徑。一個良好的訓練計畫，需評估訓練的必要性，然後再根據目標、對象內容、方法擬訂教育訓練方案。

(四) 建立評估制度

計畫活動能否確實執行，則有賴評估對於整個活動所作的回饋與監督，以確保教育訓練績效與提高組織士氣。

二、個人規劃

在規劃自己的職涯時，首先需分析環境對個人所帶來的影響，然後了解自己的人格特質、興趣、能力及性向，並訂定自己職涯發展的途徑與目標；接著再擬定出一套可行的計畫並付諸實施，最後也將其結果與計畫作比較修正。

(一) 環境分析

個人或組織之發展，均受環境之衝擊與影響，分析世界產業情勢，

國內政治、經濟、科技、文化、人口、法律及產業變化等，把握就業機
會及企業國際化、自由化、制度化後，對某些產業保護的威脅、阻礙行
業的發展、影響就業市場的供需狀況等因素加以分析與掌握（洪維賢，
民 91）。

(二) 確認職業導向

依據個人的人格傾向，選擇適合人格特質表現的職業，俾能在職業
上獲得滿足與發展。根據 John Holland「職業偏好測驗」所作的研究指
出，人格類型或導向有下列六種（郭芊彤，民 101）：

1. 實際型（realistic）：這些人喜歡從事需要技能、力氣和協調能
   力的體力工作，如工藝、烹飪和體育等。
2. 研究型（investigative）：這些人喜歡從事認知性（思考、組織
   和理解）而非影響性（感受、行動、人際社交與情感性）的工
   作，如生物學家、化學家及大學教授等。
3. 藝術型（artistic）：這些人喜歡從事自我表現、藝術創造、情感
   表達及個人主義式的工作，如藝術家，廣告經理及音樂家等。
4. 社交型（social）：這些人喜歡從事人際社交性而非心智或體力
   上的工作，如臨床心理學家、外交家、社會工作者等。
5. 企業型（enterprising）：這些人喜歡從事以口頭方式影響別人的
   工作，如經理、律師及公共關係人員等。
6. 傳統型（conventional）：這些人喜歡從事結構性而規劃可循的
   工作，如會計人員及銀行家等。

人格類型有六種：實際型、研究型、社交型、傳統型、企業型、藝術型。

大多數的人都不只有一種傾向，常同時兼具二種以上之人格類型，
如兼具實際型與研究型；而 Holland 認為一個人所具有的不同傾向若越
能配合，則此人在擇業時，越不會面臨衝突或猶疑難決的困境。

(三) 訂定目標

根據個人的人格特質，選擇未來發展的行業與職務後，即擬定職業
發展的目標，使自己能在職業上不斷地接受挑戰並獲得進步。目標將引
導個人成長，因此目標訂定應是具有挑戰性，使個人能夠不斷的努力去
獲得新的技術、知識，增廣見聞，加深見解；另一方面訂定目標，也應
與個人的能力配合，否則只有徒然增加挫折感，造成更大的困擾（洪維

賢，民 91）。訂定目標時，可參考 Peter Drucker 所謂「SMART 原則」來進行，即圖 2-7：

圖2-7・Peter Drucker提出的「SMART原則」

(四) 執行目標

目標一旦設定，即可導出完成目標的策略與方案，其具體作法是高效率的工作表現，不斷地自我訓練與成長，並尋找專家的指點。而良好的行動計畫必須具備如下之條件：(1) 相關性；(2) 可行性；(3) 整體的配合性與彈性。而且在擬定計畫時，每一目標必須考慮不同的技能與經驗（洪維賢，民 91）

(五) 評估計畫

將執行結果與預定目標作比較，找出其間的差距，然後據此設計一衡量標準以作適切的回饋與修正。

二、EPSD職涯發展理論

陳韋丞（民 111）曾提出運用 EPSD 職涯發展階段理論，鼓勵每個人都能走出自己的道路。EPSD 職涯發展階段理論包括：

(一) 探索定向(exploration orientation)

1. 階段描述：職涯初期還在摸索適合自己的方向，無論是自己的天賦熱情、或是找到相對競爭優勢定位。

2. 關鍵行動：開創新地圖，不斷接觸嘗試各種領域拓展視野，以便找到比較想要的方向。

3. 時間長度：至少三年的探索是比較足夠的時間。

4. 重要目標：能從365行當中，下定決心選擇聚焦少數幾個職能和產業領域進一步發展。

(二) 專業成長(professional development)

1. 階段描述：確定好想要發展的方向後，需要盡快具備一定程度的專業能力。

2. 關鍵行動：在公司內外、正式與非正式學習資源和管道，花時間打磨作品和經驗。

3. 時間長度：每個領域紮根專業，初步階段至少三到五年會比較完整。

4. 重要目標：把特定職能的專業累積到這個領域的80分左右、或是兩個領域各自60分以上，會比較有競爭力。

(三) 舞台展現(stage performance)

1. 階段描述：專業累積足夠之後，就要尋求下一階段的突破，讓你的能力為眾人所知，是很重要的一步鋪墊。

2. 關鍵行動：建立里程碑、打造代表作、行銷曝光、創造人脈等等。

3. 時間長度：建議三到五年，但因為前面累積不同，有人快、有人慢。軟實力強，尤其擅長人際溝通和行銷推廣的人就會很快。

4. 重要目標：不要只有公司內部少數人知道你，要在特定業界或網路社群的名聲廣為人知，才會開始獲得資源傾斜。

(四) 多元選擇(diversified choices)

前面三大階段，都有比較固定一點的發展規律以及可操作模式，但如果你完成了第三階段、擁有可以被人記憶的成果和作品，就會發現逐漸有各種機會、可以獲得許多資源、出現各種合作夥伴，此時所有的工作就是可以被創造出來的，也成功達成經營職涯的目標。因此後續的選擇，更多的是個人偏好和意願，走出一條屬於你的道路。

大家可以評估自己位於哪個階段、需要怎麼樣的機會，以及過去哪些地方也許沒掌握好，導致現在的職涯卡關遇到瓶頸。此外，這些階段的時間長度，也不是各自獨立切開的，並非一定要完全按照每個階段的建議時間 3+3+3（年）這樣的時間歷程。只要比一般人更願意投入時間努力，就可以同時多軌進行。只不過做每件事情都需要一定的學習成長期，才會到達稍微熟練的階段。

第七節　結語

21 世紀的職涯模式從一個穩定持續的型態，轉變成一個較不固定且常被中斷的型態，改變這種模式的因素包括企業重組、工作本質的改變，以及組織本質的改變。員工在企業中應根據自己的生涯目標做好生涯規劃工作，企業本身也應根據員工的需求協助員工完成生涯規劃的工作，並同時達成企業的基本目標（方崇雄，民 89）。

以擔任一位稱職的「人力資源管理師」為例，根據學者提出的觀點給予以下之忠告（葉忠達、陳俐文及梁綺華，民 91）：

1. 工作經驗與學校教育一樣重要

   進入人力資源管理領域前，工作經驗是十分重要的。特別是攻讀碩士學位之前，最好先有工作經驗，另外好的學習經驗也是不可或缺的。

2. 具備完整的教育背景

   宜先對企業的功能有基本的了解（如行銷、財務等功能），若大學主修企管則碩士學位建議專攻人力資源或組織發展。

3. 軟性技巧將越來越重要

   隨著外在環境的變化，溝通與衝突處理和人際關係等「軟性」技巧將越來越重要，建議除了學校課程以外，可以多參加相關主題的研討會，或是參與專業機構、社區學院、企管顧問公司所開設的相關課程。

4. 擔任領導者的經驗將會有所幫助

    在學校或社團擔任領導者可證明個人的管理與領導人的能力，許多公司將此能力視爲進入人力資源管理領域的主要條件。

5. 接觸有關國際化與跨文化的議題

    人力資源管理已提升至全球化的層次，因此許多人力資源管理的職位面臨跨國性的思考議題，因此宜多參與該議題相關的課程，對於求職助益很大。

在當前經濟環境不佳的狀況，能有一份理想的工作並不容易，無論是謀新職或換工作，一個人工作能力的軟實力與硬實力展現都同樣重要。硬實力即工作本身的專業能力；而軟實力則爲行業中所需的軟性能力（soft skills），包括創造思考、問題解決、危機處理、工作熱情、處事積極、幽默風趣、待人謙和、知所進退等，包羅萬象，涵蓋面大，通常都與工作態度有關。我們可以用個公式來表達：$C=(K+S)^A$，K（Knowledge）和 S（Skill）爲硬實力，A（Attitude）爲軟實力，而 C（Capacity）就是工作能力。

↘ 本章摘要

- 人力資源發展是「訓練與發展」、「職涯發展」與「組織發展」三者的統合運用，目的在改善個人、團隊和組織的效能。

- 職涯發展係指員工根據其特質、興趣、技能、經歷與動機，而組織提供員工適切的工作機會及相關資訊與協助，進而確立其相關工作目標，擬定未來的行動計畫，以達成既定目標的歷程。

- 企業內員工的職涯發展理論受到不同理論的影響，分別為：人格結構理論、自我觀念理論、生命階段理論、差異特質理論、動機理論與需求理論。

- Super職涯發展五階段為：成長階段、探索階段、建立階段、維持階段與衰退階段。

- 影響職涯發展的因素有：心理與生理因素、社會因素、經濟因素、工作經驗。

- 職涯規劃是指個人對於職涯目標設定的歷程，具有高度個人化且通常包括了：(1)對自身的興趣、能力、價值觀及目標的評估；(2)檢視不同時機的選擇方案；(3)可能影響目前工作的決策；(4)規劃欲達成職涯目標應做的努力等。

- 職涯發展的決策過程可分為兩個階段與七個步驟：預期階段及實踐與調適階段，在這兩個階段中又包括：探索、具體化、選擇、澄清、入門、重整、統整等七個步驟。

- 組織之職涯規劃執行工作包括：訂定人力規劃系統、進行工作分析、擬定教育訓練計畫、建立評估制度。

- 個人之職涯規劃執行工作包括：環境分析、確認職業導向、訂定目標、執行目標、評估計畫。

- EPSD職涯發展階段理論包括：探索定向、專業成長、舞台展現、多元選擇。

- 給擔任一位稱職的「人力資源管理師」之忠告：(1)工作經驗與學校教育一樣重要；(2)具備完整的教育背景；(3)軟性技巧將越來越重要；(4)擔任領導者的經驗將會有所幫助；(5)接觸有關國際化與跨文化的問題。

- 硬實力即工作本身的專業能力；而軟實力則為行業中所需的軟性能力（soft skills），包括創造思考、問題解決、危機處理、工作熱情、處事積極、幽默風趣、待人謙和、知所進退等，包羅萬象，涵蓋面大，通常都與工作態度有關。

↘ 章後習題

一、選擇題

(　) 1. 哪一項不包含在人力資源發展的要素？

(A) 職涯發展　(B) 組織發展　(C) 就業機會　(D) 訓練與發展

(　) 2. 職涯發展理論中，佛洛依德以精神分析討論為：

(A) 自我觀念理論　(B) 人格結構理論　(C) 生命階段理論　(D) 以上皆是

(　) 3. 職涯發展理論中，John Holland 以職業選擇的討論為：

(A) 自我觀念理論　(B) 生命階段理論　(C) 人格結構理論　(D) 以上皆非

(　) 4. 職涯發展理論中，生命階段理論將人的職涯發展為幾個階段？

(A) 三　(B) 四　(C) 五　(D) 六

(　) 5. 職涯發展理論中，Parsons 認為個人選擇職業評估的討論為：

(A) 自我觀念理論　(B) 人格結構理論　(C) 生命階段理論　(D) 差異特質理論

(　) 6. 職涯發展理論中，Maslow 認為職涯發展層次為？

(A) 人格結構理論　(B) 生命階段理論　(C) 需求理論　(D) 以上皆非

(　) 7. 哪些是影響職涯發展的因素？

(A) 社會因素　(B) 工作經驗　(C) 經濟因素　(D) 以上皆是

(　) 8. 職涯規劃的功能，在「組織面」為：

(A) 提升工作滿足感　(B) 提高工作品質　(C) 降低員工離職率　(D) 潛能獲得發展

(　) 9. 個人職涯規劃的階段為：

(A) 分析和準備　(B) 預期和實踐調適　(C) 投入和產出　(D) 以上皆非

(　) 10. 職業所需具備的「軟實力」指的是：

(A) 專業技能　(B) 專業證照　(C) 工作資歷　(D) 創造思考

二、問題與討論

1. 訓練與發展、職涯發展與組織發展三者間的關係為何？
2. 影響職涯發展的因素為何？
3. 職涯規劃的定義及功能為何？
4. 職涯規劃在組織方面與個人方面，應分別如何進行？
5. 試述Super的職涯發展階段論之內涵。

↘ 參考文獻

一、中文部分

王秦希康（民99年）。從策略性人類資源觀點談員工訓練未來趨勢。T&D飛訊，102，1-13。

方崇雄（民89）。組織生涯發展。載於李隆盛、黃同圳主編，人力資源發展（頁235-266）。臺北：師大書苑。

李隆盛（民89）。人力資源發展概說。載於李隆盛、黃同圳主編，人力資源發展（頁1-24）。臺北：師大書苑。

林麗惠、蔡侑倫（民98）。培養高齡者閱讀習慣之探究。臺灣圖書館管理季刊，5(3)，31-37。

洪維賢（民91）。教育訓練應用在人力資源管理部門之研究。大葉大學事業經營研究所碩士論文。彰化：未出版。

郭芊彤（民101）。女性職涯發展中玻璃天花板效應之研究—以媒體產業中高階女主管為例。國立臺灣師範大學科技應用與人力資源發展學系碩士論文。未出版。

張仁家（民83）。我國高級職業學校工業類科學生家庭背景因素、職業自我概念與生涯決策行為之相關研究。國立彰化師範大學工業教育研究所碩士論文。彰化：未出版。

陳韋丞（民111）。主人思維。時報周刊。

陳旻（民90）。女性公務人員性別角色態度、成功恐懼及職涯發展關係之研究－以高雄市政府為例。國立中山大學人力資源管理研究所碩士在職專班碩士論文。高雄：未出版。

黃良志、黃家齊、溫金豐、廖文志、韓志翔（民102）。人力資源管理：理論與實務（第三版）。臺北：華泰文化。

黃英忠（民80）。職涯發展管理在企業人力發展中的運用。人力資源學報，創刊號，27-44。

維基百科（民102）。西格蒙德‧佛洛伊德。取自https://zh.wikipedia.org/zh-tw/西格蒙德‧佛洛伊德

劉金花編（民102）。兒童發展心理學。臺北：五南。

葉忠達、陳俐文、梁綺華（民91）。人力資源管理—實務導向。臺中：滄海書局。

二、英文部分

Cumming, T.G.(2001). Essentials of organization development & change. Ohio: South-Western College Publishing.

Gilly, J. W. , & England, A. (1989). Principles of human resources development. MA: Addison- Wesley Publishing Company, Inc.

Greenhaus, J. H., Callanan. G. A., & Goodshalk, V. M. (2000). Career management (3rd ed.). Fort Worth, TX: Harcourt College Publishers.

Hoffman, J. J., Hofacker, C., & Goldsmith, E. B. (1992). How closeness affects parental influence on business college students' career choice. Journal of Career Development, 19 (1), 65-73.

Johnson, J. (2020). The 6 stages of career development. https://www.uschamber.com/co/grow/thrive/stages-of-career-development

Noe, R. A. (2005). Employee training and development (3rd ed.). Boston: McGraw-Hill.

OECD (2012). Education at a glance 2012. Retrieved from http://www.uis.unesco.org/Education/Documents/oecd-eag-2012-en.pdf

Rothwell, W. J., Sanders, E. S., & Soper, J. G. (1990). ASTD models for workplace learning and performance: roles, competencies, and performance. MA: American Society for Training & Development (ASTD).

Schein, E. H. (1987). Individuals and careers. In. J. Lorsch (ed.), Handbook of organizational behavior, 155-171. NJ: Prentice-Hall, Englewood Cliffs.

Super, D. E. (1957). The psychology of careers. NY: Harper & Row.

Life is not fair - get used to it.
人生並不公平，但要習慣它。

Bill Gates
比爾蓋茲

資料來源：詹益郎著（民92）。現代管理精論，頁347。臺北：華泰。

Chapter 03
執照、證書、證照在教育訓練之角色

▦▦ 前言

　　教育訓練的目的不外乎為滿足因技術變動、升遷、異動、輪調或外派等而產生的需求，為求符合時代潮流、公平性、客觀性起見，許多企業組織常將訓練課程與檢定，甚至是與升遷、薪資做結合，故往往以通過某些檢定或考試取得證照或執照為目標。如保險業務員管理規則（民110），明訂保險業之業務員每年應接受所屬公司舉辦之教育訓練，若不參加者，所屬公司將撤銷其業務員登錄。惟參加訓練成績不合格者，於一年內再行補訓，成績仍不合格者，所屬公司將撤銷其業務員登錄。且業務員登錄證有效期間為五年，於期滿必須參訓再換證，其規定可說是相當嚴格明確。

　　112年01月檢索法務部的全國法規資料庫（法務部，民112），我們可以發現在現行的法規中，使用『證書』一詞的條文共56條，使用『執照』一詞者有37條，使用『證照』一詞者僅13條，顯然『證書』是最被廣泛使用。但是國人常將「證照」、「執照」和「證書」三者混淆，導致誤用的情形，不勝枚舉。例如：將「駕駛證書」視為「駕駛執照」；將「教師合格證書」視為「教師執照」；考取「技術士證書」視同落實「證照制度」等。然到底何謂證照、執照和證書？三者之間又有什麼區別？擁有其一又意味何種意義？上述數項觀念即為本章所討論的重點。有鑑於此，本章乃就常見之「證照」、「執照」和「證書」三者加以界定。

第一節　執照、證書與證照的定義與功能

▤ 執照
政府為保障大眾權益免於受侵害，而辦理考察並授予確定其有最低標準的專業知能。

▤ 證書
發給某人的文件，證明某人已完成某一課程的學習，其具有或通過專業團體所訂定的基本知能。

▤ 證照
專業人員進入該專業實際的初始允許狀；證照通常有兩種解釋，一種為技術證明；另外一種為資格證明。

　　「執照」（license）是指由政府為保障大眾權益免於受侵害，而辦理考察並授予證明，確定某人具有某一行業或領域的最低標準的基本專業知能，而由政府單位所頒受的一種證明，其具法律上效力，可撤銷、吊銷收回，或規定短期無效。

　　「證書」（certificate）是發給某人作為憑證的文件，證明某人已完成某一課程的學習，其具有或通過專業團體所訂定的基本知能，一般由成員所屬的專業團體發給，以認同其在該領域有某種層次表現的證明，一旦發給很少再收回；如畢業證書、研習證書等。

　　「證照」（license）則是專業人員進入該專業實際（professional practices）的初始允許證明；證照通常有兩種解釋，其中一種為技術證明，即為證明一個人在某種技能上，達到一定標準的鑑定證書，如會計丙級證照；另外一種為資格證明，如醫師、律師、會計師等資格的證明。

　　由上述分析可知，執照、證書與證照三者間其定義仍有些許差異，對於專業能力的證明範圍也有層次上的差別。

現今臺灣社會證照制度的興起與業界開始重視證照所呈現的證明意義，主要來自於下述證照的功能：

一、導正國人的職業觀念

證照制度的辦理可逐漸改變國人過去以「升學第一、文憑為先」的觀念，將「專業技能」視為最有價值的謀生之道，以建立國人正確的職業價值觀。

二、確保公共安全

部分行業牽涉到國家、社會之公共安全，如醫師、建築師等。因此相關的從業人員均需由公開檢定之程序，確定其從業資格，確保執業時的安全與服務品質，以保障社會大眾生命財產的安全（Lustick & Sykes, 2006）。

三、提升職業服務水準

證照制度可以確保從業人員的工作品質、技能水準、專業能力及服務態度，經過公開檢定及發證程序，提升對社會大眾的服務水準。

四、激勵產業技術升級

基層技術人力的技能水準是產業技術升級的主要動力，而技術人力素質的良窳是產業的生產力提升與否的關鍵，因此業界鼓勵基層技術人員參與相關的技能檢定，不但可以提高基層技術人員的技術品質，亦可達到激勵產業技術升級的目標。

五、促進國人之公平就業

部分行業經由公開、公正、公平的考試方式，考試人員憑其技術能力則可取得法定之就業或執業資格，可促進國人就業之公平性（Lustick & Sykes, 2006），如教師甄試、國家高等考試與普通考試等。

六、促進職業證照制度之建立，以保障國人就業安全

職業證照制度之建立與普及，可增加業者於招募員工時參考的依據，因此國人申請工作時，憑其證照代表有一定標準的知能，對工作上的確有很明確的保障。

七、評鑑職業訓練與職業教育的水準

透過專業技術的檢定，可以了解到職業訓練與職業教育之水準及其成效，亦可做為評鑑的標準之一。

雖然證照有上述的功能與優點，但是仍可能因為證照的專斷性與排他性而帶來一些負面的影響。黃嘉莉（民 95）指出專業證照的社會封閉性質可能形成排外現象，加諸專業意識的影響，容易產生如下值得警惕的缺失：

一、專業的傲慢

專業證照持有者在專業自主保障之下，專業人員容易傾於自我中心，不易接受他人的不同意見，在相信自我專業的判斷之下，會產生專業傲慢的情形，不接受他人也無法讓人誠心接受。

二、專業的冷漠

獲得專業證照者在長期的職前專業訓練，學習許多複雜的專業知識與技能，以及如何在不同情境之下去發現問題、解決問題，至於人際溝通等專業倫理部分相對稀少，因此容易形成專業人員的冷漠態度，令人有無法親近的感覺。

三、專業的排斥

專業證照持有者形成的專業社群，由於同質性且具有獨特之知識體系、價值觀與文化，與其他專業社群以及非專業社群常有格格不入，相互排斥的現象，此種專業排斥的產生一方面在確保其權益，另一方面在保有其權威，排斥行為容易導致與其他團體產生衝突行為。

四、專業的壟斷

專業證照是就業的保障，而且持有專業證照者之互動密切，可以相互提供最新資訊，分享知識與資源，職業以及成員之間的互動累積成為專業人員的資產，而且在專業以及法律的保護下形同壟斷，無法輕易撼動，容易造成近親繁殖、創新不足。

綜合上述，政府對於專業證照的取得應有嚴謹的規範，包括對於學歷的規定、檢定方式與過程的設計以及證照更新的要求均有詳細的規

範，目的在確保證照持有者能夠立即進入現場工作（林天祐，民96）。而這樣的規範應符合大眾的期待與普世的價值，並隨著科技的進步以及生活品質的提升適時修訂。

第二節 執照、證書與證照的適用範圍

「執照」意指在某一行業或領域因想從事服務人民的工作，政府為確定其已達到服務標準，給予一些基本測試，當其測試通過後所發予的允許證明。例如：教育部協商有關單位，對於持有輔導專業證照人員，得依其專業層級開設心理輔導中心，從事心理治療或輔導諮詢業務。此即為上述之「執照」。

而目前我國實施職業「證照」制度的行業尚未全面普及，但已有各類與公共安全有關或足以影響消費大眾個人生命以及財產安全的行業列入，如消防安全設備裝置保養、鍋爐操作、工業配電等，其工作範圍牽涉到公共安全問題者，先予納入實施職業證照制度的範疇，其他如美髮、按摩、汽車修護、乃至於醫師、醫事檢驗師、律師等專業技術職業，由於足以影響其服務水準甚至個人生命財產，故亦列入職業證照制度的實施範圍。如我國建立輔導專業人員證照制度計畫，教師或社輔人員所參加之輔導知能研習進修活動，凡持有證明且屬「我國輔導專業人員層級專業標準」同一層級者，得登記其時數，達到專業標準者由教育部發給專業證照，此即為上述之「證照」。

職業「證書」制度是按國家制定的職業技能標準或任職資格條件，經國家考核鑑定，對合格的勞動者授與相應的國家資格證書，可分為五等：初級、中級、高級、技師及高級技師。如教育部、教育處、各級學校及社輔機構，凡照計畫辦理之各種期程教師或輔導知能研習進修活動，一律由主辦單位發給參加研習證書，證書上書明研習班別、時數並附課表，此即為上述之「證書」。

另外，特別值得一提的是各國常實施的「技能檢定」，從世界各國技能檢定實施的方式來探討，大抵可分為三種，第一種屬德國式，利用受訓結束時，對受訓者施予考試，通過者頒發技能證書；第二種屬於澳洲式採用學習歷程檔案（portfolio），受訓者在受訓過程搜集符合各

職業類內工作能力的證明（文件），一旦職類內各工作能力均獲得證明（endorsement），可由受訓者向州（state）申請技術士證；第三種則為中國式，亞洲各國或因受中國傳統思維之影響，技能檢定並非訓練結束之測試，而獨立由都、道、府、縣（日本）或省及其他應檢機構（中華民國）來辦理施測（蕭錫錡，民88），通過檢定合格者，由政府機構頒發「技術士證」，基本上即是屬於「證書」的性質。但是德國式及澳洲式的技能檢定，主要在測驗各行業總會立案訓練場所或企業訓練機構之訓練成效，由於各行業總會立案之訓練場所或企業訓練機構之訓練的執行，係由業界實務人士來教導，訓練內容當能符合工作之需求，因此採用期末測試或學習歷程頗能符合各該國之需求（蕭錫錡，民88），因此，通過檢定合格者，取得是「執照」或「證照」。現在勞動部大力推動的職能基準課程，即是經過勞動部與業界共同認可的職能訓練課程，參訓的受訓者一旦通過該課程的學習評量，即可取得該職能證書。擁有證書的受訓者，也對代表了受訓者具備某種業界認可的工作職能。

第三節　執照、證書與證照之比較

檢定（certification）是確認較高層次的專業知能，多屬自願參加，由學術專業團體頒授證書（certificate），建立專業權威，屬於較易取得的一種證明文件。而核照（licensure）係執業必備，由政府授予執照（license），考察最低標準的專業知能，具法律上效力，目的在保障大眾權益，故相對於證書較難取得。但若門檻設限太高或過低時，則會造成取得執照的人身價大漲或太一般化，亦無法保護大眾權益，形成社會供需不平衡。證照（license）為基本專業知能的考核，由政府辦理授予，目的在保障大眾權益；但對於基本知能設定是否符合實際需求則是須斟酌衡量的重要課題。

綜合上述分析，整理執照、證書和證照三者的差異如表3-1所示，可見證書和執照是截然不同，有證書未必能夠執業，有執照未必保證專業知能達卓越程度；證照的辦理核發單位及目的與執照雷同，功能上類似於證書或為執照的基本證明文件。深究之，證書和執照的不同在於，對專業團體及政府機關的定位和發揮影響力程度的問題：證書由專業團體主導考核和頒授，較多學術理想考量，強調專業自主權的發揮，建立

證書和執照的不同在於，對專業團體及政府機關的定位和發揮影響力程度的問題。

和維護專業權威的地位，相對政府機關的影響力會減縮；執照係政府機
關主導，較多實際考量，強調發揮行業管理權，以維護最基本的公眾和
國家權益，專業團體的影響力會縮減。

表3-1・證書、證照和執照之區分

名稱		執照（License）	證書（Certificate）	證照（License）
文件	文件功能	執業許可	專業知能證明，往往是執業必備	專業知能證明，與執業有關，可／必須換發執照
	核發單位	政府機關	專業團體／政府機關	政府機關
	知能等級	執業最低基本素養，有下限	專業最高素養，無上限	執業基本素養
名稱		核照（Licensure）	檢定／檢覈（Certification）	技能檢定（Skill Test）
方法	檢核目的	確保執業最低知能，維護公眾權益	評鑑領域專業知能，維護專業權威	評鑑執業基本知能，維護公眾權益
	辦理單位	政府機關	專業團體／政府機關	政府機關
	辦理性質	強迫參加	多自願參加	自願或強迫參加
影響合格行業人員供需情形		影響極大，標準過高和檢核過嚴可能造成供少需多情形	證書如與核發/持有執照有關，會有影響，反之則無	略有影響，標準過高和檢核過嚴可能影響供需平衡

資料來源：改自葉連祺，民90，頁62。

　　若以權力和知能為分類的雙軸，可形成如圖 3-1 的觀點，其中某類
執照和某類證書是相對於執照和證書而言，僅具部分的特性；而證照兼
具了證書和核照的性質。換言之，證照有類似證書的作用，但不能完全
取代證書，本質上與執照相似，卻不代表執照能做為執業證明。

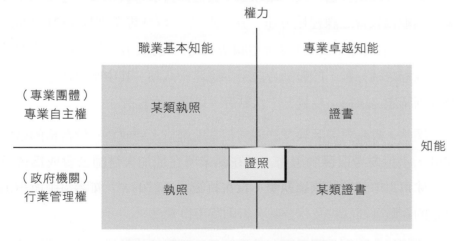

圖3-1・資格證明文件定位之雙向度分類

資料來源：葉連祺，民90，頁64。

若執照和證書依據辦理單位和有無實施，則可形成以下四種情形：

1. 既無政府機關的檢照又無專業團體的檢定，故為不合理之情形。

2. 由政府機關檢照，是以實施執照制度為主；僅有執照，或執照視同具有證書作用。

3. 由專業機關檢定，主要是施行證書制度；僅有證書，或者證書視同執照能為可執業的證明。

4. 政府機關與專業團體共同辦理或政府機關授予專業團體辦理；證書和執照兼備，才能執業，或者證書和執照無關，或者證書可換發執照，執照可換發證照，或不必換發，即視同具有另一類證明文件的作用。

總而言之，證照則是具有專業知能且可為執業基本的能力，主要由政府機關核照，能為可執業的證明，但不一定可換發執照。

以醫師、牙醫師及中醫師等醫事人員執照為例，在民國 102 年 7 月 1 日公布了「醫事人員執業登記及繼續教育辦法」，除了載明領有醫師、牙醫師、中醫師或醫護人員「領得醫事人員證書五年內申請執業登記」（第五條第一款之說明）之外，對於這些執業的醫師更修法必須進行在職訓練（也就是條文中所稱的「繼續教育」）（法務部，民 102）。

同上辦法中，第 13 條明文規定「醫師執業，應每六年接受下列繼續教育之課程積分達一八〇點以上；其他類醫事人員執業，應每六年接受下列繼續教育之課程積分達一五〇點以上：(1) 專業課程；(2) 專業品質；(3) 專業倫理；及 (4) 專業相關法規。」，「前項第二款至第四款繼續教育課程之積分數，於醫師合計至少應達十八點，其中應包括感染管制及性別議題之課程；超過三十六點者，以三十六點計。」

顯然，政府對醫師執業的要求相當地嚴格，要成為一位合格的執業醫師，不但要考取醫師證書，並在執業所在地加入醫師公會成為會員後，才可以申請執照開始執業，且在執業的過程中，六年內需強制參加既定的在職訓練課程及學分數，否則將不得執業。

我國行政院衛生署為了有效管制及追蹤醫師的執業水準，特別建置了一套醫事人員積分系統，隨時可供相關人員查詢與檢核，醫師這個職業將證書、執照及訓練三者結合為一，可說是我國「證照制度」具體實現的最佳典範。

第四節　認證與驗證

一、認證與驗證的定義

　　為確保企業所提供的產品、服務品質的要求與控管，我們可以經過認證或驗證的程序，取得前述的證書或證明文件，而這樣認證或驗證的對象可能是人員、可能是程序，也可能是機構或組織。

　　當主管機關對某人或某機構給予正式認可，證明其有能力執行某特定工作之程序即稱為認證（accreditation）。常見的認證單位有：TAF（臺灣全國認證基金會）、CNAB（中國國家認證機構認可委員會）、RAB（美國國家標準協會認證機構認可委員會）、RVA（荷蘭認可委員會）、DAR（德國認可委員會）、SCC（加拿大標準理事會）、KAB（韓國認可委員會）、JAB（日本認證委員會）等。

　　若對某一項產品、過程或服務能符合規定要求，由中立之第三者出具書面證明特定產品之程序則稱之為驗證（certification）。常見的驗證單位有：BSMI（經濟部標準局）、BSI（英國標準協會）、BVQI（臺灣衛生國際品保驗證股份有限公司）、SGS（臺灣檢驗科技股份有限公司）等。而這些「驗證機構」都必須事先被「認證」通過。

　　舉個例來說，當前國人相當重視農產品的產地來源與生產品質，農委會也積極推動農產品的產銷履歷制度，讓消費者能安心地食用這些農產品。在產銷履歷驗證制度之中，農委會已核定的「臺灣全國認證基金會」（Taiwan Accreditation Foundation，簡稱 TAF）為產銷履歷特定的評鑑機構，作為產銷履歷農產品驗證標章（TAP）、有機農產品驗證標章（OTAP）及優良農產驗證標章（UTAP）之認證機構，再由認證機構，也就是全國認證基金會對驗證機構給予評鑑。驗證機構經全國認證基金會評鑑之後，再對農產品經營業者的產品及生產流程進行驗證。若農產品經營業者通過驗證之後，便可取得驗證機構頒發的「驗證」證書。

　　在臺灣，certification 稱為「驗證」，但是日本跟中國大陸卻將 certification 翻譯為「認證」，因此往往造成混淆。在我國，不論是執行 ISO9001、ISO22000、HACCP、SQF、EUREPGAP、TGAP（Taiwan Good Agriculture Practice）等標準之符合性評鑑活動（conformity

認證
當主管機關對某人或某機構給予正式認可，證明其有能力執行某特定工作之程序即稱為認證。

驗證
若對某一項產品、過程或服務能符合規定要求，由中立之第三者出具書面證明特定產品之程序則稱之為驗證。

assessment procedures），certification 都是叫做「驗證」。由於臺灣、日本、中國對 accreditation 和 certification 的翻譯不同，因此常常會造成混淆，以下簡要對照各國對這兩個名詞的翻譯：

表3-2　各國對於accreditation及certification的翻譯名詞對照

名詞　　　　國家	accreditation	certification
臺灣	認證	驗證
大陸	認可	認證
日本	認定	認證

資料來源：改自臺灣農產品安全追溯資源網（無日期）。

二、認證與驗證的關係

國際標準組織（International Standards Organization, ISO）對於「驗證」、「認證」的關係要從整個取得證照的流程與角色談起，申請證照的過程即是利用符合性評鑑程序（conformity assessment procedures），直接或間接判定產品是否符合技術性法規或標準之程序，以證明產品、過程、系統、個人、機構符合特定的要求。

在 ISO 的證照系統中，共分為企業本身、驗證單位與認證機構三個層次。「驗證單位」是裁判，從事評審、發予企業證書的工作，而「認證機構」則是督察，專門監督考核驗證單位的，以確保驗證單位發證是符合程序的，所發出來的證書才能取信於大眾；在此流程中，企業為取得國際標準系統的證書，而向「驗證單位」申請「驗證」；驗證單位為了表示其公允性及客觀性，則須接受「認證單位」的「認證」，而受到認證機構的監督與考核。

以人員驗證為例，我國經濟部標準檢驗局也依循 ISO 的定義，於 2009 年 5 月 4 日公布制定 CNS 17024『符合性評鑑－人員驗證機構運作之一般要求』國家標準，符合該標準之人員驗證機構可確保其係以具有一致性、可比較及可靠的方式，來達成人員驗證計畫所指定之各項要求（經濟部標準檢驗局，民 112）。

所謂人員驗證係為一種保證措施，確保接受驗證的人員符合驗證計畫之要求。新制定的標準即是針對人員驗證組織建立符合全球公認標準

的國家標準，藉由該標準之評估過程、後續追查以及定期重新評鑑已驗證者之能力，以取得對驗證計畫之信心。人員驗證機構與其他類型的符合性評鑑機構（例如管理系統驗證／登錄機構）之差異，在於其除具備一般符合性評鑑機構之要求外，針對人員驗證需要另發展出『考試』之特有功能，以利用客觀的準則評估個人能力並計分。此類考試若由驗證機構完善規劃與建構，可確保作業之公正性並減少利益衝突，且實施符合本標準人員驗證制度所指定之各項要求，更可提升驗證人員之專業化以符合科技快速創新的潮流。」（經濟部標準檢驗局，民 112）。

三、符合性評鑑的意涵與架構

（一）符合性評鑑的意涵

依據 1996 年國際標準組織及國際電工委員會發展之 ISO/IEC Guide 2 定義：「符合性評鑑（conformity assessment）為直接或間接決定是否達到相關要求的任何活動」；2004 年 ISO 符合性評鑑委員會（ISO/CASCO）制定 ISO/IEC 17000：2004 符合性評鑑 - 詞彙與通用原則（conformity assessment -vocabulary and general principles）則定義為：「產品、流程、系統、人員或機構達成特定要求的證明」。亦即符合性評鑑為直接或間接決定是否滿足技術法規或標準中之相關要求的任何作業程序。以國際標準組織（ISO）而言，對於不同的符合性評鑑機構，有不同要求事項，如 ISO 對於認證機構的認證，會依認證對象之差異訂定不同的標準要求，對於人員驗證機構之認證規範於 ISO/IEC（2003）17024（桂正權，民 99）。

（二）符合性評鑑的架構

為確保符合性評鑑專業、透明與公正原則，國際共識的實務性作法是二層監督，如圖 3-2 所示，第一層監督是由驗證機構、檢驗機構和實驗室等來執行各種不同的分析、測試、檢驗、驗證工作，可為一個多數競爭的市場（開放式）。第二層監督是由認證組織來監督與管理各項符合性評鑑機構的專業與公正性，通常第二層的監督是為了避免受到商業利益的影響，故認證機構往往是單一的全國性機構或由國家授權的少數機構來承擔業務，屬於寡占或獨占形式（封閉式）（桂正權，民 99）。

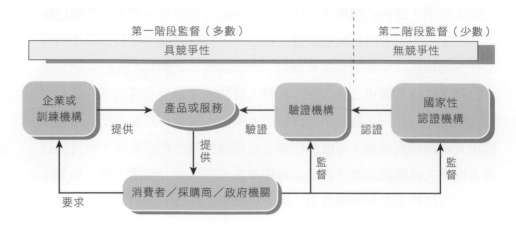

圖3-2・認證與符合性評鑑整體架構

資料來源：桂正權（民99），頁22。

第五節 結語

在今日重視專業能力的社會之中，已逐漸建立檢視個人專業程度的證照制度，不管從事任何行業，只要有證書大都可以為自己的專業程度加分，而要應徵到一個工作並不困難。政府為保護人民的生命、財產，而特別設置的一個專業門檻，該專業門檻又受到第三方專業團體的認可、監督之下，能夠對人民有所保障者，稱其為「執照」。個人利用時間參加學習技能或知識課程，並達到該課程所限時數且學習成績優良者，頒予證書證明某人已經修習過該知識，且具有其知識之一定的專業基本素養。綜合上述，證書、證照、執照的區別對一個人的能力認證上有著不同的意義，企業在設定教育訓練的標準時，宜需謹慎注意。

另一個有趣的話題是，許多人常會問到：擁有多張的證書是否就可以獲得工作的保障或得到較高的薪資，答案是證書的數量並非重點，而是要看這張證書是否被該領域的業界認可，或是取得該證書的困難度。越不易取得的證書，往往也越有價值。在就業或學期間若能有此體認，充分利用時間，努力取得含金量高（有價值）的證書，方能無往不利。

↘ 本章摘要

- 「執照」係指由政府為保障大眾權益免於受到侵害，而辦理考察並授予確定其有某一行業或領域的最低標準專業知能，而由政府單位頒授的一種證明，具法律效力，可撤銷、吊銷收回，或規定期限無效。

- 「證書」係指發給某人的憑據文件，證明某人已完成某課程的學習，具有或通過專業團體所訂定的基本知能。

- 「證照」係指專業人員進入該專業實際的初始允許狀；通常分為技術證明與資格證明。

- 證照的功能：導正國人的職業觀念、確保公共安全、提升職業服務水準、激勵產業技術升級、促進國人之公平就業、促進職業證照制度之建立，以保障國人就業安全、評鑑職業訓練與職業教育的水準。

- 專業證照的社會封閉性質可能形成排外現象，加諸專業意識的影響，容易產生以下缺失：專業的傲慢、專業的冷漠、專業的排斥、專業的壟斷。

- 證書和執照之不同處在於，對專業團體及政府機關的定位和發揮影響力程度的問題：證書由專業團體主導考核和頒授，較多學術理想考量，強調專業自主權的發揮；執照由政府機關主導，較多實際考量，強調發揮行業管理權，以維護最基本的公眾和國家權益。

- 當主管機關對某人或某機構給予正式認可，證明其有能力執行某特定工作之程序即稱為認證（accreditation）。

- 若對某一項產品、過程或服務能符合規定要求，由中立之第三者出具書面證明特定產品之程序則稱之為驗證（certification）。

↘ 章後習題

一、選擇題

( ) 1. 哪一項不是證照的功能？

(A) 促進就業公平　(B) 確保公共安全　(C) 激勵產業獲利　(D) 導正職業觀念

( ) 2. 由政府頒授證明，具法律效力，可撤銷收回或規定期限效力為？

(A) 證書　(B) 證明　(C) 驗證　(D) 執照

( ) 3. 指專業人員進入該專業的初始允許狀為：

(A) 研習　(B) 證照　(C) 執照　(D) 以上皆是

( ) 4. 證書和執照之不同處，下列何者為非？

(A) 執照由政府機關主導　(B) 證書由專業團體主導考核　(C) 證書較多實際考量　(D) 證書較多學術考量

( ) 5. 當主管機關對某人或某機構給予正式認可，證明其有能力執行某特定工作程序稱之：

(A) 研習　(B) 執照　(C) 證書　(D) 認證

( ) 6. 證明某人已完成某課程的學習所獲得的文件，具有或通過專業團體所訂定的基本知能：

(A) 認證　(B) 研習　(C) 證書　(D) 執照

( ) 7. 若對某一項產品、過程或服務能符合規定要求，由中立之第三者出具書面證明特定產品之程序，稱之：

(A) 驗證　(B) 證書　(C) 認證　(D) 執業

( ) 8. 專業證照的社會封閉性質可能造成的缺失：

(A) 專業的排斥　(B) 專業的壟斷　(C) 專業的冷漠　(D) 以上皆是

( ) 9. 證照通常分為哪兩種？

(A) 學習證明和技術證明　(B) 技術證明和資格證明　(C) 學習證明和資格證明
(D) 以上皆是

( ) 10. 證書和執照的不同處，何者說明為非？

(A) 對專業團體的定位　(B) 對政府機關的定位　(C) 對個人職業的定位　(D) 發揮影響力程度的問題

二、問題與討論

1. 試舉例說明執照、證書與證照之適用範圍？
2. 何謂證照制度？證照制度有何功能？
3. 試說明執照、證書與證照之差異？
4. 於今日社會當中，擁有執照、證書或證照的人有哪些？試各舉二例說明之。
5. 試說明證書或執照與訓練的關係？

↘ 參考文獻

一、中文部分

林天祐（民96）。專業證照對教師專業的啟示。教師天地，150，4-9。

林明地（民90）。中小學校長證照及其制度的引入與建立。教育研究月刊，90，22-35。

桂正權（民99）。職業訓練師資培訓暨職能架構系統及認證方式。行政院勞工委員會職業訓練局泰山職業訓練中心委託之專案研究結案報告書。（該中心現為勞動部勞動力發展署北基宜花金馬分署泰山職業訓練場）

法務部（民102）。醫事人員執業登記及繼續教育辦法。臺北：作者。

法務部（民110）。保險業務員管理規則。https://law.moj.gov.tw/LawClass/LawAll.aspx?pcode=G0390016&kw=%e9%9a%aa%e6%a5%ad%e5%8b%99%e5%93%a1%e7%ae%a1%e7%90%86%e8%a6%8f%e5%89%87

法務部（民112）。全國法規資料庫。http://law.moj.gov.tw/Law/LawSearchLaw.aspx

黃良志、黃家齊、溫金豐、廖文志、韓志翔（民102）。人力資源管理：理論與實務（第三版）。臺北：華泰文化。

黃嘉莉（民95）。1990年後臺灣教師證照制度發展之研究。教育研究與發展期刊，2(1)，63-91。

經濟部標準檢驗局（民112）。國家標準（CNS）網路服務系統。https://www.cnsonline.com.tw/?locale=zh_TW

葉連祺（民90）。中小學校長證照相關課題之思考。教育研究月刊，90，57-71。

蕭錫錡（民88）。技能檢定的效用推廣與發展取向。就業與訓練，17(3)，17-20。

臺灣農產品安全追溯資源網（無日期）。認識產銷履歷。https://taft.coa.gov.tw/cp-1073-84-8a470-1.html

二、英文部分

Lustick, D., & Sykes, G. (2006). National board certification as professional development: What are teachers learning? Education Policy Analysis Archives, 14(5). Retrieved.from http://epaa.asu.edu/epaa/v14n5/

To get the right people in the right places to do a job and then to encourage them to use their own inventiveness to accomplish the task at hand.

找到合適的人，擺在合適的地方做一件事，然後鼓勵他們用自己的創意完成手上的工作。

Sam Walton

山姆‧華頓（*Wal-Mart*創辦人）

資料來源：https://www.goodreads.com/author/quotes/1350.Sam_Walton

Chapter 04

員工教育訓練需求評估

▋▋▋ 前言

　　員工教育訓練的第一步即在於評估訓練需求（張火燦，民77；Laird, 1985）。由於教育訓練的投資成本昂貴，除了金錢之外，心智、時間的投入更代表了工作產出的減耗。我們常看到許多主管即興式地安排員工訓練的課程時，所選擇的訓練模式或課程內容的標準，大多是其他公司都曾已進行此種訓練，或聽從專家的推薦而辦理，導致教育訓練只是行事曆上的過客，並非讓員工真正受益、組織受惠的既定行程。

　　由於多數企業體認到人力才是企業最重要的資本，以致在教育訓練的投入似有攀高的趨勢。企業雖越來越重視教育訓練，但往往都只重視教育計畫的執行，而欠缺忽略前置作業，即「需求分析」（needs analysis）。難怪企業往往都抱持著存疑的心態面對教育訓練，例如：

1. 辛苦籌備的教育訓練是否會效果不彰。

2. 企業員工參加意願可能不高。

3. 可能中、高階主管不支持，使教育訓練受阻力。

4. 企業不願投入大量金錢，認為教育訓練可能是無謂的花費。

　　因此企業必須先確定是否需要進行員工教育訓練，才不至於浪費人力、物力、財力的資源，得不到預期的效果。所以，本章將針對訓練需求評估的特性、目的、功能、程序、原則與方法逐一作深入探討，以獲得系統性的整體概念。

▋第一節▏ **教育訓練需求評估的目的、功能與特性**

一、訓練需求評估之目的與功能

📑 訓練需求評估
是整個訓練計畫最為關鍵與重要的第一步，集中於提供必要的資訊，以尋求合適的解決途徑，並選擇正確的方法解決問題。

　　Clarke（2003）認為訓練需求分析（Training needs analysis, TNA）即是組織蒐集資料的週期活動，用以判斷該組織是否需要訓練、訓練誰、訓練甚麼。TNA 是整個訓練計畫最為關鍵與重要的第一步，也是訓練與發展系統檢測與診斷的一部分，提供必要的資訊，以尋求合適的解決途徑，並選擇正確的方法解決問題。因此，「需求」可說是訓練之母（陳光超，民87）。

　　訓練需求評估的目的有四（Desimone, Werner & Harris, 2002）：

1. 可確認組織目標和達到這些目標的有效途徑。

2. 找出可以提升目前工作績效的技術落差。

3. 找出現行技術與未來執行工作所需的技術落差。

4. 透過人力資源發展的活動中進行。

其主要的功能在於：

1. 協助管理者或訓練專業人員做成訓練發展決策，並規劃訓練發展方案。
2. 對組織內相關工作環境與人員的探討，可鑑定現存員工或群體的工作績效。
3. 找出需要進一步訓練的員工。
4. 能顯露有關組織氣氛的訊息。
5. 能結合公司的策略、目標與個人的目標與需求。
6. 讓員工與經營管理者覺得他們在訓練方案的規劃中，都扮演一部分角色。
7. 能了解目前組織內技能短缺的項目及其所需的技術人力。
8. 能針對重要性的優先順序進行評估，並透過預算安排訓練活動。
9. 能因應市場、科技等外在環境之變化。

二、訓練需求評估的特性

1. 目標減去現況即為需求。

    在以達成企業組織的目標與員工個別的績效為導向的前提下，訓練需求之決定可由圖 4-1 表示，並可以下列公式加以解釋，意即訓練需求為達成企業目標所必須具備的能力（企業要求的績效及標準），減去員工現有的能力（現在或實際的績效）（Nowack, 1991）：

    $$D = M - I$$

    其中，M 表示達成企業的目標所必須具備的能力，或企業要求的績效及標準；I 表示員工現有的能力，亦可以現在或實際的績效表示之；D 表示訓練需求。

> ▤ 訓練需求
> 為達成企業目標所必須具備的能力（企業要求的績效及標準），減去員工現有的能力（現在或實際的績效）。

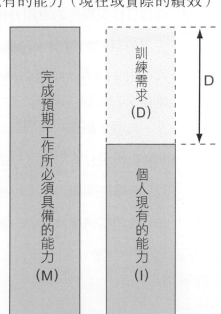

圖4-1・員工訓練需求之基本模式

2. 員工訓練的重點不僅在提升工作能力，也在增加工作意願。

3. 員工訓練實際負責推動的主體應是員工的直屬主管，而不是行政管理部門。

4. 員工訓練只有建立在時空延續的關係下，才能對企業組織發生積極而肯定的效用。

5. 員工訓練必須與組織長期的人力發展需求目的相結合，以激發人力的潛能為最終旨意。

6. 由於訓練需求評估是包含資料的蒐集、資料的解釋，以及資料的利用等一系列的活動，因此，員工訓練需求評估包括運用系統方法蒐集資料及分析資料，並以此資料作為教育訓練實施的依據，故可說是一種持續性的過程。

第二節 員工訓練需求評估的程序

企業訓練整體系統的四個階段分別為：需求分析、計畫擬定、計畫執行、執行績效評估。

一般而言，企業訓練整體系統的四個階段分別為：需求評估、計畫擬定、計畫執行、執行績效評估。一般而言，訓練需求評估有四項步驟，分別為：1. 進行目標與現況的差距分析；2. 確認需求的順序性與重要性；3. 確認績效不佳的原因及改善的機會；4. 確認解決方案及可再進步的機會（Robert & Mitchell, 1995; Steadham, 1980）。茲分別說明如下：

1. 進行目標與現況的差距分析

先了解目前的現況，包括知識、技能，及現在或未來聘任員工的能力；接著，了解組織的目標、氣氛與限制，並設定組織所欲達成的目標（或標準）；最後，找出現況與這個目標之間的落差。此時，組織可以問自己幾個問題：

(1) 組織現存的問題可以透過訓練就改變的嗎？

(2) 有哪些問題，組織以後可能會面對而又無法避免的？

(3) 我們如何維持我們的競爭優勢？

2. 確認需求的順序性與重要性

在上個步驟後，我們會得到一個需求清單（list of needs），然後根據我們的組織的目標、現況與限制加以過濾，並將需求項目依重要性與急迫性予以排序，接著，組織可以問自己幾個問題：

(1) 解決方案所需的成本效益分析如何？

(2) 可否修正我們的規定或制度就解決了嗎？

(3) 高層喜歡這個解決方案嗎？

(4) 有哪些人需要參與？

(5) 這改變對消費者會有甚麼影響？

3. 確認績效不佳的原因及改善的機會

在上個步驟後，我們會得到一個依重要性排序的需求清單，接著，找出這些相關的人、工作與改善的契機。組織可以再問自己幾個問題：

(1) 組織內所有的人都以有效率的方式在工作嗎？

(2) 他們都知道如何執行他們的工作嗎？

4. 確認解決方案及可再進步的機會

當組織內的員工都有效地在執行他的工作時，我們就應放手讓他們進行，但如果不是，那麼教育訓練可能是解決方法之一（尤其是在缺乏知識的情況下）；但也有可能必須透過組織發展的活動才能解決，例如問題不是缺乏知識，而在於組織系統的改變上，例如組織規劃、組織重整、績效管理或團隊建立等。

員工訓練需求評估的程序，可分為評估前階段與執行評估階段二大活動階段；而評估的過程則包括開始、資料蒐集的規劃、資料蒐集、資料分析、資料利用、回饋及結束；員工訓練需求評估的主要工作包含了解組織及訓練發展活動之概況，及使用各種方法蒐集所要評估內容的資料，如下頁圖 4-2 所示。

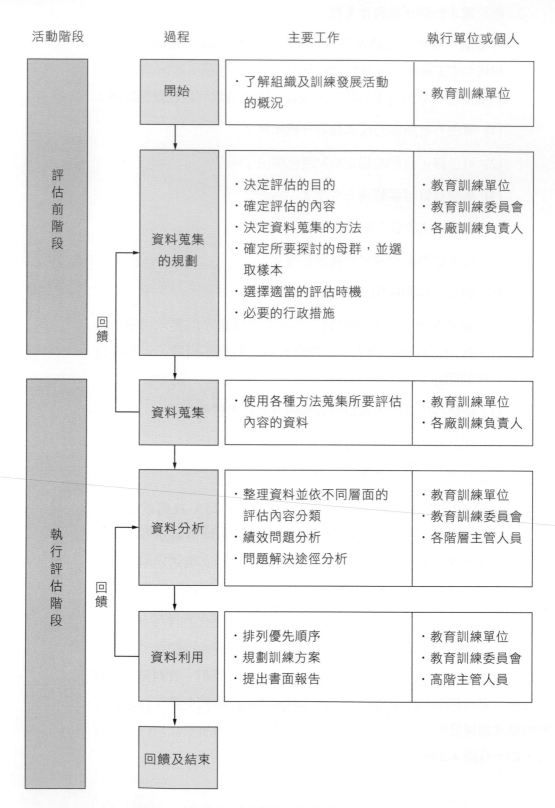

圖4-2・企業內訓練發展需求評估之程序模式

上述的訓練需求評估的工作，一般均由教育訓練單位、委員會、企業組織之主管或負責人執行之（黃南斗譯，民 76）。茲將員工訓練需求評估的程序，分述如下：

一、評估前階段

在實際進行評估訓練需求之前，應先對組織的結構及功能、目前訓練活動的情況，以及上一次執行訓練需求評估的狀況與成果，做充分的了解，掌握背景資料，以利評估的進行。

(一) 決定評估的目的

訓練是為了員工個人的訓練需要？還是組織的發展需求？訓練方案的設計需求？或是長短期人力派遣？決定評估的目的，將使整個活動不致偏離方向，這也是評鑑此訓練活動的主要著眼點。

(二) 確定所要評估的內容

如表 4-1 所示，在考慮不同的環境因素之下，訓練單位可對組織、工作、人員分別進行分析，包括：

1. 組織分析：用來檢討全盤性的企業策略，該策略的目的在於了解整個組織的目標和人力資源之情形，以及人力分配和組織結構的關係。所以，組織分析是員工訓練需求分析的第一步。

2. 工作分析：將企業中各項工作之內容、責任、性質以及員工所應具備的基本條件，包括知識、能力、責任感與熟練度等加以研究、分析的過程，又稱「職能分析」。工作分析的結果作成書面記錄，俾為人力資源管理或員工訓練的依據。

3. 人員分析：員工訓練必先確定受訓之特定個人，下列三類人員應予考慮：(1)執行職務之組織成員；(2)以後將執行特定職務之組織成員；(3)以後將執行或擔負職務之非組織內人員。上述三種人員，對其背景、資歷、學歷、年齡及工作的能力等資料應以詳細的分析，以作為訓練的基礎。因此，人員分析的主要內容包括現在人力的評估及未來人力供需的預測（黃英忠，民 82）。

4. 環境分析：上述之員工訓練需求分析大都著重於組織內部之分析，而事實上，外部環境的分析和評估對組織內部之員工訓練亦會產生影響。即員工訓練需求的評估還應包括國際性的因素和需求環境面之因素，如法令及國際經濟政策對組織市場和政策之影響、政府的干預、鼓勵或控制等，應分析其內、外部環境因素後，再決定員工訓練活動的實施方案。

表4-1．不同內容層面的評估項目

項目	內容	
組織分析	• 組織的政策目標及需要 • 管理者的要求 • 績效系統 • 組織氣氛指標與標準 • 人力資源規劃 • 技能資源目錄	• 組織發展 • 改變組織設計 • 效率指標分析 • 新設備引進所需的能力（包括知識、技能與態度）
工作分析	• 職位說明書 • 工作說明書（指出績效標準） • 分析操作問題 • 新技術的應用	• 新的工作項目 • 由工作規範分析該項工作應具備的能力（包括知識、技能與態度）
人員分析	• 主管判定、徵詢主管意見 • 績效系統 • 士氣調查 • 員工的自我了解	• 員工的發展 • 員工現有的能力 • 員工能力不足的項目（包括知識、技能與態度）
環境分析	• 科技變動 • 經濟情勢 • 政府政策	• 社會環境 • 法律 • 市場競爭

(三) 決定蒐集資料的方法

目前已有許多有用且多樣的蒐集資料方法，協助訓練需求評估的執行者進行員工訓練需求的評估，然執行者不僅要知道如何活用這些方法，更應明瞭如何選用適切的方法，確保評估結果符合企業所需。實務上，因每種方法各有其優點及限制，故宜適切地組合不同的資料蒐集方法，事先詳加選擇與規劃，以達成企業訓練需求的目的。表 4-2 為在不同分析層面下的資料蒐集方法，執行者可依企業所訂定的目標，選擇著重的層面與方向，進一步選定訓練需求評估的資料蒐集方法；或採用表 4-3 的模式，以評量標準矩陣表區別在何種情境下選擇訓練需求評估的資料蒐集方法的比重與模式。

表4-2．不同內容層面的蒐集方法

項目	內容	
組織分析	• 訪問決策者 • 教育訓練委員會會議、業務會議 • 群體討論 • 績效文件	• TQC、QCC • 目標管理 • 市場分析
工作分析	• 行為觀察／工作抽樣 • 相關的職位分類、職種分析方法 • 教育訓練委員會、業務會議 • 工作記錄	• 訪問有關工作的問題 • TQC、QCC • DOT, SOC System • O*NET
人員分析	• 問卷調查 • 訓練需求調查表 • 員工訪問 • 態度調查 • 生涯諮詢 • 測驗	• 評估中心 • 績效評核 • 工作期望技巧 • 觀察員工工作行為 • 訓練後員工意見反應
環境分析	• 檢視和外圍環境有關的文獻 • 觀察社會動態	

表4-3．訓練需求評估標準矩陣

權重 等級 標準 方法	在職人員 的參與 3	管理人員 的參與 2	所需時間 1	成本 3	有關的 量化資料 2	總分
顧問委員會／ 重要的顧問	(1) 3	(2) 4	(2) 2	(3) 9	(1) 2	20
評估中心（外部的）	(3) 9	(1) 2	(1) 1	(1) 3	(3) 6	21
態度調查	(2) 6	(1) 2	(2) 2	(2) 6	(2) 2	18
群體討論	(3) 9	(2) 4	(2) 2	(2) 6	(2) 4	25
訪問員工	(3) 9	(1) 2	(1) 1	(1) 3	(2) 4	19
訪問離職者 （由人事部門）	(1) 3	(1) 2	(3) 3	(3) 9	(1) 2	19
管理者要求	(1) 3	(1) 2	(1) 1	(1) 3	(1) 2	11
行為觀察／工作抽樣	(1) 3	(3) 6	(3) 3	(3) 9	(1) 2	23

權重 等級 方法 \ 標準	在職人員 的參與 3	管理人員 的參與 2	所需時間 1	成本 3	有關的 量化資料 2	總分
績效評核	(2) 6	(3) 6	(2) 2	(3) 9	(3) 6	29
績效文件	(1) 3	(2) 4	(3) 3	(3) 9	(3) 6	25
問卷調查	(3) 9	(3) 6	(2) 2	(2) 6	(3) 6	29
技能測驗	(3) 9	(1) 2	(1) 1	(1) 3	(3) 6	21
工作分析	(2) 6	(1) 2	(1) 1	(2) 6	(3) 6	21
相關的經驗／ （文獻、其他公司）	(1) 3	(2) 4	(2) 2	(3) 9	(1) 2	20

* ( )內之數值為某一企業之實際調查結果，可分為高、中、低三種等級，再分別予以3、2、1的分數。該結果乘上標準的權重，即可得到該方法在標準下的分數，以此表為例，可發現該企業之訓練需求評估較適合用「績效評核」(29)與「問卷調查」(29)兩種方法。

資料來源：Smith, B., Delahaye, B. & Gates, P., 1986, p.67.

(四) 決定母群，並選取樣本

　　針對有特殊需要的部門或個人，可隨著不同的部門、職級，樣本的選取採立意取樣方式；或採隨機抽樣的方式，使公司員工能全面而普遍地參與需求之評估。

(五) 選擇適當的評估時機

　　選擇在淡季或不影響部門或員工個人工作情況下實施。

(六) 必要的行政措施

　　完成前述（一）～（五）的步驟後，可初步獲得評估計畫，目的在獲得高階主管人員的了解與支持，接著透過必要的行政決策，知會各有關部門或個人，並保持充分的溝通與聯繫，以利評估計畫之推展。若身為主管，亦可利用本書提供之自我檢核表（如表4-4），進行員工訓練需求評估的準備。

表4-4・員工訓練需求評估主管自我檢核表

本問卷之目的在提供主管進行自我檢核對員工訓練工作的支持程度，請在您有做到的事項畫「○」，在沒做到的事項打「X」。

(　　) 1. 你是否定期檢視員工在訓練上的需要，並鑑定每一位員工在訓練上應該著重的地方？

(　　) 2. 你是否與每一位員工談論他們在訓練上的需要並規劃訓練執行方案？

(　　) 3. 在你的員工參與某項正式的訓練課程前，你是否事先告訴他你何以推薦他參與該項課程，並說明他能從該項課程獲得什麼好處？

(　　) 4. 當員工接受過訓練後，你是否與他談論他的收穫，並鼓勵他將學到的新東西應用在工作上？

(　　) 5. 你是否鼓勵員工自我成長並指點他們一些可行的途徑—比方說進一步追求更高的資格或參與專業團體的聚會？

(　　) 6. 你是否系統化地對員工實施在職訓練—比如對他們從事有效的授權，為他們設立具挑戰性的目標，或是提供他們獲致新經驗的機會？

(　　) 7. 你是否鼓勵員工研讀你認為有利於他們的管理專著或管理期刊？

(　　) 8. 當你為每一位員工設定目標時，你是否在該等目標之中至少列入一項員工自我發展的目標，並定期檢視他們追求目標的進度？

(　　) 9. 你是否鼓勵你的部屬去培育他們的部屬，並且將這件事當作評估他們工作績效的考慮因素？

(　　) 10. 你曾否與每一位員工討論他們的事業理想，並為他們導引實現事業理想的最佳途徑？

(　　) 11. 你是否偶爾會挪出一些時間，對員工需要改進的特定工作領域進行個別輔導？

(　　) 12. 你是否對你掌理下的每一個重要職位培植潛在接班人？

(　　) 13. 你是否藉著工作輪調以擴大員工之工作經驗，並藉者它以減輕因員工離職或晉陞而產生的後繼無人的困窘？

(　　) 14. 你曾否指派特殊任務給員工承擔，以便擴增其工作經驗並給與培養新技能之機會？

(　　) 15. 你是否積極鼓勵部屬提供新觀念？

＊評分方式：

以上各題的答案中，每一個「○」得5分，每一個「X」的0分，請計算你所獲得總分。（此量表也可以改成每題0~5分的計分方式。）

＊成績解釋：

60≤總分≤75　你是卓越的人才培育者。你堪稱「一人管理學院」的經營者，你手下的員工極其幸運擁有發展潛能的充分機會。

40≤總分≤55　你是一位相當不錯的人才培育者，但是你需要在培育方法上再求精進。你何不將每次與員工之對話視作輔導場合？

15≤總分≤35　你對員工培育不夠。你或許太過依賴正式訓練課程，除非你能在人才培育方面下更多功夫，否則你個人的事業發展將受掣肘，因為一旦你無法培植接班人來取代你，你將長期被綑綁在現有的工作崗位上。

0 ≤總分≤10　由於你根本漠視人才培育，你的主管職位可能不保。對任何富上進心的人來說，被指派充當你部屬將有如自陷絕境那樣可悲！

資料來源：改自鄧東濱，民78，頁177-178。

二、執行評估階段

(一) 蒐集資料

資料的蒐集需注意到資料提供者所提供的資料是否正確、僅蒐集「必要」、要求效度與信度均高的資料，以及考慮資料蒐集所需的時間長短等要點。

(二) 資料分析

1. 依不同層面的評估內容之分類分析。

2. 依績效問題分析。

3. 依問題解決途徑分析。

(三) 資料利用

依據資料分析的結果，先依其重要性與操作頻率之考量，安排出訓練的優先順序，並將其規劃成訓練方案，再提出書面報告，經決策單位核准且獲得必要資源的支持後，即可依訓練方案內容實施員工訓練。

(四) 回饋及結束

在訓練需求評估小組（或教育訓練部門）投入許多的時間、人力，以及資源在需求資料分析與利用之後，是否能夠獲得如期的效益？或者，評估指標與評估方式是否為有關單位或人員所接受？這些都需要透過回饋的機制加以確認。其中評估指標的訂定、評估的方式，以及評估報告如何利用等，均可作為研擬下次教育訓練需求評估的參考。

本書彙整由希臘 Christopher Pappas 所支助建置的 eLearing

第三節 訓練需求評估的方法

Industry® 平台 (eLearningIndustry.com)，以及加拿大 COGNOTA 公司所建置的 LearnOps® 平台 (cognota.com) 提到的訓練需求評估的方法，不外乎有 8 種，其內容如下 (Pappas, 2022; Walker, 2022)：

一、觀察法

「觀察法」（observation）係根據既定的觀察目的，由觀察者觀察員工特定的行為及頻率，並加以記錄、分析，並作客觀性解釋的一種方法。但易受觀察者的主觀影響，使得觀察所得的資料，其正確性有待商榷。

二、問卷調查法

「問卷調查法」（questionnaire survey）乃針對全體員工施以問卷進行了解，此法可節省時間並且獲得多方面的資料。但使用問卷調查法有一項重大的缺點，即為無法確定填卷者是否據實回答，還有問卷的設計也會影響填卷者的回答。故採用此法仍需注意調查的時間、地點、對象及印刷的外在觀感。

三、面談法

「面談法」（interview）即主管與員工面對面地溝通，詢問其對工作抱持的態度及意見。面談又可分為兩種（Heneman, et al., 1989）：

(一) 個別面談

訓練需求評估的執行者必須得到的資料如下：

1. 組織所面臨問題的本質為何？
2. 組織對員工影響的範圍如何？
3. 有必要參加訓練的員工有多少？
4. 員工工作表現的缺點是什麼？
5. 什麼是員工應做而未做的？
6. 什麼是員工不應做而做的？

(二) 集體面談

在個別情況中，集體面談比個別面談更有效果，如下：

1. 欲對某項問題表示意見的員工過多時。
2. 面談內容不涉及個人缺點或隱私時。
3. 面談的內容對在場人員，均無威脅性，即所談問題是與己身無關時。
4. 面談性質屬腦力激盪會議形式時。

四、力場分析法

「力場分析法」（force-field）是蒐集員工意見最有效的方法。其步驟如下：

1. 要求參與需求分析的人，將現存的問題列出，尤其是邀請單位主管列席。

2. 製作力場分析圖（如圖4-3），圖之中央寫出問題的性質，左邊則由在場人員利用腦力激盪法列出現存的問題，右邊可列出改進的方法。例如：探討如何提高員工的出勤率，左側是造成出勤率不高的原因，右側則是改進因素。

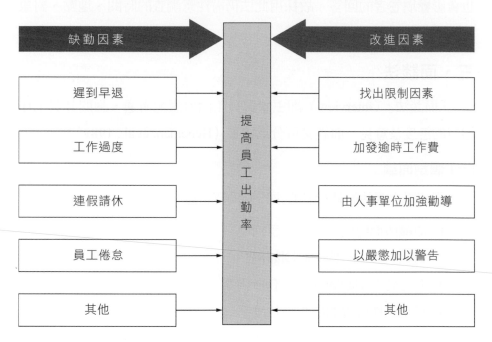

圖4-3・力場分析圖

資料來源：改自Michalak, D. F. & Yager, E. G.,1979, p.24.

五、客戶回饋

客戶的反應、問卷或線上調查都可以接收到員工學習與發展的狀況。該方法的主要目標是確保員工是否有提供提高客戶滿意度所需的所有經驗和技能。員工是否有效溝通並確定客戶的需求？他們能夠解釋所有的產品優勢嗎？這段服務的經歷是否令人難忘（出於正確的原因）？他們會推薦朋友嗎？有時候，客戶的回饋往往會是觸發組織追求卓越及員工進步的主要來源之一。

六、工作考核

如果企業平常對員工有做定期的書面考核，則可以從這些考核資料中獲得相關的資訊，有助於企業決定員工是否有訓練的需要。

七、人事紀錄分析

人事部門如果能於平日將全部人事動態及臨時事故詳加記載，則對於確定該單位的訓練需求有莫大的幫助。

八、多元特質多重方法分析

傳統上確認訓練需求分析，均以工作及訓練有關的變數作為衡量尺度，「多元特質多重方法分析」（multitrait-multimethod approach），則往往須再加入兩項變數：

1. 員工對工作勝任的情況或學員學習能力的高低。
2. 員工參加訓練或學習意願的強弱。

針對上述兩項變項：學習能力（能力）、學習意願（意願），與工作相關程度（相關）的高低，可得到以下八種不同的狀況及其適切的訓練方式：

1. 「意願低／能力低／相關低」——此情況下的訓練方式及原則如下：

    (1) 必須強制員工參加受訓。

    (2) 以正式的、結構化的訓練方式為主。

    (3) 強調激勵與具體的訓練活動。

    (4) 設置實際或模擬的工作場所，作為訓練的地點。

    (5) 施訓者應鼓勵員工參與，並稱讚員工的成就。

    (6) 進行小規模的訓練，如此才能提供激勵及增強作用。

2. 「意願低／能力高／相關低」——狀況下的訓練目的在設法提高學員的學習意願，了解訓練與工作的關係，作法如下：

    (1) 訓練內容略為困難，以提高學員興趣。

    (2) 訓練須在實際或模擬的工作場所進行，透過實際的動手或模擬操作，並強調如何將習得的技能應用在工作上。

    (3) 以強制或鼓勵參加受訓來提高學習意願。

▤│ 多元特質多重方法分析

考慮學習能力（能力）、學習意願（意願），與工作相關程度（相關）的高低，所得適切的訓練方式。

「強制受訓」：即規定新任基層主管必須於就任的12個月內強制接受該項訓練；「須受訓」：即視需要於基層或中層主管就任後36個月內應施以該項訓練；「選訓」：視個人發展需要選擇性的施以該項訓練。

3. 「意願高／能力低／相關低」——此狀況下的作法為：

    (1) 講授必須高度結構化，內容宜細分成小單元，並儘可能在工作現場施測。

    (2) 訓練時先示範每一項簡單的動作，再讓學員動手操作。

    (3) 在學員逐漸熱心學習時，可採用比較放任的方式。

4. 「意願低／能力低／相關高」——此狀況下進行訓練時，須採取下作法：

    (1) 由單位強制派訓，以免學習意願低落。

    (2) 提供具體的獎勵，使其樂於學習。

    (3) 經常給予正面的增強效果。

5. 「意願高／能力高／相關低」——此狀況下所需要的是，使學員了解訓練與工作的關係，原則上，對這些員工不辦理訓練。若有訓練需求，其方式有：

    (1) 舉辦短期講習會。

    (2) 講習會應在工作場所舉行。

    (3) 舉辦短期性的、週期性的研討會。

6. 「意願低／能力高／相關高」——此狀況下須以具體的獎勵激發學員學習的興趣。

7. 「意願高／能力低／相關高」——此狀況下的訓練方式為：

    (1) 可以採取比較隨性的方式。

    (2) 參加受訓的獎勵可以不必具體。

    (3) 訓練內容必須高度結構化。

    (4) 宜予學員有足夠的時間，讓他自己追求、接觸學習各種訓練資源。

8. 「意願高／能力高／相關高」——此狀況下，學員不論參加或不參加受訓，都會努力學習。如單位欲進一步訓練此類人員，則訓練方式只需非正式、少量的訓練或自選受訓的方式即可。

員工想做卻不能做的非動機性問題，可透過訓練來解決；反之，動機性問題則屬於員工不願做，這樣的問題不易經由訓練來改善，必須從工作流程及制度上去尋找癥結的存在。當然，近年來，有提出體驗式訓練對於員工的工作態度、工作動機及團隊士氣的改變，已有良好的成效（張仁家、游邵葳，民 102）。

此外，高明智等人（民 85）於《再創企業活力—如何進行員工培育》一書中，亦提及不同於以往的訓練需求評估方法，認為教育訓練需求可由幾種方法直接或間接取得，其方法如下：

1. 分析企業經營的方向：如企業是否要成長？短程目標、中程目標、長程目標為何？多角化經營？

2. 分析績效評估的結果：如哪些地方需改進？哪些員工具有晉升的潛力？需要哪些管理能力訓練？

3. 參考同業的作法：如哪些公司的銷售體系較強，其銷售人員必定有其過人之處。

4. 利用問卷調查：了解員工及主管對以往教育訓練的看法，蒐集員工對教育訓練的期望。

5. 利用直接訪談：訪談宜由訓練專業人士來負責，面對面的溝通，直接蒐集員工對訓練的需求。

6. 利用工作觀察：從工作觀察去了解教育需求，最主要是發掘問題所在。例如：操作機器不熟悉、服務顧客態度不佳。有些問題則是潛在性需要做較深入的探討，例如：員工士氣不佳，原因可能是主管的領導能力不足等。

7. 分析企業外的反應：如顧客抱怨次數及抱怨的主要項目、退貨率或產品不良率等。

第四節 教育訓練需求評估的原則

訓練需求評估是一項持續不斷的活動，藉著蒐集資料以判定什麼是訓練所需的條件、進而開發訓練課程滿足目前與未來的技術需求，幫助組織達成目標。

訓練需求評估是一項持續不斷的活動，藉著蒐集資料以判定什麼是訓練所需的條件、進而開發訓練課程滿足目前與未來的技術需求，幫助組織達成目標。引導需求評估是一項訓練課程成功的基礎。不過，多數的組織都是在未先進行需求分析的情況下就著手開發課程和實行訓練。這些組織承擔了給予過多、過少或是根本就未給予確切重點訓練的風險。因此，訓練需求必須謹慎地加以評估（Brown, 2002）。

當組織期望從訓練中獲得比投資的訓練成本更多的效益時，「訓練」是適合使用的方法。對組織來說，所有訓練投資的價值都必須仰賴上級人士和主管的遠見和判斷而定。主管必須核准施行能幫助員工得到對該組織工作更有貢獻之技能與知識的訓練。有些狀況的需求是立即性且矯正性的；而在其他狀況中，訓練的目的在於更新並維持專業的知識水準；更有些訓練目的是為了達到更高階主管位置所需要的要求而做的準備。

下列因素是企業員工訓練或開發需求的可能方向（Brown, 2002）：

1. 填補當前需求的員工／管理技能開發：包含新人或實習人員訓練計畫、精簡人事替代、新員工、新主管、管理能力評估、調職、職等升級。

2. 員工關係／組織問題：包含表現問題、產能問題、安全問題、審查缺失。

3. 滿足變動的需求：包含新技術、新設備或課程、設備現代化、工作內容改變、法律和法規。

4. 職業生涯開發：員工要求、職涯提升。

Clarke（2003）指出，組織常常因為自身利益、衝突和權力關係的結果，影響了 TNA 過程中管理者和下屬提供數據的有效性。這也提醒我們在進行資料蒐集與判斷時，還需多方求證或徵集。

綜合上述，進行員工教育訓練需求評估應考慮的項目頗多，大致而言，執行員工訓練需求評估仍可歸納為下列 12 項原則：

1. 事前充分的溝通與協調，並尋求決策者的授權與支持。

2. 協同其他人的經驗進行分析。

3. 留意評估的時機，以及所使用的時間與成本。

4. 尊重人權，儘量取得提供資料者的合作。

5. 儘量提高資料的信度及效度。

6. 不可依賴線上主管對其部屬的需求評估，或接受管理者的直接要求。

7. 要和其他人力資源活動相配合。

8. 了解該行業未來的技能需求。

9. 要了解組織的未來發展或計畫。

10. 法律和政策的改變。

11. 組織內人才庫的變動。

12. 應定期檢討需求評估的結果，以作為下一次規劃與實施評估的參考。

第五節　職能需求評估案例

由於人才在產業發展過程中扮演極為重要的角色，我國「產業創新條例」第 18 條特別明定各中央目的事業主管機關得依產業發展需要，訂定產業人才職能基準及核發能力鑑定證明，並促進國際相互承認，以協助提升產業所需人才素質（勞動部勞動力發展署，無日期）。另外，於民國 104 年 7 月「職業訓練法」修正通過該法第 4 條之 1：「中央主管機關應協調整合中央目的事業主管機關所定之職能基準、訓練課程、能力鑑定規範與辦理職業訓練相關服務資訊，以推動國民就業所需之職業訓練及技能檢定。」

從這些法規的增修，我們不難看出過去我們常將工作職務與個人能力分開討論，當前已逐漸以「職能」這樣的整合觀念取代。為促進產業創新，改善產業環境，提升產業競爭力，各產業無不積極訂立「產業職能基準」，以因應產業結構與技術的快速變遷。然而，甚麼是「職能」？「職能分析」？政府大力推動各產業建立的「職能基準」又是甚麼？

一、職能的定義

根據職訓局在「iCAP 職能發展應用平臺」的定義，職能（competency）係指成功完成某項工作任務或為了提高個人與組織現在與未來績效所應具備的知識、技能、態度或其他特質等能力組合（勞動部勞動力發展署，無日期）；可說是一種知識、技術、能力以及其他可以衡量的特徵模式，也就是個人需要成功地表現工作角色或職業能力的統合能力（桂正權，民 99）；說得更清楚，CareerOneStop（2012）認為，職能就是將與執行工作有關的知識、技能、能力（ability）加以應用的能力。因此，職能強調的是行為（behavior）而非能力（ability）。職能可藉由一個可以接受的標準加以衡量，其與工作績效具有密切的相關且可以藉由訓練與發展來增強（桂正權，民 99）。例如；一位優秀的職訓師資應具備的職能可分為「教學職能」、「專業職能」、「共通核心職能」與「人文素養」；一位創業家除了具備「冒險性與機會辨識」的特質之外，應具備的職能還包括：「專業職能」、「管理職能」、「人際職能」（Chang & Chou, 2012）。

二、職能分析的方法

以系統化、結構化的方式，分析某類型工作或職業（或職類），為達成工作績效所應具備的能力，就稱為職能分析（competency analysis）。李隆盛和賴春金（民 100）參考 Gonczi、Hager 與 Oliver（1990）所提出的架構，將目前所常用之「職能分析方法」分成以下四大類十四個方法，1.訪談類包括：一般訪談法、職能訪談法、重要事件法、行為事例訪談法（如表 4-5 所示）；2.調查類包括：一般調查法、德菲法（或稱德懷術）、職位分析問卷法（如表 4-6 所示）；3.集會類包括：提名小組術（名義團體法）、蝶勘法、搜尋會議法（如表 4-7 所示）；其他類包括：功能分析法、綜合行業分析軟體法、觀察法、才能鑑定法（如表 4-8 所示）（勞動部勞動力發展署，無日期；賴春金、李隆盛，民 100；蕭錫錡，民 91）。

其中，「訪談類能力分析法」主要是以非結構化、半結構化和結構化訪談，結構化訪談通常接續在非結構化訪談結果的分析之後，需小心建構問題、詳實的記錄及系統化的程序；「調查類能力分析法」主要是

透過郵寄或面交問卷等大規模蒐集相關資料再進行分析歸結的職責、任務；「集會類能力分析法」主要是利用面對面的會議，借重腦力激盪整合構思建立共識，其優點是快速、系統化，可避免參與者之間的衝突；而「其他能力分析法」係以分析者或分析標的的特性與需求，採以最適切方式如企業體分析、電腦程式統計分析、實地觀察或統合分析等。茲將這四類 14 種方法之標的資訊、程序大要、步驟、優缺點簡要說明如表 4-5～表 4-8 內。

表4-5・訪談類職能分析法

標的資訊	一般訪談法	職能訪談法	重要事件法（行為事例訪談法）
	任務/角色、職能	任務/角色、職能	職　能
程序大要	可分為非結構化、半結構化和結構化訪談，愈前面的類型問題愈開放，愈被借重在辨認重要課題、發展後續問題等。結構化訪談常接續在非結構化訪談結果的分析之後。需有小心建構的問題、詳實的記錄及系統化的程序。	本法和一般訪談法的區分，在於本法訪談對象以待分析職位之工作人員和/或其直屬主管為限。主要訪談受訪者的職務說明、工作活動、工作職責，並釐清職責之間的關係及各項職責的能力。訪談所有受訪者之後，職能需整理成8-12個領域，並加以命名。	由受訪者回顧工作中造成成功或不成功後果的重要事件（情境和因素等）。所有的訪談結果都需加以記錄和解釋，只有名稱與能力內容一致及能有效描述行為表現的職能才可被接受。
步　驟	非結構或半結構化訪談：(1)準備激發性問題；(2)選取和聯絡受訪者；(3)依需要訓練訪談者。結構化訪談：(1)根據非結構化訪談結果，準備訪談程序。(2)預試小規模的訪談程序。(3)選取和聯絡受訪者。(4)選取和訓練訪談者。(5)進行和分析訪談。	大致如一般訪談法。	大致如一般訪談法。
優缺點	可獲得有品質的深入資訊，但常費時、昂貴（尤其受訪者分散時）。	程序簡單、澈底，但費時，也可能昂貴。	能獲得真實資料、產出成功表現的屬性，但可能漏失例行且必要的屬性、昂貴、及可能過於主觀。

資料來源：賴春金、李隆盛（民100），頁13。

表4-6‧調查類職能分析法

標的資訊	一般調查法	德懷（Delphi）術
	任務/角色	任務/角色
程序大要	透過郵寄或面交問卷、大規模蒐集資料。	根據取樣規準，選取專家，請他（她）們填答數回合的郵寄問卷，第二回合以後的問卷附有上一回合填答意見的摘要，參與者因而可在無討論、辯論和公開衝突的情況下，也能因知道相互之間的意見而逐漸得到共識。本法通常需費時45天以上，參與者需善於文字溝通和有高度參與動機。
步　驟	(1)選取對象。(2)發展問卷或問題。(3)實施調查。(4)進行催收。(5)分析調查結果。	(1)發展德懷問題。(2)選取和聯絡可能參與者。(3)選擇樣本數。(4)發展和寄發第一回合問卷。(5)分析問卷。(6)發展和寄發第二回合問卷。(7)分析問卷……(X)整理報告。
優缺點	可有效率地蒐集大量資料，但為簡化資料的蒐集和解釋，常需有較封閉性的選項，以致限制了深度和細節。	適用於：(1)變遷中的專/職業，但其未來可預測，唯需避免爭議。(2)專家們可能對未來結果有不同意見。(3)專家們分佈廣泛時。

資料來源：賴春金、李隆盛（民100），頁14。

表4-7‧集會類職能分析法

標的資訊	提名小組術（NGT）	蝶勘（DACUM）法	蒐尋會議法
	任務/角色、職能	任務/角色	任務/角色、職能
程序大要	一位幹練的主持人和8-10位參與者，進行面對面的會議。主持人提出有待小組解答的問題，由參與者靜默且獨立地列出解答或構想。主持人循序請每一位參與者每次提出一項構想，列在大張紙上，遇重覆的構想，則進行整合，構想窮盡時，即就所列構想評等第以建立優序和共識。	一位幹練的主持人和12位左右精心挑選的參與者進行面對面的會議。主持人借重腦力激盪術請參與者口述職責，並將這些職責列在卡片上，排在牆上，待所有職責都列出，再請參與者口述各職責的任務，也用卡片列出及排在各職責之後。蝶勘法常分析至任務為止，但可依需要進一步分析執行各項任務所需的職能。主持人也能依需要請參與者從不同向度（如使用頻率、重要程度）評判各項任務或能力。	一位主持人和 15-35 位參與者，進行面對面的會議。先是開全體會議促進相識及借重腦力激盪構想未來的環境，接著進行分組會議借重發散式思考產出構想，最後再開全體會議，由各小組報導其構想的優先順序、策略和行動規畫。
步　驟	(1)選擇主持人。(2)選擇參與者。(3)聯絡參與者和安排地點。(4) 選取問題。(5)進行提名小組程序。	(1)選擇主持人。(2)根據預定規準選擇參與者。(3)聯絡參與者，安排適當地點。(4)進行會前解說。(5)進行蝶勘程序。(6)彙整結果。(7)撰成報告。	(1)選擇適當的地點。(2)選擇適當的參與者。(3) 進行會議。

	快速（每一問題約兩小時），可避免參與者之間的衝突，確保參與者的平等性，可產出許多構想，也可就產出的構想排序或評鑑。	快速、系統化、中度花費、澈底。	約需四週時間，經費由低至高，主要利害關係人都參與，未來導向，主持人及參與者需具專精知能。
優缺點			

資料來源：賴春金、李隆盛（民100），頁15。

表4-8・其他類職能分析法

標的資訊	功能分析法	CODAP法	觀察法	統合分析法（McBer）
	任務/角色	任務/角色	任務/角色、職能	任務/角色、職能
程序大要	通常由在業界領銜的企業體分析並由顧問主持，先考慮整個專/職業各種職務和角色的主要（或關鍵）目的，再分析要達到目的需要做什麼，一直細分到職能的單元與要素。	利用電腦程式輸入、統計、組織、摘記和報導，借重工作清單蒐集的資料。問卷式清單含背景及任務兩大項。	透過實地觀察，進行記錄及分析。	McBer顧問公司採用的統合分析法。先確認專/職業中成功的工作者，探討優良及中度工作者的差異，再確認造成差異的屬性和/或職能。
步　驟	(1)確認職務目的，(2)透過逐步分解的問題，分析至達成目的所需職能。	(1)發展任務清單，(2)寄發問卷，(3)分析資料。	(1)選取對象，(2)發展觀察表單，(3)進行觀察，(4)分析結果。	(1)界定效能與規準，(2)根據規準辨認優異及中度表現人員，(3)進行功能分析以辨認工作任務，(4)草擬優異表現人員的假設，(5)進行步驟2所辨認之兩組人員的重要事件訪談，(6)進行直接觀察以驗證步驟3、4、5，(7)由兩位以上分析人員解釋資料以發展出職能模式，(8)透過第二樣本重要事件和／或利用評測衡鑑模式中職能以驗證步驟7。
優缺點	從團隊或組織觀點分析職能，但結果常無法類推至其他團隊或組織。	高度文件化，工作類型可系統化分析，有電腦輔助，中度至高度費時、昂貴、及欠缺未來觀。	可取得第一手資料，但可能欠缺信度，及需訓練觀察者。	此法可克服傳統方法的缺失，但偏重：知識而非表現、一般/非特定屬性、簡化工作表現和太瑣碎。

資料來源：賴春金、李隆盛（民100），頁16。

三、職能評鑑

職能評鑑以「行為事例訪談」為主要方法，而且「行為事例訪談」所獲得的資料，對於預測傑出的工作績效表現及有關的職能假設，提供豐富的來源（CareerOneStop, 2012）。適切的進行行為事例訪談，可以用來發展職能評斷的測驗，以實際作為甄選、訓練、人力發展等運用（Spencer & Spencer, 1993）。

Spencer & Spencer（1993）所提出的職能評鑑法，是先將受訪者分為表現優秀者和表現一般者兩組，透過「行為事例訪談」的方式，直接詢問受訪者其工作經驗裡令人亢奮的成功經驗和令人感到挫折的挫敗經歷，藉此不但可以找出表現優秀者和表現一般者之間的差別，並且從中發現和建立導致表現優秀、成功的關鍵因素和標竿，以便整理分析出影響工作績效的核心職能和成分。

實務上，較常使用的訪談模式也是源自於上述之「行為事例訪談」，但作法上略有調整，主要針對某一行業者之典範員工進行訪談，依據其訪談內容統整出其典範行為，並予以分類、歸納為「共通核心職能」、「管理職能」與「專業職能」。職能測量工具係採用行為頻率職能量表，以李克特五點尺度評量，分為「總是展現該行為」、「經常展現該行為」、「偶爾展現該行為」、「較少展現該行為」、「很少展現該行為」，依序給予 5 分～ 1 分，採三方評鑑法，由受評員工自己、直屬主管及下屬（或同事）評估其職能，加總平均值代表職能的高低，評分者比重分配上，自己、直屬主管、下屬或同事（隨機抽取 3-5 位參與評估）之比例可依個別企業需求而訂（林玥秀，民 100）；例如：在職能類別分數比重分配上，管理職者其核心職能、專業職能、管理職能的比重相同；非管理職者其核心職能、專業職能的比重亦同。

四、職能基準

各產業所訂定之職能基準（Occupational Competency Standard, OCS）係指產創條例第 18 條所述，為由中央目的事業主管機關或相關依法委託單位所發展，為完成特定職業（或職務）工作任務，所需具備的能力組合。該職能基準包括該特定職業（或職務）之主要工作任務、行為式績效指標、工作產出、對應之知識、技術等職能內涵（勞

📎 職能基準
係指為完成特定職業（或職務）工作任務，所需具備的能力組合。包括該特定職業（或職務）之主要工作任務、行為式績效指標、工作產出、對應之知識、技術等職能內涵。

動部勞動力發展署，無日期）。有鑑於職能發展與推動為施政重要課題，為整合應用各中央目的事業主管機關因應產業需求開發之，以強化職業訓練之內涵與成效，爰依「職業訓練法」第4條之1，勞動部勞動力發展署特別建置了一個職能發展應用平臺（Integrated Competency and Application Platform, 簡稱 iCAP），藉此提升我國人才培訓體系之運作效能。讀者們如欲對我國職能基準之設立有進一步的了解，可以到「iCAP 職能發展應用平臺」（https://icap.wda.gov.tw/ap/index.php）查詢。

為因應產業結構與技術快速變遷，學校、政府部門或訓練機構所提供之訓練，應能有效掌握產業與勞工的需求，避免產生學訓用落差之情形。而各產業職能基準的建置，將可使不論在政府人力資本投資、企業人力資源發展、國民就業轉業學習等方面，都有參考依據，因此職能基準之建置，實為我國人才培訓的重要基礎工作。

五、職能導向課程品質認證

品質管理機制運作效能，對培訓產業的課程發展、建置、產出成果具有重要判準。經綜合國內外發展職能導向課程之經驗，結合職能導向課程特性，將諸多指標依照 ADDIE 教學設計模型，即所謂的分析（Analysis）、設計（Design）、發展（Development）、實施（Implementation）、評估（Evaluation）五大面向歸納，並依據各面向之重點要求，發展審核指標（iCAP 職能發展平台，民 111）。

通過品質認證審查之課程，由勞動部勞動力發展署核發具三年效期之 iCAP 標章及標章使用證書，使這些課程與其他訓練課程有所辨識區隔，期據此帶動現行訓練課程與產品，共同發展符合勞動市場及產業發展之訓練課程（iCAP 職能發展平台，民 111）。職能導向課程的審查指標以 ADDIE 教學發展模型為本，分為「分析（Analysis）、設計（Design）、發展（Develop）、實施（Implement）、評估（Evaluate）五大構面，各面向之重點要求如下所述（勞動部勞動力發展署，民 111）：

1. 分析：課程應基於產業／企業／組織的實質需求發展，故需有具體的職能依據或職能分析過程，並依據職能與需求分析，規劃完整學習課程架構或學習路徑。

2. 設計：課程應依據職能與需求分析以及課程地圖，設計適切的教學／訓練目標，並依此發展完整涵蓋職能內涵之課程內容。

3. 發展：確定教學／訓練目標、對象及內容後，決定適切的教學方法，以及選擇合適的教材與教學資源（包含教材、教具、師資）。

4. 實施：實際執行課程時，應保存辦理相關資料紀錄，以確保課程依原規劃實施。

5. 評估：課程應依據教學／訓練目標及教學方法，規劃多元評量方式，應設計合適且有效的評量方式（包含評量工具、學習成果證據），且所呈現學習成果證據符合原課程之職能要求。且規劃自我管控機制，以確保課程實施及學習成效，並有助課程辦理及持續改善。

六、職能需求評估案例

(一) 案例A

為落實企業人才發展品質管理規範之應用管理，協助企業導入TTQS、提昇教育訓練人員專業素養及落實企業訓練品質的效益，勞動部勞動力發展署規劃 TTQS 的三類專業人員每年度均要接受回流教育訓練，而該訓練課程安排是依各分區服務中心需求進行規劃多元課程數門，內含四類別課程：基礎課程（產業人才投資方案單位辦理）、應用課程、專題課程與管理發展課程（勞動部勞動力發展署，2015）。

本案例訓練需求評估如表 4-9 所示，即以在探討當前（某一年度）TTQS 教育訓練講師所需之職能，從專業訪談及會議的共識，以及調查該類專業人員自評已具備的知識、技能、態度三方面的職能落差，提出該類專業人員亟須補強的職能，以及建議次一年度回流訓可開設之課程。

為達精準需求評估之目的，首先進行文獻探討，包含找出前人研究教育訓練講師之職責與任務的研究基礎，作為訪談大綱的初稿；同時參考 TTQS 專案辦公室有關勞動力發展署的法令規範；先進行個別訪談 15位學者專家，接著進行該類專業人員及受評單位代表的焦點團體訪談，

共 14 位，全部受訪人員共 29 人，以建立職能的能力目錄；最後透過設計問卷調查，針對該類現行教育訓練講師之有效樣本進行分析；最後，檢視現行訓練講師在職能的重要度與符合度，與專家認知的差異，進行課程需求分析。所獲得之結論及建議分述如表 4-9 所示。

表4-9・教育訓練講師回流訓練課程建議

專家平均大於自評平均之職能	建議回流課程大綱	建議學習目標	建議課程名稱
• 講授技巧(S) • 簡報製作技巧(S)	1.學習心理與學習成效 2.教學流程與活動的設計 3.教學方法與環境的應用 4.教案與教材的編製與發展	1.透過學習心理與教學流程的瞭解，學習如何配合課程目標，選擇適當的教學方法進行教學活動的設計。 2.運用個案研討之方式，進行觀摩與演練，以期提昇教學方案之設計與教材發展的能力。	教學技巧與教案簡報設計
• 瞭解TTQS系統(K)	1.TTQS意義、內涵架構與組織分析 2.TTQS分析與應用之範例介紹 3.TTQS系統與工具應用之實務演練	1.瞭解TTQS系統觀念、標準及架構。 2.認知TTQS系統是教育訓練品質的重要工具。 3.認知TTQS系統及PDDRO作業循環的重要指標。 4.透過範例教學、實務演練與團體研討等方式學會TTQS	TTQS系統知識與分析
• 耐心(A) • 熱忱(A)	1.教學技巧 2.教學典範經驗分享交流之實務演練	1.認知輔導倫理的重要性。 2.瞭解輔導審慎評估的原則。 3.瞭解耐心熱忱是教學過程重要元素。	教學典範與增能

資料來源：勞動部勞動力發展署（2015）。104年度TTQS 三類專業人員之職能分析與研擬105年度回流訓練之課程。

(二) 案例B

張淑昭、李明興、施淑敏（民94）曾以國內某企業集團旗下之物流公司（在此簡稱 P 公司）五個專業單位的員工為研究對象，探討該企業如何瞭解專業人員的訓練需求，進而給予適當且明確的訓練。該研究透過五個部門的專家訪談及問卷調查兩種方式，建立了 P 公司五個專業單位之「核心專業規範」，其內容的呈現以「工作知識」、「工作技能」及「工作態度」三大項為主，並依其重要性原則排列，以提供 P 公司做為人員專業能力具備程度之檢視與訓練參考。在訓練需求結果方面發現：

各專業單位人員的訓練需求上，顯示「個人化」之訓練需求會較「共同化」的訓練需求大；而部門與部門之共同性訓練需求交集部份較少。其詳細的訓練需求評估結果如表4-10所示。

表4-10•企劃、業務革新及品保Team之訓練需求

<table>
<tr><th colspan="2"></th><th>企劃TEAM</th><th>業務革新TEAM</th><th>品保TEAM</th></tr>
<tr><td rowspan="3">工作知識</td><td>一般</td><td>1.危機管理*
2.談判技巧*
3.統計知識</td><td>1.危機管理*
2.問題分析與辦法
3.邏輯能力訓練
4.時間管理
5.統計知識</td><td>1.危機管理
2.統計知識
3.企畫書之撰寫</td></tr>
<tr><td>核心專業</td><td>1.各項物流成本運算知識*
2.機能成本知識*
3.集團概念*
4.物流中心行銷作業
5.物流費率運算知識
6.配送區域移轉知識
7.物流中心配送流程</td><td>1.物流中心行銷作業
2.各項物流成本運算知識
3.機能成本知識
4.門市作業流程</td><td>1.車輛車廂硬體結構*
2.門市作業流程
3.保冷設備知識
4.供應商作業</td></tr>
<tr><td>物流概念</td><td>1.國際物流*
2.同業作業模式*
3.電子商務*
4.SCM概念
5.連鎖店發展與物流需求
6.通路現況
7.物流產業知識</td><td>1.同業作業模式*
2.物流系統再造工程*
3.通路現況
4.連鎖店發展與物流需求*
5.國際物流*</td><td>1.CRM概念*
2.SCM概念
3.逆物流管理
4.物流產業知識
5.連鎖店發展與物流需求</td></tr>
<tr><td colspan="2">工作技能</td><td>TOEIC 400分或日文N2*</td><td>TOEIC 400分或日文N2*</td><td>TQC認證*</td></tr>
<tr><td colspan="2">工作態度</td><td>無</td><td>創新力</td><td>無</td></tr>
</table>

註：*表該部門一致認為需要訓練之項目

資料來源：張淑昭、李明興、施淑敏（民94），頁94。

　　Arshad（2015）等人提出訓練需求分析的成功關鍵因素有五項，相當值得我們省思與參考，包括：1.組織對於訓練管理能否持續進行：訓練方案不外乎評估、設計、實施與評鑑四個階段，組織能否在這些階段上持續關注，並在這四個階段中發揮訓練的功能；2.蒐集資料的方法—兼具質化與量化的資料蒐集最為理想；3.TNA的分析層次—透過多層次的需求評估將有較佳的分析結果；4.訓練是否與配合組織發展—應掌握組織未來的發展方向，將訓練與此方向有效結合；5.利害關係人是否投入：執行長經理、部門主管、督導及人資部門主管等利害關係人，都應投入與支持組織的教育訓練。

第六節　結語

　　管理大師 Arie de Geus 有句名言：「維持競爭優勢的唯一方式，就是確信你有能力比對手學得更快（The ability to learn faster than your competitors may be the only sustainable competitive advantage）」。企業透過教育訓練可使員工的技能、心智及知識增加，並且加強員工對公司使命的認知，凝聚對公司的向心力。如此一來，企業將能提升本身的競爭力，使企業成為學習型組織，達到永續經營的目的。事實上，如果選擇了不正確的訓練內容，則員工於訓練上所得的效益有限，自然無法達成企業所要求的績效與目標。換言之，不適切的需求評估將導致訓練的浪費與失敗。因此，任何員工訓練方案設計之前須再確實運用需求評估工具、技術與策略，才能「訓其所訓」達成目的，如此訓練方案才能真正符合組織的真實需求及個人需要，發揮其應有的功效，促進組織的競爭能力與個人的專業知能。

↘ 本章摘要

- 訓練需求評估是整個訓練計畫最關鍵與重要的第一步，是訓練與發展系統檢測與診斷的部份，集中於提供必要的資訊，以尋求合適的解決途徑，並選擇正確的方法解決問題。因此，「需求」可說是訓練之母。

- 訓練需求評估的目的：(1)可確認組織目標和達到這些目標的有效途徑；(2)找出可以提升目前工作績效的技術落差；(3)找出現行技術與未來執行工作所需的技術落差；(4)透過人力資源發展的活動中進行。

- 訓練需求評估的功能：協助管理者或訓練專業人員做成訓練發展決策，並規劃訓練發展方案，鑑定現存員工或群體的工作績效、找出需要進一步訓練的員工，針對重要性的優先順序進行評估，並透過預算安排訓練活動，以能因應市場、科技等外在環境之變化。

- 訓練需求評估的內容包括：組織分析、工作分析、人員分析及環境分析。

- 職能係指成功完成某項工作任務或為了提高個人與組織現在與未來績效所應具備的知識、技巧、態度或其他特質等能力組合。

- 以系統化、結構化的方式，分析某類型工作或職業（或職類），為達成工作績效所應具備的能力，就稱為職能分析。

- 職能基準係指為完成特定職業（或職務）工作任務，所需具備的能力組合。包括該特定職業（或職務）之主要工作任務、行為式績效指標、工作產出、對應之知識、技術等職能內涵。

- 員工訓練需求評估的程序，可分為評估前階段與執行評估階段，其過程包括：開始、資料蒐集的規劃、資料蒐集、資料分析、資料利用、回饋及結束。

- 訓練需求評估的八種方法：觀察法、問卷調查法、面談法、力場分析法、理論模式分析、工作考核、人事紀錄分析、多元特質多重方法分析。

- 訓練需求評估是一項不斷持續的活動，藉著蒐集資料以判定什麼是訓練所需的條件，進而開發訓練課程，滿足目前與未來的技術需求，幫助組織達成目標。

- 企業員工訓練或開發需求的可能方向：填補當前需求的員工／管理技能開發、員工關係／組織問題、滿足變動的需求、職業生涯開發。

↘ 章後習題

一、選擇題

(　　) 1. 哪一項目為整個訓練計畫最關鍵重要的一步？

(A) 訓練預算執行　(B) 訓練準備對象　(C) 訓練時間　(D) 訓練需求評估

(　　) 2. 訓練需求評估的目的何者為非？

(A) 找出工作績效技術落差　(B) 透過人力資源發展　(C) 找出獲利的方法　(D) 確認組織目標與達成的有效途徑

(　　) 3. 訓練需求的評估功能何者敘述正確？

(A) 能顯露組織氣氛訊息　(B) 協助管理者規劃訓練方案　(C) 能了解組織內技能短缺項目　(D) 以上皆是

(　　) 4. 訓練評估的內容何者為非？

(A) 知識分析　(B) 組織分析　(C) 人員分析　(D) 環境分析

(　　) 5. 訓練需求評估的方法中哪一項是蒐集員工意見最有效的方法？

(A) 觀察法　(B) 面談法　(C) 力場分析法　(D) 工作考核

(　　) 6. 傳統上以工作及訓練有關的變數作為衡量尺度的訓練需求分析為：

(A) 人事紀錄分析　(B) 力場分析法　(C) 問卷調查法　(D) 多元特質多重方法分析

(　　) 7. 職能分析方法哪一類為非？

(A) 調查類　(B) 集會類　(C) 環境類　(D) 訪談類

(　　) 8. 為完成特定職業工作任務，所具備的能力組合稱之為：

(A) 職能基準　(B) 職能發展　(C) 職能評估　(D) 以上皆非

(　　) 9. 職能評鑑以哪一項為主要方法？

(A) 一般訪談　(B) 行為事例訪談　(C) 德懷術　(D) 重要事件法

(　　) 10. 訓練需求評估的原則，何者敘述何者為非？

(A) 協同他人經驗分析　(B) 尊重人權取得提供資料者合作　(C) 依賴線上主管對部屬的需求評估　(D) 了解行業未來技能需求

二、問題與討論

1. 何謂訓練需求評估？員工的訓練需求從何產生？
2. 企業進行訓練需求評估的目的為何？
3. 企業進行訓練需求評估的步驟為何？
4. 訓練需求評估的內容為何？一般有哪些項目？
5. 企業進行訓練需求評估的方法為何？

↘ 參考文獻

一、中文部分

iCAP職能發展平台（民111）。品質認證說明。https://icap.wda.gov.tw/Quality/quality_course.aspx

林玥秀（民100）。餐飲業職能系統之建構。行政院勞工委員會職業訓練局泰山職業訓練中心委託之專案研究結案報告書。

高明智等（民85）。再創企業活力―如何進行員工培育。臺北：財團法人中華民國職業訓練研究發展中心。

張仁家、游邵葳（民102）。體驗式教育訓練的內涵、實施及其發展趨勢。服務科學和管理，2，9-14。

張火燦（民77）。企業界訓練需求評估模式。就業與訓練，6(3)，95-100。

張淑昭、李明興、施淑敏（民94）。物流專業部門教育訓練需求探討―以P公司為例。人力資源管理學報，5(4)，67-105。

陳光超（民87）。需求為評估之母，訓練月刊。11，4-9。

桂正權（民99）。職業訓練師資培訓暨職能架構系統及認證方式。行政院勞工委員會職業訓練局泰山職業訓練中心委託之專案研究結案報告書。

黃英忠（民82）。產業訓練論。臺北：三民。

賴春金、李隆盛（民100）。職能分析的方法與選擇。T&D飛訊，114，1-22。

勞動部勞動力發展署（民111）。職能基準品質認證。https://www.wda.gov.tw/cp.aspx?n=A949917ED9E224DD&s=5900082022C17E11

勞動部勞動力發展署（無日期）。iCAP職能發展應用平臺。取自https://icap.wda.gov.tw/ap/index.php

勞動部勞動力發展署（2015）。104年度TTQS 三類專業人員之職能分析與研擬105年度回流訓練之課程。

鄧東濱（民78）。管理技能進階手冊。臺北：長河出版社。

蕭錫錡（民91）。技專校院本位系科課程發展參考手冊計畫。教育部技職司。

二、英文部分

Arshad, M. A. bin, Yusof, A. N. bin M., Mahmood, A., Ahmed, A., & Akhtar, S. (2015). A Study on Training Needs Analysis (TNA) Process among Manufacturing Companies Registered with Pembangunan Sumber Manusia Berhad (PSMB) at Bayan Lepas Area, Penang, Malaysia. Mediterranean Journal of Social Sciences, 6(4), 3, 670-678.

Brown, (2002). Training Needs Assessment: A must for developing an effective training program. Public Personnel Management, 31(4), 569-578.

CareerOneStop. (2012). Technical assistance guide for developing and using competency models? One solution for a demand-driven workforce system. http://www.careeronestop.org/competencymodel/ tag.htm#_Toc116101019

Chang, Jen-Chia, & Chou, Pei-Jou (2012). Are you ready for venturing? College student's entrepreneurial motivation and entrepreneurial capability. Crown Journal of Business Management, 2(2), 17-25.

Clarke, N. (2003). The politics of training needs analysis. Journal of Workplace Learning, 15(4), 141-153.

Heneman, H.G., Schwab, D. P., Possum, J. A, & Dyer, L. D. (1989). Personnel/human resource management (4th ed.). Boston: Richard. lrwin. Inc.

Laird, D. (1985). Approaches to training and development (2nd ed.). NY: Addison-Wesley Publishing Company.

Michalak, D. F., & Yager, E. G. (1979). Making the training process work. NY: Harper and Row Publishers.

Nowack, K. M. (1991). A true training needs analysis. Training & Development Journal, 45(3), 69-73.

Pappas, C. (2022). 5 training needs analysis methods to disclose gaps in your current strategy. https://elearningindustry.com/ training-needs-analysis-methods-to-disclose-gaps-in-your-current-strategy

Robert, H. R. & Mitchell, E. K. Jr. (1995). Needs assessment the first step. The Technical Association of the Pulp and Paper Industry. http://flash.lakeheadu.ca/~mstones/needs_assessment.html

Spencer, L. M. & Spencer, S. M. (1993). Competence at work. New York: John Wiley& Sons Inc.

Steadham, S.V. (1980). Learning to select a needs assessment strategy. Training and Development Journal, 30th January 1980, American Society for Training and Development, pp.56-61.

Smith, B., Delahaye, B., & Gates (1986). Some observations on TNA. Training & Development Journal,40(8), 63-68.

Walker, S. (2022). 12 needs assessment tools & techniques to support them. https://cognota.com/blog/12-needs-assessment-tools-techniques/

Effective managers live in the present but concentrate on the future.
有效的管理者生活在現在，但將眼光集中在未來。

James L. Hayes
詹姆士・里斯（前美國管理協會總裁）

資料來源：https://allauthor.com/quotes/62829/

Chapter **05**

教育訓練計畫 的擬定

▮▮▮ 前言

　　近年來，隨著企業規模擴大及延長退休年限等情況的產生，企業必須定期提供員工教育訓練，使員工具備企業所需的知識與能力。對企業而言，實施教育訓練是為彌補經營目標與人力現況的差距，將員工能力不足的損失控制到最小（勞動部勞動力發展署，民90）。而企業在經過需求評估之後，即可依據評估的結果設計具體的教育訓練目的，並擬定教育訓練計畫。何謂教育訓練計畫？應包含哪些要項呢？該計畫又有何功能呢？本章將分段加以闡釋。

第一節 | 教育訓練計畫的定義

　　在本書第一章已詳述，教育訓練一詞可分為教育與訓練兩個概念，「教育」是培養個人實力以發展潛能，屬長期性、廣泛性、全面性和發展性的學習工作，重點在「知其然」；而「訓練」是短期性、專業性和功能性的學習，重點在「知其行」（張添洲，民88）。

▤▏**教育訓練計畫**
在人力培訓的過程中對有關的人、事、時、地、物、經費，做精確有效的安排與連結，使訓練能有所依循、逐步達成。

　　「教育訓練」是組織為維持員工人力素質，達成組織目標的人力培訓過程，而「教育訓練計畫」即是在此過程中對有關的人、事、時、地、物、經費，做精確有效的安排與連結，使訓練能有所依循、逐步達成。換言之，教育訓練計畫乃是企業為使其員工達成特定訓練目標而經過有計畫、有次序的選用及編排其訓練活動的總稱。

第二節 | 教育訓練計畫的目的

　　教育訓練計畫（也可稱為培訓計畫）是對員工以高效完成工作所使用的行動和資源的有條理描述。教育訓練計畫可以像簡要大綱一樣簡單，也可以很複雜，例如動手實踐活動或員工多項職能的養成清單 (Indeed Editorial Team, 2022)。因此，教育訓練計畫可以是某單一課程的訓練計畫，也可以是年度的訓練計畫。在理想情況下，教育訓練計畫詳細說明了員工勝任工作所需具備的一切，含括知識、技能及態度。任何學習課程都有不同的目的，此意味著可能出現許多不同的情況，包括教育訓練的目的、對象、講師、場地、時間、食宿、經費等，辦訓單位都必須事先掌握，這證明了制定教育訓練計畫的必要性。

　　教育訓練計畫很重要，因為它可以幫助員工學習和發展他們完成工作所需的知能，並幫助公司實現其目標。這是辦訓單位（企業）向受訓人員或新員工提供訊息的一種有組織的方式 (The Independent, 2019)。它概述了訓練設計者用來設計、實施和追蹤訓練效果的方法。透過訓練後的評估，它還可以幫助辦訓單位了解需要重新評估及調整訓練重點的內容。總的來說，一個好的教育訓練計畫可以提高員工的積極性和生產力，從而使企業的業務發展壯大。綜合上述，教育訓練計畫的目的有：確認訓練目的、整合訓練資源、提升訓練成效、利於檢討訓練計畫。

第三節　教育訓練執行者之職務

　　一位稱職的教育訓練執行者，可說是教育訓練計畫的催生者，他的工作包括：培訓需求的掌握和培訓課程的安排、培訓計畫的設計與規劃、訓練場地的選擇和預訂等職責，其任務則有 (Workable Technology Limited, 2023)：

> 教育訓練執行者的主要職務有管理活動、指導活動、開發活動、情報活動。

- 聯絡經理，以確定培訓目的並安排培訓課程
- 蒐集訓練需求的各項情報
- 邀請講師
- 設計有效的培訓計畫
- 選擇和預訂場地
- 舉辦研討會、講習班、個人培訓課程等
- 準備訓練教材，例如訓練單元的摘要、或線上教材等
- 支持和指導新員工
- 保留考勤和其他記錄
- 管理培訓預算
- 進行訓練後的評估以確定需要改進的地方
- 追蹤員工訓練成效與對培訓的反應

教育訓練執行者的主要任務可概分為：管理活動、指導活動、開發活動、情報活動。以下則分別予以敘述：

1. 管理活動

   確立教育訓練基本方針；集體訓練班或個別訓練之計畫、實施、評估；成本控制等活動。

2. 指導活動

   擔任課程講授、演習、實習等課業上之講師或指導人；集中住宿訓練之生活指導員；參觀（field trips）時的引導之人員指導活動。

3. 開發活動

   包括訓練課程之檢討與新設；使用的訓練方法之修正；創造或實例等教材之改善及製作；訓練手冊、教學講義（instructional package）等之修正及製作。上述之開發活動即為訓練方法、訓練內容與訓練實施進行時，促進彼此相互配合一致的活動。

4. 情報活動

   為了確實執行一至三項的活動而蒐集有關企業或員工個人現在的訓練需求、適切的訓練場所、優秀的講師、新技法及教材、符合公司需要的網路資源或研討會，及其他組織的訓練實施之調查等必要的情報與活動。

▤ 能力
有效扮演某種角色所需的知識、技能以及其他特質（如態度、價值觀等），通常又可分為一般能力與專業能力。

第四節　教育訓練執行者所應具備的能力

「能力」乃指有效扮演某種角色所需的知識、技能以及其他特質（如態度、價值觀等），通常又可分為一般能力與專業能力。「一般能力」如電腦操作能力、口語表達能力、行政能力等；「專業能力」如教材製作與編寫、課程設計等能力。

勞動部勞動力發展署（民90），提出教育訓練工作人員應該具備的能力如：人與組織問題研究、需求分析、課程設計、學習理論、教學技巧、教材發展、溝通協調、行政處理、訓練評鑑、團體動力與人力規劃等能力，如圖 5-1 所示。

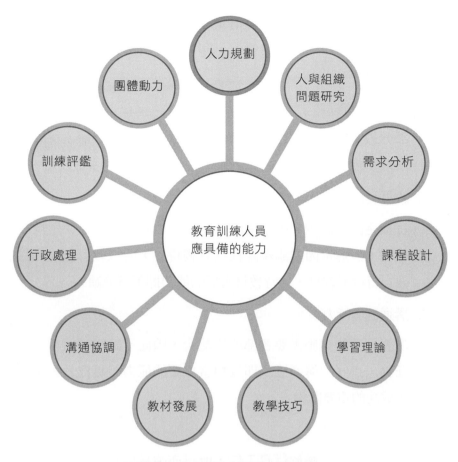

圖5-1・教育訓練人員應具備的能力

資料來源：改自勞動部勞動力發展署，民90，頁11。

1. 人與組織問題研究能力

   了解組織中的問題與員工、組織間的關係，找出員工與組織目前的優勢、劣勢，利用教育訓練，適時發揮組織或員工的優勢以改善劣勢。

2. 需求分析能力

   教育訓練計畫乃依據組織需求設計，所以教育訓練人員必須具備需求分析的能力。

3. 課程設計能力

   教育訓練通常由教育訓練人員依據需求分析擬定課程內容，所以教育訓練人員亦需具備課程設計能力。

4. 學習理論能力

在擬定課程內容時，若能清楚學習理論的內容，了解所有有關學員學習時可能產生的情況，即可設計出引發學員興趣與動機的課程。

5. 教學技巧能力

部分教育訓練人員也同時擔任講師，所以教育訓練人員亦須具備教學技巧能力，以便在授課時發揮技巧，吸引學員注意。

6. 教材發展能力

在擬定課程之後，須準備訓練所需的教材，有時會使用現成的教材，但通常因為訓練課程具有獨特性，所以教育訓練人員需要自行發展教材，此時教材發展的能力即不可或缺。

7. 溝通協調能力

教育訓練的實施需要各部門的配合，因此不論從事何種工作或任務，良好的溝通協調即為相當重要的能力，更為教育訓練能否成功的重要關鍵。

8. 行政處理能力

教育訓練人員屬於行政工作，所以亦須具備基本的行政及公文處理能力。

9. 訓練評鑑能力

在訓練結束之後，即進行訓練評鑑，以進行改進回饋，因此評鑑訓練成果的能力亦是必須的。

10. 團體動力能力

教育訓練是團體活動，若能刺激團體動力的出現，則能使教育訓練活動順利推展，亦能增進團體間的感情。

11. 人力規劃能力

教育訓練人員有時擔任分配任務的角色，因此人力規劃的能力就顯得相當重要。

整體而言，教育訓練人員應視組織規模與教育訓練人員的任務，調整其所應具備的能力，以利用這些能力，稱職地發揮在教育訓練上所辦演的角色，增進教育訓練的功效，達到組織進行教育訓練的目標。

第五節　擬定教育訓練計畫前應有的思維

教育訓練規劃者在擬定教育訓練計畫之前，除了微觀的內容規劃之外，亦先從鉅觀的角度思維訓練與組織的關係（可參照 SMART 策略：specific, measuarable, attainable, relevant, time）。因此，在擬定教育訓練計畫前應考慮下列事項：

1. 考慮組織的實際需要(S)

   透過需求評估以獲得並確立組織的實際需要。

2. 考慮訓練項目間的整體配合(M)

   需有一套事先安排或合理的長期教育訓練計畫，切忌隨興訓練或為訓練而訓練，並考慮訓練項目間的整體配合。

3. 考慮可用的訓練資源(A)

   考慮組織內部可用的訓練資源，如是否有足夠的預算或有多少的預算，以及訓練設備的多寡或適用度。

4. 考慮受訓條件與受訓後成功的可能性(A)

   考慮受訓條件與受訓後成功的可能性，尤其是受訓後的條件或學習結果應能成功地應用於實際工作中。

5. 爭取決策主管的了解與支持(R)

   惟有決策主管的了解與支持才能使教育訓練有效的推展。不論是參與訓練的學員，或是訓練部門的主管支持皆相當重要，因為參與訓練的學員要將其工作轉交給其他同仁，若其主管存著「員工請假總愛挑最忙的時候」之心態，或是同一部門其他同事不願協助，則部屬即無法安心受訓。因此主管的認同與同儕的支持，可強化參與者的參與意願，並提升研習效果（Beer, Finnström, & Schrader, 2016）。

6. 考慮企業本身的工作重點與時間狀況(T)

   計畫的實施應配合企業的工作重點，訓練時間的選擇也應配合公司的營運時間。

第六節 | 教育訓練計畫的內容

　　透過工作分析有助於發展一套有效的教育訓練計畫，但一套有效的教育訓練規劃應注意的因素錯綜複雜、千頭萬緒，所以訓練的規劃者務必要在事前有周詳的準備。在規劃時，可考量「6W」要素，包括接受教育訓練的對象（Whom）、教育訓練負責人及講師（Who）、教育訓練的內容（What）、教育訓練的時間與進度（When）、教育訓練的地點（Where）、教育訓練的方法（How）等六項（黃誌瑩，民 90）。甚至可再加上先規劃哪一種課程（Which）及所需經費預算（How much），形成「6W2H」的八項要素（圖 5-2）。

圖5-2・教育訓練規劃的「6W2H」八項要素

　　舉辦教育訓練所花費人力、時間、經費較多者，為期訓練能真正發揮效果而不浪費，於舉辦前須先審慎的訂定訓練計畫，而後按計畫進行，才能達到事半功倍之效。茲將教育訓練擬定的步驟與所須注意的重點，分述如下：

一、確立教育訓練的目標

(一) 訓練計畫與目標的參與者

任何活動如能事先決定所欲達成的確切目標，那麼成功的機會較大。在訓練活動中，有不同的訓練目標；公司高階主管首先須指出若干明確的方針，而基層主管、人力規劃人員及訓練專家則可根據這些目標，定出本身努力的方向。由前述可了解，訓練目標是由工作中衍生出來的，為求做好的工作分析，需要下列人員共同參與計畫及設定目標：

1. 一位具備工作知識（知道如何完成任務）的專家。
2. 組織內的權威人士。
3. 單位主管。
4. 訓練專家。

(二) 訓練目標的類別

就訓練目標而言，通常可分為認知領域、情感領域和技能領域三個領域。

1. 認知領域：只限於智力或心智技能，它涵蓋了某一行業訓練人員的專業知識。
2. 情感領域：所考慮的是與情感、興趣及態度有關的目標。
3. 技能領域：指的是技術訓練目標所在。

訓練目標跟數量（待訓人數）和品質（學習過程中獲得的能力與技術）有關。根據表 5-1，訓練目標的類別與結果之相關如下：

表5-1・訓練目標的類別與結果

目標類別	結果
經濟	• 新市場與新產品 • 較高的就業率—減低貧窮的程度 • 國防基礎 • 出口競爭力—平衡國際收支
社會	• 提供消費大眾新產品 • 提供大眾享受的新服務 • 工作者的新技術 • 勞動力更佳的地理分配 • 增加有幫助的行業

團體	• 負責人力資源訓練的主管 • 符合特定行為目標的人數 • 新企業所需的人力
個人	• 獲得一項行業的自尊 • 遵照新標準執行的能力

📋 **行為目標**
將整體目標具體明確化。其描述大多以ABCDE五要素為依循的標準：行為者、行為、情境或條件、標準、結果評鑑。

　　若由訓練需求評估的觀點分析，訓練目標應由需求評估獲得，因此訓練目標可分為整體目標及行為目標二大類；「整體目標」乃是簡要說明訓練的目的，而「行為目標」乃是將整體目標具體明確化。一般而言，行為目標的描述大多以 ABCDE 五要素為依循的標準，如圖 5-3：

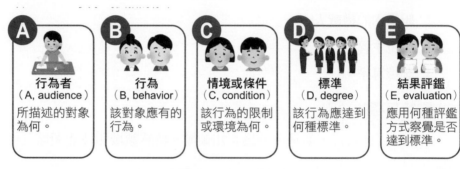

圖5-3・ABCDE五要素

　　然而，針對不同的訓練目標亦會產生不同的需求。無論訓練的最終目標為何，行為目標是有必要的。同樣，在表現這些行為的組織中，即使他們並沒有參與訂定這些目標，管理階層亦必須允諾這些行為，況且如果沒有改變行為的需要，執行訓練計畫的有效基礎就不存在。因此，無論訓練的最終目標為何，行為目標的建立都必須優先於其他的設計活動。

　　在訓練中所發展的行為，必須對組織的長期目標有所助益，換句話說，訓練目標必須與組織期望達成的目標有關。

(三) 訓練目標訂定的原則與方向

　　基本上，訓練目標的訂定，有下列原則可遵循（郭芳煜，民 78）：

1. 從「受訓者本身」去尋找訓練目標。
2. 從「專家的建議」中去尋找訓練目標。
3. 從「受訓者的實際工作」中去尋找訓練目標。
4. 利用「學習心理學」選擇訓練目標。

但須注意以下的原則，亦即：

1. 對不利事項的補救與改進有所助益。
2. 員工在訓練之後可以達成。
3. 訓練時人力、時間、經費沒有浪費。
4. 可與績效評估相結合。

訓練目標的訂定在有了可遵循的原則與明確的方向後，一般而言，在組織中訓練目標的內容大致可以包括下列幾項（洪榮昭，民 85）：

1. 一般知識的提高。
2. 對周圍情勢判斷力的提高。
3. 理解經營、理性的原理與理論。
4. 該行業及公司實際知識的提高。
5. 經營及管理能力的提高。
6. 領導力及指導力的提高。
7. 個人缺點改正（包括技能與態度及觀念）。
8. 人際關係，溝通技巧的培養。
9. 專門管理技術的學習。
10. 業務處理能力之提高。
11. 新的技術與能力的培養。

二、決定受訓對象

誰必須接受訓練？受訓人員的資格與背景條件又是什麼？有多少人？以上均為決定受訓對象時所須注意的條件，在企業當中選擇受訓者時，最主要的考慮因素可以分為下列幾點（洪榮昭，民 85）：

1. 神智敏銳性：是否有能力去學。
2. 過去曾接受過的訓練：如正式的教育背景；在該專職過去曾受過的訓練。
3. 經驗：和工作特別有關的經歷；和工作相關的經驗。
4. 表現：過去的工作紀錄或特別獎懲。
5. 績效層次：過去兩年來加薪的情況與薪資等級。
6. 態度：人格的特質。

而在學員的人數上，與訓練設備、上課的地點、活動時間、訓練方式等均有密不可分的關係，但若超過 20 人，在進行訓練活動的時候則需要安排助手幫忙。

三、選定訓練方式

訓練方式依訓練目標、訓練環境、訓練人數、訓練內容而有所區別。一般而言，除了線上教學（web-based training）之外，設班訓練、進修、考察、實習等方式較為普遍，且可互相併用。茲將一般常見的訓練方式說明如下：

(一) 設班訓練

設班訓練係若干受訓員工，在訓練機構接受相同課程之學習或實習之訓練，為最常用之訓練方式。茲簡說如下：

1. 由訓練機構自辦訓練

   不論其訓練之層次如何、種類如何，此種設班訓練均由訓練機構自行辦理，並由訓練機構供應訓練設施，聘請專家或教授傳授訓練課程，受訓員工亦由訓練機構自行管理。

2. 由若干員工參加

   參加設班訓練之員工，須為若干人以上，少數則十數人，多則數十人，但不宜超過 50 人，否則將影響教學效果。如參加員工人數超過 50 人時，宜分為二個班次舉行。至於參加訓練之員工則由各有關單位負責遴選。

3. 接受同一課程之訓練

   設班訓練時，參加同一班次受訓之員工，均接受相同課程之學習或實習，以期每一受訓員工均能達成接受該班訓練之目標。

4. 為最常用之訓練方式

   一般情況下，各機構舉辦員工訓練時，最常用此種方式，尤以自辦居多。一般而言，若受訓員工合於要求，訓練課程切合需要，教師能勝任教學，學員學習情緒高昂，並有適當的輔導考核措施，再配合此種訓練方式下，則可發揮最大的效果。

(二) 進修

　　進修係將受訓員工薦送學校修習某種課程或攻讀某種學位，以充實學識為主之訓練，並有國內進修與國外進修之別。茲簡述如下：

📑 進修
將受訓員工薦送學校修習某種課程或攻讀某種學位，以充實學識為主之訓練，並有國內進修與國外進修之別。

1. 薦送員工至學校修習或攻讀

   參加進修的員工，均由各機關基於業務或培育人才之需要而自行決定，並薦送至學校修習課程或攻讀學位，至於究竟應薦送至何種學校、修習何種課程、攻讀何種學位，亦由各機關基於需要而定，或會同參加進修人員決定。

2. 進修以充實學識為主

   進修之目的均以充實學識為主，此處所稱之「學識」為基礎學識、專業學識或應用學識，必須根據業務或培育人才之需要而定。

3. 進修有國內進修與國外進修之分

   進修之學校，可為國內學校亦可為國外學校，惟一般而論，如國內有適當學校可提供所需課程之修習或攻讀者，應以在國內學校進修為先；如國內無適當學校可提供所需課程時，始赴國外學校進修。

4. 赴國外進修者多須經由甄選程序

   將受訓員工派赴國外學校進修者，受訓員工應具備之條件通常較為嚴格，所需費用亦多，故通常經由組織成立甄選委員會，經過一定程序之甄選認為合格時，始予保送國外進修，且在外派之前，往往會先在國內進行「跨文化訓練」（cross-culture training）。同時大多規定有出國進修人員之權利義務，如出國進修期間所需費用由保送機關負擔，出國進修人員原有俸給仍予照支，進修完成回國後應提出出國進修報告，並至少需在原保送機關繼續服務一定期間以上，如提前離職者應追繳進修費用等。

(三) 考察

考察係將受訓員工以個別或組團方式，派赴有關機構實地了解業務及技術，以吸取經驗為主之訓練，並有國內考察與國外考察之別。茲簡說如下：

1. 派赴機構實地了解業務及技術

   考察與進修不同，係派赴受訓員工至有關機構了解業務及技術，故被派之員工需事先對此方面之業務及技術具有相當的了解，而後在考察的過程中始能對被考察的業務及技術作深入之探究，並能探尋其長處及優點，以便作為本機構有關業務及技術之改進參考。

2. 以吸取經驗為主

   進修是以充實學識為主，而考察則以吸取別人的經驗為主，從所吸取之經驗中，來檢討本機構業務及技術的缺失，並藉評鑑他人的長處來改進自己的缺點，或解決本機構所遇及之問題。

3. 國內考察與國外考察

   當機構派員考察時，視受考察機構之在國內或國外，有國內考察與國外考察之別。由於赴國外考察者，對派赴考察人員之要求甚為嚴格，且所花經費較多，故原則上所需考察之業務及技術在國內有關機構可以提供者，儘量以先在國內考察為主，如國內無適當機構可資提供時，始派赴國外考察。如派赴國外考察時，員工其與機構之權利、義務等關係，亦與保送國外學校進修同樣多有所規定，以便雙方遵守。

4. 個別考察與組團考察

   當機構派員考察時，視需待考察業務及技術之繁簡，以個別或組團方式派赴考察。如係組團方式派赴考察時，則宜以分工方法進行，如某人負責某部分業務及技術之考察，團體之成員在考察期間並隨時集合商討，以期對整個考察之業務與技術有深切的了解，以達成考察之目的。

(四) 實習

實習係將受訓員工以個別或組團方式，赴派有關機構學習工作實務或技術，以期能眞正處理工作之訓練，亦有在國內實習及國外實習之分。茲說明如下：

1. 實習以赴有關機構學習工作實務及技術爲主

   處理工作之實務及技術，不能全憑學識而做到，乃須透過實地工作場域去學習與磨練，故除學識之學習之外，尚須有實習。實習是以學習處理工作之實務與技術爲主，與進修、考察等均有所不同。

2. 實習之目的在使其能眞正處理工作

   派赴實習之員工，多數初次晉用或指派擔任新任務之員工，對工作之處理缺乏實務經驗，故多須經由實習，使其眞正了解工作該如何處理，實習至對工作確實能處理無誤時爲止。

3. 實習有國內實習與國外實習之分

   以國內機構而言，須參加實習之工作已甚爲普遍者，自宜在國內有關機構甚或在本機構內實習，以節省時間與經費。如須實習之工作係屬新從國外引進，而國內其他機構亦無類似工作者，則需派赴國外實習，以期能眞正學會處理該工作的實務與技術。

4. 實習亦可以個別或組團方式行之

   若必須實習的工作，可視其繁簡以組團或個別方式實習，如工作極爲繁複或屬同一系列的工作，且此一系列工作需由若干人以分工合作方式擔任者，可以組團方式派赴實習；如須待實習的工作係屬獨立性只需一個人擔任即可時，則指派一人實習即可。

四、決定訓練課程

訓練課程係包含編製教材及設計教案，且爲訓練時所傳授之整體經驗，故應依訓練目標而規劃。茲針對訓練課程中課程內容的特性、受訓員工的知能與教學設備等說明如下：

▤ 實習
將受訓員工以個別或組團方式，赴派有關機構學習工作實務或技術，以期能真正處理工作之訓練，亦有在國內實習及國外實習之分。

▤ 訓練課程
包含編製教材及設計教案，且為訓練時所傳授之整體經驗。

(一) 課程內容特性

此乃決定訓練課程中選定教學方法時，需加考慮之最重要因素。課程內容依其特性，可區分為學術性、技術性、操作性、管理性、法規性、實務性、心理性等不同類別，當特性不同的課程所用之教學方法亦將有別。

1. 對學術性之課程：可以講解、應用輔助教具、指定專題研究或實驗專題製作（projects）等教學方法行之。
2. 對技術性之課程：可以應用輔導教具、指導實作、設計規劃等教學方法行之。
3. 對操作性之課程：可以操作示範、指導實作、模擬工具訓練等教學方法行之。
4. 對管理性之課程：可以討論、敏感性訓練、職位扮演、管理遊戲等教學方法行之。
5. 對法規性之課程：可以討論、案例研判、職位扮演等教學方法行之。
6. 對實務性之課程：可以討論、指導實作、案例研判等教學方法行之。
7. 對心理性之課程：可以敏感性訓練、職位扮演、討論等教學方法行之。

課程範圍不宜過大或過小，過大易造成課程間重疊的現象，不易把握課程重點；過小則無法了解該項科目的全盤內容。課程排定亦須注意相關單元間的先後次序，以循序漸進、由淺入深的原則，使學員能有系統地了解全盤地訓練內容。

(二) 受訓員工之知能

受訓員工對所傳授之課程內容，原本為一無所知者，宜用講解、應用輔助教材、示教板、實物教學、操作示範等教學方法行之；如受訓員工對所傳授課程內容已有相當基礎者，宜用講解、討論、指導實作等教學方法行之；如受訓員工對所傳授課程內容已甚為了解者，宜用討論、案例研判、設計規劃、管理遊戲等教學方法行之。

(三) 已有的教學設備

　　如訓練機構已有各種電化教具設備者,可考慮採用應用輔助教具、操作示範、示教板、實物教學、模擬工具訓練等教學方法行之,現今訓練場所大多皆已固定安裝單槍投影機、投影幕、實物投影機等設備或掛圖、成品、半成品等輔助教具。如無各種電化教具設備時,則只有採講解、討論、案例研判等教學方法行之。

五、講師之決定與聘請

　　聘請講師時應依課程內涵與訓練的期間長短而定,茲將講師之決定與聘請的方式,說明如下:

(一) 按課程遴選講師

　　舉辦訓練並非因人設事(即不先決定講師人選而後再決定課程),應須為事擇人(即根據課程再決定傳授課程之講師),意即從課程之內容來決定何人最能勝任該課程之傳授。在訓練時所傳授之課程依其內涵之特性,約可歸納為四大類,而講師人選之決定,亦可配合該四大類之區分辦理,即:

1. 課程內容偏重理論性者:宜就對該課程深具研究、發明之學者中,決定講師人選。
2. 課程內容偏重技術性者:宜就對該課程深具實務經驗之專家中,決定講師人選。
3. 課程內容偏重政策性者:宜就對該課程政策深具了解之現任高階主管中,決定講師人選。
4. 課程內容偏重實務性者:宜就對該課程實務深具經驗之現職人員中,決定講師人選。

(二) 講師宜按期聘請

　　設班訓練者,通常有期別之分,因各訓練班次及課程的期別,可能各有不同,因此對講師之聘請宜以期別為準,即聘請時須說明擔任某個班次、某一期別、某一課程之講師;但如同一班次需舉辦若干期,且課程亦屬相同時,即可聘請為該班次若干期別某一課程之講師,以簡化聘請手續。

依上述標準的劃分下，洪榮昭（民 85）認為，講師的類型主要可以分為下列三類：

1. 資訊性：將吸收的資訊直接引用出來。
2. 組織性：講師會將所蒐集的資訊去蕪存菁，然後講授出來。
3. 創造性：除了消化資訊，還會衍生自己的點子，讓聽的人有「見所未見，聽所未聞」的感受。

除此之外，聘請講師時可由講師於學術刊物所發表的文章中去解析，或實地了解該位講師上課的情形；另可由對方的工作經歷、同行間給予的評價與口碑、與講師親自約談等方式了解。近年來，由企業內部自行培養訓練講師（即內部講師）則蔚為風尚，以國內大型的壽險公司為例，其內部講師與外聘講師的比例高達 8.5：1.5，且在內部講師中，由公司內的專職人員兼任與專任教育訓練講師的比例更高達 9 倍之多（葉淑櫻，民 96）。顯見現代壽險業重視內部講師管理與發展的情景。內部和外聘講師各有其優缺點（如表 5-2），企業可多加考慮選擇最適合的方式聘請講師。

表5-2・教育訓練講師來源優缺點比較表

來源	優點	缺點
內部講師	• 熟悉產品內容 • 舉例切合實際 • 親切容易接近 • 講師費用較省 • 授課時間調度較具彈性	• 較缺乏講師權威 • 授課技巧較差 • 專職兼職的矛盾 • 培訓的成本較高 • 授課內容範圍受限
外聘講師	• 對專業主題具系統性 • 具有權威的魅力 • 較能掌握授課氣氛 • 講授技巧嫻熟 • 較重視學習成效	• 對發聘企業較不熟悉 • 只授專業主題 • 過度重視反應 • 鐘點費用較高 • 授課時間調度較不具彈性

資料來源：改自張添洲，民88，頁305。

六、選用教學方法

教學要能成功，除了編訂或選用適當的教材之外，教學方法的運用更是另一關鍵性的因素。凡是用來達成傳授課程內容之方法，達成訓練目標之方法，均可適用。企業進行教育訓練的教學方法應依教學內容、教學設備、受訓對象、訓練方式而定，促使學員產生有最大收獲，即授課時間最短、投資效益最高。

【姿勢決定你是誰】
https://reurl.cc/7RqZ21

(一) 適當的教學方法之優點

工欲善其事必先利其器，欲使教學有效果需選擇適當的教學方法，「只有最合適的方法，沒有最好的方法。」一般而言，適當的教學方法應具有下列優點：

1. 傳授課程內容的時間最短

   傳授同一課程內容所需時間之長短，常因所用教學方法之不同而異，凡所花費時間較短的方法應為較適當的方法。

2. 對課程內容的傳授最為確實

   對同一課程內容，如用不同教學方法傳授，則其傳授內容之確實性亦常有差異，故凡最能確實傳授課程內容的方法，則為較適當的方法。

3. 使受訓員工最能接受課程的內容

   對同一課程內容，如用不同教學方法傳授，受訓員工接受該內容之難易性亦常有不同，凡使受訓員工最易接受該課程內容的方法，應為較適當的方法。

以上三種優點，對同一種教學方法可能同時出現，亦可能只出現其中的一種或二種，凡能同時具備三種優點之方法自屬最適當的方法，凡能出現二種優點之方法，亦可考慮採用。

(二) 教學方法的類型

教學方法不外乎講述式、互動式、學員自我學習等三大類，且此三類可交互應用。近來，亦有部分企業透過網際網路、遠距教學等 e-Learning 的方式進行。茲將常用之各種教學方法，分述如下：

1. 講解（lecture）

純粹由講師對課程內容，以口頭作詳盡說明。對以闡述學理或學識為主之課程多適用之。

2. 討論（discussion）

由講師擔任課程討論會之主席，討論時盡量鼓勵受訓員工對該課程之內容發表意見，主席只做必要的提示及作成結論。對以研究問題為主之課程且受訓員工對該問題已有相當了解者可適用之。

3. 應用輔助教具（instructional aids）

由講師應用影片、照片、圖表、統計表、模型等協助傳授課程內容，以加深受訓員工對課程內容之了解。對課程內容結構甚為複雜、涉及許多數據，即不易用口頭表達清楚之課程內容可適用之。

4. 操作示範（demonstration）

由講師實地操作器械工具，作為受訓員工操作時之示範。對以操作技術為主的課程內容可適用之。

5. 重述（repeat）

由教師講解後，再由受訓員工對課程內容做同樣的陳述或報告，以當場認定其是否確實記憶清楚。對必須記清楚其內容的基礎課程可適用之。

6. 指導實作（workshop）

由教師從旁指導受訓員工實地作業，如發覺有錯誤，即隨時指導其改正。對注重實地作業技巧的課程內容可適用之。

7. 案例研判（case study）

   由教師提出有關問題的案例，交由受訓員工實地分析研判，並作成建議。對以處理實際問題為主的課程內容可適用之。

8. 設計規劃（design thinking）

   由教師提出主題，交由受訓員工設計藍圖或擬定計畫或草擬辦法。對以工程設計及規劃方案為主的課程內容可適用之。

9. 示教板或電腦輔助教學（computer assisted instruction, CAI）

   由教師或機器先提示命題給受訓員工，立即要受訓員工作成反應，而後再採由機器自動提供反應，使受訓員工了解自己反應的正誤。採用此種施訓方法時，對命題的設計，必須每一命題均有其重心，一系列的命題即構成為一課程之內容。對語文、邏輯判斷為主的課程內容可適用之。

10.模擬工具訓練（simulations）

   由講師提供受訓員工真實設備工具的模型，作為訓練及學習之用，以減少學習員工的危險及避免真實設備遭受損壞，當受訓員工學會模型操作後，則根據學習遷移理論，會很快學會真實設備工具的操作。另外，透過 AR/VR 技術，可以減少環境設置的成本，具可塑性佳且可重複利用，對需真實操作較大昂貴器具為主的課程內容可適用之。

11.敏感性訓練（sensitivity training）

   由講師將受訓員工帶至遠離辦公處所之清靜地方，為期數天共同相處在一起。當訓練開始時，講師只作簡單的會議程序介紹，而後即以觀察員的身分觀察受訓員工之自由討論情形。此時由於團體內各成員間的互動，受訓員工均會充分表現出有關成功、挫折、個別差異、情緒、態度等方面之各種反應，使團體內每一成員均能了解他人的內心世界，進而改變自己對事情的態度與行為。對以改變員工態度或化解彼此誤會為主的課程內容可適用之。

12.職位扮演（role play）

扮演角色由講師安排，如主管與部屬，為增進對彼此的了解，由主管來扮演部屬，由部屬來扮演主管，此時因站在不同的崗位上，很可能會產生與平時不同的另一種感受與態度，對彼此有了更深一層的了解後，即會改善人際關係，進而和諧合作的相處。對以增進相互了解及改善人際關係為主的課程內容可適用之。

13.管理遊戲（management game）

又稱為籃中訓練（in-basket training），係由講師將受訓員工分為若干小組，每一小組代表一個組織的決策團體，然後假定發生某種會影響組織任務成敗的情況，或在事先設計好的一籃管理問題中，由小組長代表任意抽出一個或數個問題，由各小組人員站在相互競爭與制定決策的立場，來研討因應的策略並施行辦法，而後再由全體參加人員討論。對以管理及解決問題為主的課程內容可適用之。

14.其他方法（others）

如由講師指派受訓員工擔任較困難工作，以增加歷練；提高原訂工作標準，使作業更能精確；指派處理特殊工作，以增加特種學識經驗；擴大工作指派範圍，以增加學識經驗廣度；當面指導工作，以增進對工作程序、技術、方法的了解；參加工作會商，以增加見識；指定高級人員指導，以增進處事能力；有計畫的輪換工作，以增進各種工作的知能；指定專題研究，以增加專業知識；參加考評小組，以增進分析判斷能力；參加學術團體，以增進專門學識等等方法在各種訓練方式中皆可參用之。

教學方法
視教學對象、教學目標、教學內容及現場之條件環境而決定，即「因地制宜，因人而異」。

上述各種教學方法，均需視教學對象、教學目標、教學內容及現場之條件環境而決定，即「因地制宜，因人而異」，畢竟沒有最好的教學方法，只有最適合的教學方法。

七、決定訓練場所與地點

　　企業應依訓練內容、人數、公司設施等條件，決定合適的訓練場所與地點。茲將決定訓練場所與地點的條件，說明如下：

1. 公司內部在職訓練（on-the-job training, OJT）：又稱工作崗位訓練，在符合工作步驟下接受訓練，不致影響正規工作。

2. 公司內部職外訓練：工作前先建立信心，此種訓練在所面臨的工作不合於目前的工作程序，或不常在工作崗位的工作，或不易在工作現場教導等情境適用。

3. 公司外部課程訓練：需外部課程補充、內部沒有適當設備，沒有適宜講師，受訓人員少，使受訓人員與其他公司人員互相切磋時等情境適用。

　　一般而言，公司內部在職訓練、職外訓練與外部課程訓練應視公司人力資源的需求與人力發展的目標互相配合實施，以達相輔相成的效果。

八、訓練時間與日期的安排

　　訓練時間的安排應考慮：(1) 是否有充分學習時間；(2) 受訓學員個別學習速度；(3) 需有回應時間；(4) 在引進新技術或變更工作程序之後；(5) 在績效評估之前。

訓練時間應考慮：(1)是否有充分學習時間；(2)受訓學員個別學習速度；(3)需有回應時間；(4)在引進新技術或變更工作程序之後；(5)在績效評估之前。

　　一般而言，依訓練方式的不同所需的時間亦有差異，大體上，個案研究和遊戲式的訓練方式需要的準備時間較長（洪榮昭，民 85）。此外，訓練日期安排應考慮公司重大事項（大、小月），使受訓人員均能參加，如無法大批人員同時參加，可改採分批受訓或分時受訓。

九、訓練費用

　　只要有教育訓練就離不開費用及成本的計算，由於訓練費用龐雜，舉凡食、宿、交通、教材、設備、場地與講師鐘點等費用，均會影響受訓的品質，故建議尋找成本花費較低，可達成訓練目標的訓練方式為原則。

十、訓練的流程

明確的流程可讓員工對整個教育訓練的全貌有深入的了解，如圖 5-4 為教育訓練流程圖，可清楚窺探訓練流程的全貌。此外，一般企業會頒布員工教育訓練申請及遴選辦法、教育訓練出缺勤及補助辦法或內部訓練講師獎勵辦法等，以建立完善的企業教育訓練制度（勞動部勞動力發展署，民 90）。

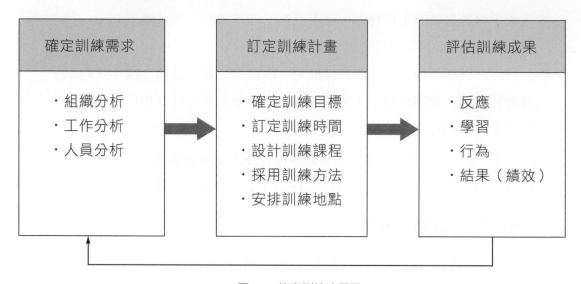

圖5-4・教育訓練流程圖

資料來源：改自黃誌瑩，民90，頁43。

十一、訓練所需的文件

訓練常用的文件主要有訓練手冊或講義、參考資料、教學媒體等，亦可為員工準備「學習護照」或「受訓證明」。此外，無論採用何種教學方法，教材及講義的準備都是必須的，通常在訓練開辦的前一個月就要確定進度表，並請講師提供訓練教材或講義等資料，以便打字、校對、複印、印刷，提早準備好需要的資料（超越企管研發組，民 83）。

有時訓練單位為了維護權益或釐清責任，還要取得受訓者所屬單位主管的參訓同意書，或與受訓者之間訂定訓練契約，以免衍生不必要的麻煩。

第七節 訓練計畫的種類

訓練計畫可依基本型態、訓練需要、管理主題、實施型態與其他做不同的分類，以下逐一介紹（黃南斗譯，民 79）。

一、依訓練的基本型態分類

(一) 全盤訓練計畫

將所需各種不同類型的訓練予以整體規劃，安排優先順序，確立彼此關係及適用對象等。其步驟為：

1. 考量並分別列舉組織內所需要的不同性質訓練。
2. 考慮學員應受何種性質之訓練。
3. 確立個別訓練對於特定員工究竟是必要的、選擇性的或強制性的。
4. 以流程圖顯示各種不同訓練間的關係及先後順序。

> 教育訓練計畫依其基本型態可分類為：全盤訓練計畫、個別訓練計畫、集體訓練、職內訓練規劃、自我導向學習援助措施。

(二) 個別訓練計畫

為全盤訓練計畫的個別說明，在進行細部規劃時，必須注意以下幾個重點：

1. 訓練目的：即欲達成的效果，此項資料乃為執行訓練的依據並做為訓練後執行成效評估的依據。
2. 訓練內容：簡述訓練涵蓋的主要內容。
3. 訓練課程：列出訓練的主要課程。
4. 訓練時間：預計實施訓練的時間。
5. 資格限制：說明參加該項訓練的人員所須具有的資格或條件。
6. 受訓對象：說明該項訓練以何種階層，或何種工作性質人員參加為宜。

(三) 集體訓練計畫

各組織成員抽離原來的工作崗位，將受訓學員集中加以訓練，主要是在工作時間內進行，將訓練的課程視為工作的內容之一。

(四) 職內訓練規劃

職內訓練規劃(on-the-job planning, OJP)意指上司透過本來的工作或與工作連結起來,而對員工作指導、培育的訓練。

(五) 自我導向學習援助措施

自我導向學習(self-directed learning, SDL)係由學習者依講師所揭示的教學目標,自己訂定學習的方法與進度,自我學習並解決問題,最後再由自己檢核目標達成的程度。對自發努力上進的組織成員,若在上班時間外自動參與教育訓練者,可由組織對其自我啟發的活動給予經費或其他相關援助。

在上述的訓練中,過去最受重視的集體訓練模式,也是組織最常使用的訓練方式,但是為了迎合目前社會快速變遷下,對各類人才的需求愈趨專業與多元下,較具彈性的訓練方式,如 OJP 與自我導向學習援助措施的推動,則日趨被企業所重視。

二、依訓練需要分類

(一) 階層別訓練

將各組織所具有的各職位階層別加以體系化,通常可分為新人、幹部、領班、中階主管、高階主管等不同的階層訓練,並以集體訓練方式來實施。例如:著名的「督導人員廠內訓練」(Training within Industry for Supervisors,簡稱為 TWI),即是針對第一線的主管(班長、組長)、儲備幹部等培養其對於第一線作業員工工作與職責的教導、改善、領導的技巧等能力。因為在大部分作業生產的工作場所遭遇的問題,若現場督導人員可以立即解決或減少的話,也就可以將品質、成本(價格)、交期(速度)保持在合理的範圍,而此種發展出教導、改善、領導等基層幹部的訓練課程,即稱督導人員廠內訓練。

(二) 職能別訓練

著眼於屬於相同專門職能者所共有之訓練需要,以職別做縱斷面的訓練。這種訓練以各組織所具有的職能別區分予以體系化者居多。

(三) 新進人員訓練

對新進公司者施予引導教育之訓練，因為此一訓練旨在重新培養其成為職業人或組織人，所以仍以做個別定位為適當。其目的在為提供企業基本資訊，協助新進員工儘快成為組織一份子，又稱「導入」（orientation）或「社會化」（socialization）。內容則包括下列四點（張緯良，民 101）：

1. 企業的歷史沿革與價值觀。
2. 公司的組織與行政程序。
3. 工作相關部分的規定。
4. 課題別訓練：以組織所擁有的特定課題之解決，為需要實施的訓練。例如：櫃臺服務人員之養成訓練。

三、依實施型態分類

訓練的類型若依實施型態則可以分為（黃南斗譯，民 79）：

(一) 集中住宿訓練

受訓人員集中住宿在訓練處所而實施的訓練。例如：美髮院常在打烊後將員工集合起來進行訓練，訓練後再由業主安排員工住宿，也屬此類。

> 教育訓練計畫依其實施型態可分類為：集中住宿訓練、通勤訓練、在家訓練。

(二) 通勤訓練

不提供受訓人員住宿，而是受訓人員從家裡到訓練場所接受的訓練。

(三) 在家訓練

受訓人員在自宅或圖書館等，不在組織管理下進行的訓練。此種實施型態實際上常有混合採行的情形，如在一星期的通勤訓練中，安排兩天的集中住宿訓練，或在集中住宿訓練中，星期假日改採在家訓練等做法即是一例。

四、案例說明

　　教育訓練計畫種類繁多，不勝枚舉，因應不同需求與時間，辦理的種類往往有所差異，茲以政府委辦的訓練爲例，說明如下。

(一) 經濟部工業局——品牌耀飛計畫

　　經濟部工業局爲協助臺灣企業發展自有品牌，提供臺灣企業全方位及客製化的品牌發展諮詢、診斷及輔導服務。該計畫針對不同的目標對象，辦理包括議題論壇、工作坊及講座三種形式（圖 5-5）。

1. 品牌議題論壇：目標對象爲品牌企業主、品牌經理人、品牌行銷及有志之士等，該論壇廣邀品牌相關專家擔任論壇議題講者，並進行品牌再造升級企業分享座談。以當年國際品牌趨勢議題作爲論壇規劃主軸，由外而內讓品牌議題深植於一般有興趣的民眾心中，進而達到品牌知識擴散之成效。

2. 品牌實戰工作坊：目標對象爲依國內公司法及商業登記法合法登記經營之企／公協會，且品牌爲臺灣企業所擁有，財務健全，近兩年營業毛利不得爲負，無欠稅及違法等不良紀錄。依據企業／產業之品牌發展階段需求，提供客製化專業品牌研習培訓，將邀請業界具豐富實務經驗之專業經理人及顧問，或與學界有關品牌經營、企業管理、通路行銷等各領域的知名學者擔任講師，課程與案例分析並重，補足臺灣企業缺乏品牌經理之養成訓練，由下而上發揮品牌經理人關鍵角色，推動品牌發展。參與學員將針對個案進行研析討論，使品牌課程能有效運用於工作，講師亦隨時與企業／公協會就上課狀況溝通，回報學習成效。

3. 品牌講座：目標對象爲企業主/品牌經理人/有志人士等，該講座邀請品牌相關專家學者，擔任講座議題講者，並進行品牌經營及當年度國際品牌趨勢相關講座，透過專家學者的主題講座及經驗分享，提供企業主及一般民眾更多面向的經營參考方向。

品牌議題論壇

企業主/品牌經理人/有志之士等

廣邀品牌相關專家擔任論壇議題講者，並進行品牌再造升級企業分享座談。以當年國際品牌趨勢議題作為論壇規劃主軸，由外而內讓品牌議題深植於一般有興趣的民眾心中，進而達到品牌知識擴散之成效。

品牌實戰工作坊

品牌企業/公協會

針對欲發展品牌之企業或公協會進行品牌實戰工作坊，並以互動學習方式進行授課，提供系統化品牌管理訓練，打造品牌團隊共識，建立企業品牌文化DNA。

品牌講座

企業主/品牌經理人/有志人士等

受到疫情的影響，臺灣該如何接受挑戰，成為了每個企業必須思考的重要課題，為協助具競爭發展潛力之企業可以在疫情中調整企業結構，以厚實企業軟實力，並協助企業了解在疫情重創下，提供經營思考的新方向。

圖5-5・品牌耀飛計畫辦理形式

資料來源：經濟部工業局（民111）。

(二) 勞動部勞動力發展署——產業新尖兵計畫

　　勞動部勞動力發展署（民110）為透過職業訓練之實施，強化青年知識與技能，培育國家重點創新產業人才，促進青年就業，特訂定本計畫。訓練職類應符合促進 5+2 產業創新計畫之發展，包含電子電機、工業機械、數位資訊、綠能科技及國際行銷企劃等五大領域，課程相當多元且具前瞻性。訓練課程，包含訓練職類、時數、課程目標、課程內容、就業展望、同職類課程訓練成效及其他經勞動力發展署認定之項目。

1. 目標對象爲15-29歲本國待業青年。

2. 訓練費用：10萬元（核定者，全額補助＋每月8,000元學習獎勵金）。

3. 課程時數：500小時。

4. 上課時間：周一至周五白天，假日及晚上亦有排課(夜間及假日非每天都排課)。

(三) 經濟部商業司——餐飲與零售業人才加值培訓計畫

經濟部爲協助國內餐飲業、零售業因應新型冠狀病毒疫情之影響，提供紓困資源協助業者突破困境，特辦理「餐飲與零售業人才加值培訓計畫」，提供多元培訓課程，鼓勵企業讓員工適時進修，協助業者進行人才轉型培訓，讓企業在此艱困時期可持續增強戰鬥力，提昇知識與能量，因應未來疫情結束後能快速恢復正常營運。

1. 目標對象：中高階及店長佔14.5%，門市人員、外場人員、內場廚師及其他人員合計85.5%。

2. 開設班級：實體課程合計開設400班，其中，中高階領導班共開設50班，佔12.5%；中階主管及基礎人員共開設350班，佔87.5%。

表5-3·經濟部商業司辦理餐飲與零售業人才加值培訓計畫

班別	班數	特色	每班時數	時數小記
菁英領袖班	3班	大師開講，改變領導者思維，因應服務新趨勢，超前部署	6hr	18
實學講堂	12班	實戰經驗充足專家，為高階主管分析前瞻議題與趨勢預測	4hr	48
主題實戰工作坊	35班	經驗交流、換位思考、實作演練，創造新想法	24hr	840
人才加值培訓班	餐飲業175班	依職能職掌區分，安排門市人員、內場、外場人員等參訓	19hr	6,650
	零售業175班			
合計	400班	總時數	7,556小時	

資料來源：商業發展研究院（民109）。

第八節　結語

　　人力資源發展是企業成功實現願景的要素，而辦理員工教育訓練則是達成人力資源發展最重要的途徑，若企業能透過良好的教育訓練，重視訓練的課程、師資與員工需求，選擇適當的訓練方式、擬定完善而有系統的訓練計畫與訓練模式，以因應資訊技術快速發展、產業結構不斷改變的挑戰，則可達成企業永續經營的目標，在勞資雙贏的願景下創造社會福祉！誠希望企業在追求利潤的同時，也能體認教育訓練具有 ADS 的三大價值（寶渥股份有限公司，民 110）（圖 5-6）：

- Add 提昇人效員工產值－提升工作能力及工作效率
- Delete 降低企業成本－改善工作品質，降低時間成本
- Social 創造企業認同文化－創造出專屬於企業學習文化的生態

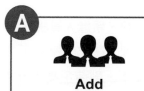

A

Add
提昇員工產值－提升工作能力及工作效率

D

Delete
降低企業成本－改善工作品質，降低時間成本

S

Social
創造企業認同文化－創造出專屬於企業學習文化的生態

圖5-6．ADS的三大價值

↘ 本章摘要

- 教育訓練計畫乃是企業為使其員工達成特定訓練目標而經過有計畫、有次序的選用及編排其訓練活動的總稱。

- 教育訓練執行者之主要職務有管理活動、指導活動、開發活動與情報活動。

- 教育訓練工作人員應該具備的能力：人與組織問題研究能力、需求分析能力、課程設計、學習理論、教學技巧、教材發展、溝通協調、行政處理、訓練評鑑、團體動力與人力規劃等能力。

- 擬定教育訓練計畫前應有的思維：考慮組織的實際需要、考慮訓練項目間的整體配合、考慮可用的訓練資源、考慮受訓條件與受訓後成功的可能性、爭取決策主管的了解與支持、考慮企業本身的工作重點與時間狀況。

- 教育訓練的步驟：確立教育訓練的目標、決定受訓對象、選定訓練方式、決定訓練課程、講師之決定與聘請、選用教學方法、決定訓練場所與地點、訓練時間與日期的安排、訓練費用估算、訓練流程擬定、準備訓練所需的文件。

- 教育訓練計畫依其基本型態可分類為：全盤訓練計畫、個別訓練計畫、集體訓練計畫、職內訓練規劃、自我導向學習援助措施。

- 教育訓練計畫依其訓練需要可分類為：階層別訓練、職能別訓練、新進人員訓練。

- 教育訓練計畫依其實施型態可分類為：集中住宿訓練、通勤訓練、在家訓練。

- 教育訓練具有ADS三大價值：提昇人效員工產值、降低企業成本、創造企業認同文化。

↘ 章後習題

一、選擇題

( ) 1. 教育訓練執行者的主要職務，何者為非？

(A) 管理活動　(B) 仲介活動　(C) 開發活動　(D) 情報活動

( ) 2. 有效扮演某種角色所需的知識、技能以及其他特質（如態度、態度、價值觀等）稱之為：

(A) 技術　(B) 溝通　(C) 知識　(D) 能力

( ) 3. 教育訓練人員依據需求分析擬定課程內容，稱為：

(A) 教學技巧能力　(B) 需求分析能力　(C) 教材發展能力　(D) 課程設計能力

( ) 4. 擬定教育訓練計畫前應考慮事項，何者為非？

(A) 爭取決策主管支持　(B) 考慮受訓條件可能性　(C) 考慮訓練項目的個別配合　(D) 考慮企業本身的工作重點

( ) 5. 能力可分為那些：

(A) 一般能力　(B) 專業能力　(C) 以上皆是　(D) 以上皆非

( ) 6. 教育訓練計畫共同參與人員，何者為非？

(A) 組織外的權威人士　(B) 單位主管　(C) 訓練專家　(D) 具備工作知識的專家

( ) 7. 教育訓練的訓練目標領域，何者為非？

(A) 技能　(B) 認知　(C) 情感　(D) 標準

( ) 8. 訓練需求評估之行為目標要素中「C」指的是：

(A)Cost　(B)Condition　(C)Control　(D)Come

( ) 9. 訓練目標訂定的原則，哪一項為非？

(A) 專家的建議　(B) 受訓者的實際工作　(C) 學習社會學　(D) 受訓者本身

( ) 10. 教育訓練計畫依其實施型態，哪一項為非？

(A) 通勤訓練　(B) 集中住宿訓練　(C) 在家訓練　(D) 新進人員訓練

二、問題與討論

1. 試說明教育訓練計畫的目的為何？
2. 試說明教育訓練執行者其職務為何？
3. 試說明教育訓練計畫的內容為何？
4. 試說明擬定教育訓練計畫的步驟。
5. 教育訓練計畫的種類有何？試舉一例並加以說明。

↘ 參考文獻

一、中文部分

勞動部勞動力發展署（民91）。企業訓練專業人員工作知能手冊。

洪榮昭（民85）。人力資源發展—企業教育訓練完全手冊。臺北：師大書苑。

張添洲（民88）。人力資源—組織、管理、發展。臺北：五南。

張緯良（民101）。人力資源管理（第四版）。臺北：雙葉書廊。

超越企管研發組（民83）。企業教育研習計畫案例集。臺北：超越企管顧問股份有限公司。

黃南斗譯（鈴木伸一、正木勝秋著）（民79）。企業員工訓練實務手冊。臺北：臺華工商圖書出版公司。

商業發展研究院（民109）。餐飲與零售業人才加值培訓計畫。https://0800056476.sme.gov.tw/ebook/html/page.php?id=170&gid=72&bgid=40

勞動部勞動力發展署（民110）。產業新尖兵試辦計畫網。https://elite.taiwanjobs.gov.tw/

經濟部工業局（民111）。品牌企業研習講座。https://www.branding-taiwan.tw/

黃誌瑩（民90）。教育訓練制度規劃之個案研究—以K公司為例。國立中央大學人力資源管理研究所論文。中壢：未出版。

潘扶雄譯（民82）。企業新進人員教育訓練方法（日本生產性本部編）。臺北：臺華工商圖書出版公司。

葉淑櫻（民96）。壽險業訓練講師專業職能之研究。國立臺北科技大學技術及職業教育研究所碩士論文。臺北：未出版。

寶渥股份有限公司（民110）。教育訓練規劃前一定要懂的黃金守則 345、TTQS、。https://www.pbs.school/training/three-ways-of-training

二、英文部分

Beer, M., Finnström, M., & Schrader, D. (2016). The great training robbery (April 21, 2016). Harvard Business School Research Paper Series # 16-121. SSRN: http://dx.doi.org/10.2139/ssrn.2759357

Indeed Editorial Team. (2022). Examples of training plans (plus how to make one). https://www.indeed.com/career-advice/career-development/ training-plan-example

The Independent (2019). Why poor workplace training could be costing you business. The Independent [online] 21 June. https://www.independent.co.uk/news/business/news/why-poor-workplace-training-could-be-costing-you-business-a8321176.html

Workable Technology Limited. (2023). Corporate trainer job description. https://resources.workable.com/corporate-trainer-job-description

A manager is responsible for the application and performance of knowledge.
一個經理人應對知識之應用與績效負責。

Peter F. Drucker
彼得・杜拉克

資料來源：詹益郎著（民92）。現代管理精論，頁23。臺北：華泰。

Chapter 06

教育訓練的基礎──學習理論

▌▌▌前言

　　對於從事人力資源管理、專業培訓的人士而言，學習理論是相當重要的。企業進行教育訓練時，要承擔起繁重的培訓工作，若缺乏洞悉學習的理論基礎，尤其是成人學習，自然容易衍生訓練目標、教育策略與學員學習成效間無法配合或未達預期效果等問題。因此本章在於探討學習理論及其相關的概念，以提供企業主管進行教育訓練方案的設計基礎與根據。

第一節 學習的定義與學習原理

一、學習的定義

　　多數人對於學習的理解，在於由不熟悉或不認識的事物，經過特定的課程或教育，因而得以認識了解。例如：如何進行簿記、如何使用資訊軟體等。心理學家將學習（learning）定義為「是一種經由練習、經驗與指導、訓練，使個體在行為上產生持久的改變。」

　　根據上述定義，莊勝發（民96）指出學習的定義中有四個概念：

1. 行為或行為潛能改變。
2. 較為持久的改變。
3. 學習因經驗而產生。
4. 學習有多種類型。

　　雖是如此，但學習是看不到的，它是存在於個體內的潛能，只有當其與動機交互作用，經過經驗的轉變、知識的吸收、道德的教化、興趣的培養與價值觀的建立等，轉化表現於公開行為時，才能觀察得到。如一個人好幾年沒再騎過單車，但在短時間內接觸練習下，又能馬上上手，這種為「持久性」的獲得，方為學習。是故，學習必須經過練習才能使行為發生改變。因此，教育訓練的核心基礎在於學習的內涵，而學習的成功與否，則視給予學員練習的多寡而定。在組織工作環境裡，員工需要不斷改進他們的知識與技能，才能順利完成他們的工作，組織因面對外在環境影響及內部競爭關係，學習已成為員工普遍共識。組織領導者尋求更有效的訓練策略以便能使訓練績效及利益極大化（Baharim, 2008）。據估計訓練僅有10%會將學習遷移到工作環境（Baldwin &

Ford, 1988），而 Wexley 及 Latham（2002）則認為有 40% 受訓者會立刻在訓練後應用於工作上，大約有 25% 會保留六個月後仍能應用於工作上，而只有 15% 在一年內仍保留訓練所學於工作應用上。

二、學習原理

學習原理為教學的基礎，更是企業進行教育訓練時，應用於教材編製與實際講授上必須了解的基本原則。為協助了解學習的基本原理，學習心理學提供相當的理論基礎，具有增進教育效果的應用目的。一般而言，學習原理可以區分為三大派（張春興、林清山，民 79；張春興，民 84；國立編譯館主編，民 89）：

(一) 行為主義學習論

1. 巴夫洛夫（Pavlov）之古典制約學習

   Pavlov 古典制約學習，以科學實驗法與基本學習法則解釋基本學習現象。Pavlov 將鈴聲與食物伴隨出現，即每次餵食之前就先搖鈴聲，久而久之，發現狗吃東西與聽到鈴聲皆有唾液反應，可知二者之間產生連結效果與增強作用。因此認為學習乃經由刺激取代的制約反應歷程，因而衍生解釋下列各種學習現象：類化作用、辨別作用、消弱作用、增強作用等。

2. 桑代克（Thorndike）之嘗試錯誤學習

   美國心理學家 Thorndike 從迷籠實驗中觀察而得，由嘗試錯誤得到的經驗，進而可產生學習效果。然在試誤（trial and error）的學習歷程中，影響「刺激」與「反應」間關係是否能夠建立，主要決定於學習三大定律：

   (1) 練習律：練習次數愈多，個體的某種反應與某一刺激間的聯結則愈強。

   (2) 準備律：個體身心狀態準備反應時，讓其反應則感滿足，阻止其反應則感到不滿足。

   (3) 效果律：反應後獲得滿足效果者，該反應將會被強化，「刺激－反應」間之聯結會再加強。

3. 斯金納（Skinner）之操作制約學習

個體在刺激反應下，出現某種有效反應後，該反應將會被固定保留下來；即個體學會以此反應為手段或工具解決問題而達到目的。強調外在環境對學習的影響，使教育重視獎懲的作用。以其強化原則產生編序教學、行為矯正、電腦輔助教學、精熟學習（mastery learning）、凱勒計畫（Keller plan）等多種教學方法。其研究結果認為行為者的主動對環境作反應（行為者操作環境，產生效果，使行為頻率增高），獲得滿足的結果才是學習的主要模式（效果律）。

4. 班都拉（Bandura）之社會學習論

Bandura 認為個體學習時，不需要直接經驗，只要經由觀察別人（楷模）就能得到學習。模仿的學習要素有三：(1) 楷模的行為；(2) 楷模所得到的結果（增強）；(3) 學習者的認知歷程。而模仿方式分為直接模仿、綜合模仿、象徵模仿與抽象模仿四種。直接模仿係指見人用筷子吃飯或用筆寫字，自己也跟著做；綜合模仿係指見人做了許多複雜的動作，而嘗試著全部重做出來；象徵模仿係指在讀了偉人的傳記之後，自己也奮發圖強，產生仿效的驅力；抽象模仿係指閱讀了孫子兵法等抽象的戰略之後，讓自己學會策略的應用。

> 行為主義主張經由學習所建立的知識體系，可視為外在事物或環境間的聯結，或是行為的改變。而達到良好學習效果的關鍵，在於學習者能夠反覆練習，並且樂於練習。

由以上行為主義的主張中，我們可以發現一項共通性：經由學習所建立的知識體系，可視為外在事物或環境間的聯結，或是行為的改變。而達到良好學習效果的關鍵，在於學習者能夠反覆練習，並且樂於練習。但因為僅從可觀察的行為來討論學習，所以只能對比較簡單的學習來做適當的解釋。

因此 Skinner 於 1954 年提出編序教學（programmed instruction）、1958 年提出教學機器（teaching machine）的構想，以及對於教學媒體的重視，則可見一斑，亦即達到「反覆教學」與「回饋機制」的二大效果。換言之，運用電腦輔助學習的目的即協助學習者由「接受學習」逐漸轉化為「願意學習」，進而提升「樂於學習」、「分享學習」。

　　目前已有許多大型企業教育訓練利用資訊媒體，讓員工自行選擇學習時間，利用電腦設備反覆播放教學內容的方式，在電腦畫面提出問題後，若使用者答對的時候播放音樂、動畫等，給予學習者鼓勵的作用，或是提供不同的學習途徑（branching program），員工可選擇要進階或是另一單元學習。如果未達一定的標準，則再給予反覆的呈現與練習，並將員工學習的內容、次數與測驗的成績列為員工個人考核項目之一。

(二) 認知學習論

1. 布魯納（Bruner）之發現學習論

   Bruner 認為，學習者主動探索、發現是構成學習的主要條件。在學習情境中，經由自己的探索，因而獲得答案的學習方式，並可用直覺思維作為發現學習的前奏；但發現學習只在學習情境具有結構性之下才易理解，因此結構性的教材，有助於學員的學習行為，與培養學員主動探索求知的能力。Bruner 的發現學習論則為啟發式教學法奠立理論基礎。

2. 奧斯貝（Ausubel）之意義學習論

   Ausubel 的學習理論與其他人不同的地方，在於針對學校有效安排教學情境讓學生學得知識，其理論內涵涵蓋學習、教學及課程三大議題。強調給予學生學習的事物必須對學生具有意義才能產生學習，因此，倡導有意義的學習，運用前導組織的概念，提倡講解式教學法，認為有效的教學有賴教師對學生經驗能力的了解並給予清楚的講解引導。

3. 訊息處理理論

   訊息處理論係將人類的學習比喻成電腦在處理資訊的過程，並解釋人類在環境中，如何經由感官知覺、注意、辨識、轉換、記憶等內在心理活動，以吸收並運用知識的歷程（張春興，民84）。訊息處理論重視人與環境的交互作用。人的心理過程主動選擇，操縱環境，並在一定的心理結構中進行訊息處理而獲得知識。訊息處理論認為，學習時的重點在學習者身上，學習者是否扮演主動的角色、是否有輸入訊息、處理訊息才是最重要

的。學習而得的知識，是有系統、有組織的結構，並與基礎知識相互作用，利用學習的策略促進學習的效果，最後整合到工作新知之中。累積的知識愈豐富，愈有助於新知的吸收，經由新舊知識的統整，以獲得有組織、有結構的知識。此種「後設認知」的歷程，乃人類在認知過程中執行控制的力量，以監督、管理及調整學習的過程。

認知學習論學者認為學習的教材必須符合人類的認知發展，且強調學習者於學習歷程中主動學習的重要性。

由以上分析可知，認知學習論的學者均認為學習的教材必須符合人類的認知發展，且強調學習者於學習歷程中主動學習的重要性。因此，於教育訓練的規劃中，學習教材的編製則需考慮學員的先備知識、教材內容之結構性，以便學員能容易學習、理解、記憶；此外，講師亦可適時地運用技巧，引導學員主動探究、提出問題，以獲取新知。

(三) 人本主義學習論

1. 馬斯洛（Maslow）的學習理論

   Maslow 認為人類的需求可分為七個層次，即生理需求、安全需求、愛與歸屬的需求、自尊需求、知的需求、美的需求以及自我實現的需求。前四者為基本需求，後三者為成長需求，基本需求則為成長需求的先備。

   Maslow 主張學習是個體隨其意志對事務的自由選擇，獲得知識的歷程。學習須靠內發，學習的產生決定於個體本身對環境知覺而後主觀的自願性選擇，因而倡導以學生為教育的中心，重視個體的自我成長與開放式的教育。

2. 康布斯（Combs）的學習理論

   Combs 認為知覺（perception）是決定個人行為取向的基礎。欲了解人類行為，必須從行為者的觀點，了解其對事物的知覺感受；欲改變一個人的行為，必先改變其信念或知覺感受。因此，個人的知覺與其學習行為有密切關係。對學員而言，學習的意義有二：一是學到新知；二是該知識使個人產生新的意義。

   Combs 主張教育的目的絕不只限於教授知識或謀生技能，更重要的是針對學習者的情意需求（affective need），使他能在知（知識）、情（情感）、意（意志或動機）三方面均衡發展，從而培

養其健全人格。學習者的情意需求，是指他們在情緒、情操、態度、道德以至價值判斷等多方面的需求，故 Combs 之教育思想即為全人教育之理想（張錦文，民 94）。

3. 羅吉斯（Rogers）的教學理論

Rogers 的教學理論認為學習包括認知概念及情感的「全人」（whole person）學習，學習者能自學習中自我改變，兼重知識、情意、技能方面的成長，使學習者能接受自己和他人。Rogers 並強調形成學習條件的要素有五項：設計情境解決問題、注重講師的態度、接納與了解學員、提供適當的資源與學習動機。

由上述分析可知，人本學派認為人性本質是善良的，所表現的任何行為是出自當事人自己的意願與感情，代表學習者本身即具有內發的發展潛力，因此教育訓練者可將人本學派的學習理論應用於教學，如培育健全人格的道德教育、重視自我開發的開放教育與培養團體精神的合作學習等（張春興，民 84）。人本學派在教育上主張從學員的主觀需求著眼，幫助學員學習喜歡且認為有意義的知識。若教材對學員缺乏「個別化意義」，則無法引導學習。因此，教育的目的，在發揮學員潛能，以達全人發展的目標。

> 人本學派主張從學員的主觀需求著眼，幫助學員學習喜歡且認為有意義的知識。目的在發揮學員潛能，以達全人發展的目標。

1. 行為學習派：將「學習」界定為「經由練習而改變行為的歷程」。因此，學習係指刺激─反應之間的連結強化效應。

2. 認知學習派：認為「學習」是個體作用於環境，而不是環境引起人的行為。環境只是提供潛在刺激，至於這些刺激是否受到注意，取決於學習者內部的認知結構。因此，學習係指認知結構的改變。

3. 人本學習派：認為「學習」是個人的情感、知覺、信念和意圖的改變，而這些是使一個人不同於另一個人的內部行為之因素，因此，學習係指自我概念的變化。

在過去近十年當中，出現了大量有關學習方面的相關理論與研究。上述多已對企業常應用的學習理論做了初步的介紹，學習理論學派雖多，且各家主張不同，但總結來說，企業應按不同情況與需求，考慮融入不同的學習理論，才能達到教育訓練事半功倍的效益。

第二節 最大化學習

在學習曲線中，學習的成效在適當的壓力之下會有最佳的表現，壓力過大或沒有壓力，其學習成效都不佳。「最大化學習」（maximizing learning）乃指在學習者與環境相互影響的雙重壓力之下，在學習上讓學員獲得並發展最佳的技巧與知識，以改變行為的一種學習模式。最大化學習著重下述三個重點（Cronbach, 1984；Desimone, Werner, & Harris, 2002）：

(一) 改變受訓者的特徵

包括訓練能力（如員工內外在動機的強弱、能力的高低以及對工作環境知覺的敏感度）；另包括受訓者的人格與態度。

(二) 重視訓練的設計

在訓練條件方面，包括「理論」相對於「實際」的練習、「室內」相對於「室外」的練習、「全部」相對於「部分」的練習、是否過度的練習、最終獲得的知識與工作相關的程度。而在學習保留方面，則包括考慮較富有意義的資料，讓學員在受訓練後，可否有別於初始學習的程度，以及避免學習干擾。

(三) 運用訓練遷移

需考慮相同的基本原理、一般性原則、刺激的變數、工作環境上的支援（如表現的機會與訓練遷移的普遍狀況等）。

最大化學習成效相對於典型的學習成效（typical performance），乃著重在個人的能力高低，意即學習者在被激勵的情況下可獲得的最大表現（Cronbach, 1984）。而典型的學習成效即根據個體過去的表現或特質，評估他在面對新的學習內容時，學習後將可能有的表現。

最大化學習即是透過上述三大要素的配合與政策，以激發受訓學員在學習後，能有最好的表現或成就。企業通常以性向測驗（aptitude test）與成就測驗（achievement test）來測量受訓者可能達成的最大化學習成效評估，以做為預測訓練過程的成功機率。此兩種測驗的差異在於結果的應用，而非測驗本身的品質。「性向測驗」在於預測學習前的能

力;「成就測驗」則在於指示出學習後成功的程度。即使有一些測驗於使用上擁有以上二者的功能,然而在大部分事件所強調的重點仍有明顯的不同。

第三節　學習遷移

一、學習遷移的定義

「學習遷移」(transfer of learning)原指學習者學習新的事物後,能結合舊有學習的概念,將其應用在新的情境中;或是指某一行為在一新情境中被加以重複的程度(Detterman, 1993)。此一名詞自行為學派創用至今已有一世紀之久,在此期間,學習遷移的重要性並未受到行為主義式微的影響,反而由於認知學派的重新詮釋,展現更為多元積極的思考面向(陳品華,民 89)。學習遷移多半會受到舊的學習效果而影響新的學習,此為學習效果的擴展現象。若能適當地以個體原有的規約系統應用到新的事物之中,而產生一種新的組合,這叫做「正向遷移」(positive transfer),但學習遷移亦有所謂負向反應,舊學習效果反而阻礙新學習,即「負向遷移」(negative transfer)又稱「順攝抑制」,是規約系統對新事項的誤用(misapplication)或未充分利用。在學習上所重視的是加強正向遷移,而避免負向遷移。

> **學習遷移**
> 原指學習者學習新的事物後,能結合舊有學習的概念,將其應用在新的情境中;或是某一行為在一新情境中被加以重複的程度。

Bruner(1960)認為學習的正向遷移有兩種:「特定的學習遷移」(specific learning transfer),又稱為垂直遷移(vertical transfer)及「非特定的學習遷移」(nonspecific learning transfer),又稱為水平遷移(lateral transfer)。第一種遷移指的是特定技能或特殊知識的遷移,可說是習慣或聯結的擴展。例如:學會了騎三輪車,以後可以較快學會騎腳踏車或騎機車;第二種方式指的是原理、原則及態度的正向學習遷移,這種學習主要並非技巧,而是一般性的概念與原則,並能遷移應用以解釋新的特定事物,擴大認識的基礎。例如:學員在課堂上學會了專業術語後,能在課後應用到閱讀課外的專業雜誌,使學得的知識範圍擴大。Bruner 所著重的即是這種非特定性的學習遷移,認為這種學習才是教育過程的中心課題。

> **垂直遷移**
> 特定技能或特殊知識的遷移,可說是習慣或聯結的擴展。

> **水平遷移**
> 原理、原則及態度的正向學習遷移,這種學習主要並非技巧,而是一般性的概念與原則,並能遷移應用以解釋新的特定事物,擴大認識的基礎。

至於遷移種類與遷移的強度，Garavaglia（1993）將遷移種類分為：

1. 近遷移（near transfer）和遠遷移（far transfer）

   近遷移係指受訓者應用所學技能的訓練環境和工作的情境相同；遠遷移則指受訓者應用所學技能的訓練環境和工作情境不同。

2. 正向遷移（positive transfer）和負向遷移（negative transfer）

   正向遷移係指受訓者學習前已具備的知識，有助於學習後的行為改變；負向遷移則指受訓者學習前已具備的知識，阻礙或干擾學習後的行為改變。

3. 水平遷移（lateral transfer）和垂直遷移（vertical transfer）

   水平遷移係指受訓者將所學到的知識與技能，應用在訓練活動設計的相類似情境；垂直遷移係指受訓者將所學到的知識與技能，應用在比訓練情境更複雜或更高階的工作。

4. 一般遷移（general transfer）和特定遷移（specific transfer）

   一般遷移係指受訓者在廣泛的任務情境中，應用在基本的知識和技能；特定遷移則指受訓者在訓練活動相類似的情境，應用在特定的知識及技能。

5. 特殊遷移（special transfer）和非特殊遷移（non-special transfer）

   特殊遷移係指特殊知識或技能的遷移，如已學會如何活用溝通技巧，則在學領導統馭時，較為容易；非特殊遷移係指一般策略或原理的學習，當受訓者已學會一種原理，則技術、策略就形同一種學習性向，從多項同類的學習經驗所得到之技術或訣竅，並非由前一次訓練遷移而來，而是經過多次學習的經驗產生。Holton 及 Baldwin（2003）將遷移強度分為六個層次，依序為：(1) 獲得知識或初步了解。(2) 獲得知識並知道如何應用。(3) 透過實習建立能力。(4) 應用於目前工作上。(5) 重複與維持應用。(6) 類化應用於其他相關工作上。

　　就教學的觀點而言，講師所希望的是如何增進學習者的正向遷移，避免負向遷移，欲促進正向遷移效果，可應用下述方式：如預先建立明確可達的教學目標、重視概念的獲得與思考能力的培養、經驗的累積與系統性、介紹原理之後舉例說明等方式（張春興、林清山，民 79）。

　　學習遷移若應用在企業訓練與發展中就成了「訓練遷移」（transfer of training），訓練遷移的定義有很多，Baldwin 及 Ford（1988）認為訓練遷移為「受訓者有效應用所學知識、技能及態度的於工作，並能維持在一定期間的程度」。Wexley 及 Latham（1991）認為「所謂訓練遷移是指受訓者將所學的知識、技術及態度應用於工作上的程度」。Broad 及 Newstrom（1992）則認為「訓練遷移是指受訓者能夠將其工作中或工作外所學，有效且持續地應用其知識與技術於職務上」。Verma 等人（2006）定義訓練遷移為「員工有效應用知識、技術及態度於工作上並改善其績效」。若考慮受訓者的學習心理，則訓練遷移為「受訓者在具有學習認知與動機下，預先能夠設定目標，透過訓練過程學習新知識與技能後，將其有效地應用於工作上，直到達成原先設定的學習目標，以確保其訓練成效（Chang & Chiang, 2011）」。Baldwin 及 Ford（1988）更進一步指出，學習到的新行為必須能夠內化成為工作行為的一部分，並持續維持，方能謂訓練移轉效果確實產生。

> 📖 訓練遷移
> 受訓者在具有學習認知與動機下，預先能夠設定目標，透過訓練過程學習新知識與技能後，將其有效地應用於工作上，直到達成原先設定的學習目標，以確保其訓練成效。

二、影響學習遷移的因素

　　良好的教育訓練應當以協助學員產生適當的學習遷移為目標。企業在進行教育訓練之餘，應儘量展現學習遷移的正面效果，更要先行了解並重視學習遷移所產生的負面影響與影響因素，以達教育訓練所預期的績效。組織提供受訓者應用的機會也會對訓練遷移程度產生影響，受訓者對能夠應用其能力的認知比受訓者實際的自我效能（能力認知）對訓練遷移影響更大，自我能力應用認知也會影響受訓者的自我效能，而提高自我能力應用認知有賴組織所提供遷移環境及受訓者個人的學習能力（江增常，民 102）。綜合學者的研究與看法，影響學習遷移的因素如下（李宜玲，民 89；張春興、林清山，民 79；簡貞玉譯，民 91）：

(一) 受訓者的特質

Weiner（1994）認為每個人不一定會對失敗或成功做出相同的回應，其主要原因在於每個人的人格特質中「控制信念」的不同所致。如果是「內控」者，較可能將自己的表現歸諸於自己的能力或努力等內在因素；如果是「外控」者，較可能將自己的表現歸諸於自己所不能控制的外在因素，如運氣或難度等。

　　研究指出與受訓者相關的因素除了包含人口背景變項的個別差異外，尚包含：受訓者的知識與能力、人格特質，以及受訓者的動機、信念等因素。尤其是受訓者原有的知識與技術水準、對受訓內容的理解能力，以及將知識抽象化的能力，都對學習遷移有影響。當受訓者的人格特質愈趨於「內控」的傾向，則學習遷移的程度愈高。Chiaburu、Sawyer 及 Thoroughgood（2010）採用對照組的方式針對受訓者的特質進行訓練遷移研究，就受訓者自我評核，發現受訓者若具有較高的自覺性、較受人喜歡及情緒穩定特質者，會影響訓練遷移的效果，而管理者若能每日觀察受訓者的技能應用情形，可以獲得較精確的遷移評核，然受訓者個人特質及低技術性訓練課程的會較容易在訓練遷移評核上產生偏差。

(二) 訓練方案設計

　　訓練方案設計所著重的重心在於學理的應用與自我管理策略。學習遷移從官能心理學、行為論、完形心理學、認知心理學到情境學習論均有一套理論可以加以詮釋，諸如「相同元素論」（theory of identical elements）認為當受訓者所學與實際工作所需相同時，學習遷移將會發生，因此，訓練方案之中，訓練活動的設計儘可能對真實工作做出模擬；「刺激類化理論」（stimulus generalization approach），則建議訓練中應強調關鍵要素與普遍性原則，並確定這些普遍性的原則可以應用於工作之中。因此，辨識情境中成功的關鍵行為，為發展行為模式訓練方案的重要步驟；而「認知理論」（cognitive theory）的重點認為，協助受訓者思考受訓的內容有所應用的可能性，期與工作所需的知識相連結。

自我管理
意味著個人對決策和行為中的某些面向具企圖控制的意象。

　　無論如何，訓練方案中，應設計協助受訓者新習得的知識、技能與行為在工作應用上做自我管理，進行自我管理策略的受訓者會有較高的學習遷移。

(三) 工作環境的因素

1. 遷移氣氛

Raymond 認為遷移的氣氛（climate of transfer）就是受訓人員對於工作環境種種特質的知覺。這些知覺會促進或是阻礙訓練技能、訓練行為的使用，包括經理人與同僚的支持、使用技能的機會，以及使用所習得的能力所衍生的結果（簡貞玉譯，民91）。研究指出，在正向的組織氣候中，員工訓練遷移的動機較強烈，遷移的可能性也將提高（李宜玲，民89）。

2. 管理階層的支持

管理階層的支持，意指受訓者的經理人強調參與計畫的重要性，以及重視員工將訓練內容應用到工作上的程度（簡貞玉譯，民91）。經理人的支持程度愈高，則員工產生學習遷移的機會愈大。Branderhorst 及 Wognum（1995）將管理階層分為高階、中階、基層管理者以及監督者，並分別在訓練前、中、後採取對應的行動，以有助於訓練遷移（李宜玲，民89）。

3. 同僚的支持

Raymond 指出，若能在受訓人員之間，創造出一個支援網絡，利用面對面的會議、電子郵件、簡訊等方式，彼此分享把訓練內容應用於工作上的成功經驗，則亦能強化訓練遷移（簡貞玉譯，民91）。

4. 使用習得技能的機會

Raymond 認為發揮所習得技能的機會，即「表現的機會」，乃指企業應提供受訓者各種機會，讓他們得以使用新進自訓練計畫中所習得的知識、技能與行為（簡貞玉譯，民91）。使用習得技能的機會受到工作環境的因素以及受訓者動機的影響。因此，接受完教育訓練的員工，若有機會分配到與訓練有關的工作，亦或積極尋求實用新習得能力的任務，則可增進學習遷移。

探討學習遷移最常見的模式即為 Baldwin & Ford（1988）所提出的過程模式（如圖 6-1 所示），從該模式可以看出影響學習遷移的主要因素有三，包括受訓者特質、訓練設計及工作環境，每個主要因素均會影響受訓者的學習暫留、類化，以及學習的維持。蕭育珍（民 101）以此模式進行實徵研究，結果發現新進員工的學習能力與學習動機對訓練遷移成效有正向影響；訓練內容與訓練方式對訓練遷移成效有正向影響；工作環境中之主管支持與同事支持對訓練遷移成效亦有正向影響（蕭育珍，民 101）。

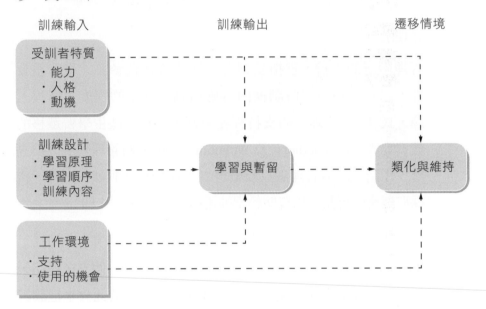

圖6-1．Baldwin & Ford的學習遷移模式

Carl Rogers曾說：「當一個人懂得自我教育，就是他懂得『學習如何學習』……學習如何調適與改變。」學習包含了過程、了解與技巧，這些都是可以學習與被教導的。因此無論任何年紀，每個人都可以學習如何學得更有效率、更有方法。

近年來，教育與心理學者非常重視「學習如何學習」（learning how to learn），事實上這便是指學習應著重原理原則的遷移。除依靠個人對所學材料的精通而定之外，更要深切認識其適用性或不適用性。而課程及教學方法，必須以教授受訓者基本概念為主。如果個人學習愈多基本或主要概念，愈能擴增對於新問題的適用性，且學習以後經較長時間不但不易遺忘，而且有更多的正向遷移。因此，在學習過程中，應重視基本原理原則的學習，以便個體在面對新情境時，能運用這些基本概念推陳出新。而教學應透過發現學習的方式，以促進個體產生最大的學習遷移能量。

第四節 成人學習理論

在了解成人學習理論（andragogy）前，首先要了解「教」（teaching）與「學」（learning）之不同，成人學習理論的領導者諾爾斯（Knowles）認為，成人的學習模式與兒童不一樣，成人具有很高的動機及準備才會主動去學習。成人希望被尊重而非像小學生般的教導，較傾向自我導向及獨立。成人重視如何解決實際問題，整合他們已經知道的知識及經驗，並提供練習的機會，將是使學習者能成功地學習的主要關鍵（Lipow & Carver, 1992）。

> **成人教育**
> 凡十八歲以上，個體離開正規教育之後，所受非正規或非正式的教育皆稱之。

一、成人學習的特性

Knowles 指出成人學習有五個特點（Maestro, 2022）：

1. 成人習慣於控制自己的生活並為其負責，大部分的人認為自己是獨立且自我導向的（self-directed），當他們處於受到少數控制或感覺缺少知識時，會顯得有些不安。

2. 成人常將其個人的經驗帶入學習活動之中。經驗是成人自我意識的核心，它可經由適當的學習結構轉換成新的知識及認知，並可成為學習者共同分享的豐富資源。

3. 成人體會到其需要了解某事時，就會想要學習。這種尋求學習的慾望多半來自於想變得更有效率的需求，這可能是受到必須解決問題或是面臨個人生涯轉變的刺激所致。

4. 成人希望「因需要而學習，因學會而應用」。成人希望用其知識完成任務，並希望所學與其需求是相關的。換言之，他們甚至希望其所解決的問題及用以解決問題的方法是相關聯的。

5. 成人尋求學習的經驗將會有助於滿足自身的內部需求。馬斯洛與赫茲柏格將這種需求稱之為自我尊重、認知與自我實現，是個體內部或者更高層次的需求，一旦我們最基本的需求滿足了之後，更高層次的目標就成了激勵因素。

實施成人學習計畫之前，訓練者必先營造一個有助於成人學習的環境，其中包括五大要件（Lipow & Carver, 1992）：

1. 參與（participation）

   在學習的過程中，參與學習者必須是自願的，若是他們覺得是被強迫、或不需要學習課程中某些特別的觀念時，學習成果將維持不久；主動的參與則可以培養出一種擁有（ownership）的認知，這種認知可增加學習者成功的承諾。

2. 尊重（respect）

   互相尊重的環境乃為良好學習的情境基礎，即是新奇的觀念，也可以自由地辯論與討論。

3. 協力合作（collaboration）

   對成人的學習而言，必須學會利用他人的個人經驗，以共同擔負起學習品質的責任去替代傳統的競爭心態。

4. 省思與練習（reflection and practice）

   成人為完整地得到其所欲學習的知識或技術時，學習過程就必須檢視自己發現新觀念的優點與缺點，並以自己的觀點比較優缺點，這種反思常可用以洞察新的所學應用方式。而有效的訓練課程則提供了討論及練習的機會，若是在一開放且可接受的學習環境中練習，將會對多數的成人學習有所助益。

5. 授予能力（empowerment）

   授予能力包含兩個概念：(1) 授予學員自我導向學習的能力。(2) 增強學習者的能力。

   訓練者的角色之一即是幫助成人學習者學習，訓練者必須鼓勵學習者在課程結束後仍然保持熱誠與興趣，成為支持成人繼續學習的動力。

隨著科技的快速進步與社會的急劇變遷，為充分開發國民的職業能力，並協助其順利達成個人生涯目標（career goal），近年來各工業先進國家對推動辦理成人職業教育極為重視，且有相當成效。成人職業教育與訓練（adult vocational education & training）係指為成人提供與其個人生涯發展有關的教育暨訓練活動，旨在增進其職業新知或學習新的就業技能，以因應個人就業、升遷、轉業或重新進入就業市場等需要（Vos, & Soens, 2008）。因此，應用成人學習理論，發展成人職業教育訓練，不但可因應科技及知識快速改變的需要，落實終身學習理念之外，更可彌補正規教育的不足，利於培養公民學習新職業知能的基本能力，進一步發揮進修與轉業訓練的功能，提高公民的就業能力，以滿足成人在不同生涯發展階段的需要。

▤ 成人職業教育
　　與訓練
為成人提供與其個人生涯發展有關的教育暨訓練活動，旨在增進其職業新知或學習新的就業技能，以因應個人就業、升遷、轉業或重新進入就業市場等需要。

二、個別差異與情境差異對成人學習與教學之影響

陳沁怡與林美倫（民 92）認為個別差異與情境差異是影響成人學習並造成學習差異的兩大主要原因，故學習與教學時也應有所不同，訓練者應注意因人、因地、因材施教。個別差異與情境差異又可分為以下三大類：

1. 主題學習差異：不同的學習主題與內容需要不同的學習方式和教學策略。

2. 情境學習差異：成人學習受到情境影響甚鉅，小至教室、設備，大至社會文化，都可能影響成人的學習方式，教師也必須發展出不同的教學策略以為因應。

3. 學習者的個別差異：如認知、性格與前置經驗。

由上述之分析，個別差異與情境差異對成人學習與教學之影響如下（釋見咸，民 85）：

1. 基本上講師是個輔助者，是個資源者及引導者，有時也是個模範或示範者。

2. 在輔助學習時，講師最好具有且能充分運用下列這些特質：支持、沉穩、幽默、友善、熱誠、彈性、大方及耐心。很多時候教學者必須是個良好的示範者，讓學習者從觀察中知道可以怎樣做，或有多少種的可能性，而非只是一昧告訴學習者要學習什麼或學習後要做什麼。

3. 講師本身也是個學習者，當講師與學習者分享個人經驗時，學習者的反應可能再刺激講師的思考，因此又產生新的知識或了解。由於成人學習者本身擁有豐富的生命經驗，故在教學的雙向活動中，講師往往是學習最多的人。

4. 除了教學內容外，講師也應關懷學習者本身。因為對一個成人學習者而言，追求學習的意義與獲得知識是同等重要的，講師應用心了解學習者把學習當成終身的追求時可以有怎樣的獲益。由於學員的背景複雜與需求多元。因此，教學者必須學著打開心胸，並愛好學習，才能不斷更新自己，充實新的教學資源，也應重視學習者的個別差異及學習需要，如此則能在教學上達到最好的效果。

5. 相對於非成人的學習（如學校正式教育），在成人學習中，學習者對自己的學習應有較大的掌握空間，最好教與學雙方都能明白且認同學習的主題與過程。如果講師相信學習是為了幫助個人的成長與發展，他就不僅是整個學習的控制者或知識的傳輸者，而應嘗試讓學習者成為批判性的思考者。

三、成人學習於教育訓練的應用策略

成人學習（即成人職業教育與訓練）係指為成人提供與其個人生涯發展有關的教育暨訓練活動，旨在增進其職業新知或學習新的就業技能，以因應個人就業、升遷、轉業或重新進入就業市場等需要（Perterson, 1982）。在教育訓練中，成人不僅關注學習的內容，還關注可使他們掌握學習內容的方法與技巧。教育訓練的模式已由過去傳統程式化的知識灌輸形態，轉變為適合成人學習特點、提高成人學習效果與有利於解決成人績效問題的高度參與模式。茲綜合學者的看法與見解，現代成人學習於教育訓練上所應用的策略如下（李明芬，民91；楊丹娜，民93）：

(一) 自我導向學習

自我導向學習（self-directed learning）又稱「自主學習」，學習者根據自身的環境和條件來規範學習行為。學習者自己發現問題並確定對學習的需求，然後確定自己的學習目標，並為達到學習目標而自我制定學

自我導向學習又稱自主學習，學習者根據自身的環境和條件來規範學習行為。

習計畫和評估是否達到學習目標的標準。自我導向學習是成人學習者較為偏好的學習型態（Lamdin & Fugate, 1997），以往的成人教育與社會教育機構所從事的工作多半視成人學習者為參與者，成人教育工作者所從事的多是學習方案的規劃，包括學習內容、學習方式與學習進度多由組織主導。然而，隨著網路科技的發達與成人學習者自主性的提高，成人學習者個人自學或自發性團隊學習也越來越普遍。所謂自學是指學習者未與他人進行互動，也未獲得他人的協助，獨自一個人進行學習，包括自行研讀、網路學習、旅遊學習、觀看影片、聽音樂等方式（林麗惠、蔡侑倫，民 98）。

(二) 行動學習

行動學習（action learning），即在行動（實踐）中學習。它的本質是在真實工作環境的學習中把「實踐」和「理論」結合起來，是一個引導人們共同發現和解決問題的過程。其目的是在不斷發現和解決問題的過程中，拓展組織和個人的「應變」能力。行動學習對學員的素質要求是很高的。不僅要有豐富的知識、很強的表達能力、觀察能力、溝通能力，還要有善於聆聽他人的發言，並獲得有用的資訊及發現問題的技巧。

行動學習涉及的兩個重要領域：「做」與「學」。前者使受訓者們能夠在培訓中充分探討實踐中失誤的原因和探討實踐中的未知；後者則使受訓者利用培訓學習的充足時間通過反思、總結教訓後，尋找到解決問題的新思路、新概念。

▤ **行動學習**
在真實工作環境的學習中把「實踐」和「理論」結合起來，其目的是在不斷發現和解決問題的過程中，拓展組織和個人的「應變」能力。

(三) 體驗式的雙向互動教學方式

體驗式的雙向互動教學方式（experience interaction），形式多樣，但共同性都是改變學員的學習狀態：從被動轉向主動；學習與獲得知識、資訊的渠道從單向轉向雙向，從封閉轉向共用（學員與學員之間、學員與教員之間）；學習過程的控制從講師中心轉向講師與學員、學員與學員之間的相互配合。如此有助釐清彼此的價值觀，讓學員能夠彼此了解與被了解，信任與被信任，建立互助、互信的默契。

▤ **體驗式的雙向互動教學方式**
改變學員的學習狀態，有助釐清彼此的價值觀，讓學員能夠彼此了解與被了解，信任與被信任，建立互助、互信的默契。

(四) 案例教學

案例教學往往探討兩個關鍵的問題：「發生了什麼事情」和「為什麼發生」。受訓者在分析案例時，把自己置身於情境中，提出自己將「怎麼做」和「為什麼」。

　　成人培訓中的案例教學（case study），往往探討兩個關鍵的問題：「發生了什麼事情」和「為什麼發生」。受訓者在分析案例時，把自己置身於情境中，提出自己將「怎麼做」和「為什麼」。案例教學的目的，在於透過解決實際生活中產生的問題，達到既鞏固基礎理論知識，又獲取新的資訊，提高解決問題的技能。同時，透過案例研究、角色扮演與課後作業，學習如何綜合分析、應用和管理，也提高了自己與他人在解決問題時的合作及溝通能力。

(五) 角色扮演

角色扮演
以非正式或戲劇的方式，使學習者應用新學得的認知原則與理論做實際演練和體驗，經常出現在上述案例教學中。藉由扮演者與回饋者間的心得交換與分享，增進團體親密感。

　　角色扮演（role play）是以非正式或戲劇的方式，使學習者應用新學得的認知原則與理論做實際演練和體驗，經常出現在上述案例教學中。藉由扮演者與回饋者間的心得交換與分享，增進團體親密感。同時角色扮演對受訓者來說，還能夠增強對變革環境的反應。角色扮演在教學中，關鍵在於角色扮演者所得到的收穫要比觀察者多。講師在課堂上也從中心位置，轉移到推動活動以順利進行的輔助位置上。

(六) 管理遊戲

管理遊戲
是一種系統培訓方法。試圖在理論和研究的學習培訓中，給受訓者呈現社會中任何一個組織、企業和公司等屬於整體經濟社會的一部分，並建立在一個互相聯繫、有共同規則基礎上且發揮自己一定的經濟功能。

　　管理遊戲（management game）亦被稱為「管理競賽」或「企業競賽」，是一種系統培訓方法。它試圖在理論和研究的學習培訓中，給受訓者呈現社會中任何一個組織、企業和公司等屬於整體經濟社會的一部分，並建立在一個互相聯繫、有共同規則基礎上且發揮自己一定的經濟功能。每一個企業、公司和組織的決策好壞，都將對整個社會的發展產生聯繫和影響的情景。受訓者在培訓中被提供有關這種情景的資訊，和要求根據這些資訊做出有利於企業發展的決策。然後，遊戲系統會將決策對企業發展收益情況，和對社會發展的影響資訊回饋給受訓者。

　　透過管理遊戲來驗證核心問題，練習解決方案的有效性，使受訓者在一個社會整體情景下，自覺地運用綜合的、全面系統的方法去進行決策思考，改善決策技能，進而提高決策的科學性與實務性。

歸納其主要的優點有：(1) 具動態性，案例都是實際工作上需要決策且有結果的；(2) 可在模擬競賽中增加其決策能力；(3) 可鼓勵參與者嘗試與學習新的途徑；(4) 競賽具有刺激性與鼓勵性，是對參與者的才幹與能力的挑戰，可使參與者全心投入。其缺點則有：(1) 在人力、財力及時間上花費甚多；(2) 容易使參與者為了競賽的勝利而忽略了學習的目的；(3) 偏重量的訓練而忽略了人的變數。

第五節　學習理論對人力資源的重要性與啟示

人力資源管理著重在對於組織的認識，是對於企業價值與文化的了解，人力資源發展乃著重於對人的認知，對於員工個人價值觀念的了解，亦即是重視個人內在的潛能開發（高文彬，民 86）。綜合高文彬（民86）、釋見咸（民 85）等學者的看法，學習理論對於人力資源的重要性與啟示如下：

(一) 誘導員工個人目標與企業目標趨於一致

人力資源管理主要重視外在組織的需求，由企業雇主對於內部人力實施調整與改造，因此，在企業以競爭獲利的前提下，企業主提供各種訓練、輔導、諮詢與激勵，誘導員工個人目標與企業目標能相一致。藉由員工為其個人目標之努力的同時，無形中達成組織所賦予之任務，彼此互惠，相輔相成，形成一種共生的型態。

(二) 重視學習遷移的效果

對任何的企業訓練計畫而言，「如何學習」與「學習什麼」是相當重要的，然而如何將所習得的知能與訓練有效應用於工作之中，為人力資源管理與發展成功與否的關鍵。因此重視員工受訓後學習遷移的效果，以及影響學習遷移的因素（如受訓者的特質、訓練方案計畫的設計、工作環境的組織氣候、管理階層的支持、同儕的鼓勵、設備的支援等），均為人力資源管理與發展上必須注意與關切之處。

(三) 了解學員的個別差異

因每個人都有其不同的生活型態且各階段的價值體系也有異同,故人力資源發展主要在強調個人的獨特發展,於學習訓練的過程中,培養其生涯規劃與終身教育的理念,使其在每一個階段都能有獨自的發展空間,而且不限於單一層面。

(四) 建立課程與教學的基本原則

由前述成人學習的特性中,我們可以獲得一些對課程與教學的基本原則。首先,成人教育的目的是在探索生命的新意義、實現自我或成就完整的人格,滿足生活或工作的需求。再者,人類的本質即具有學習的慾望及可能性,透過在社會中的實踐,即可完成這些學習目標。又在教育的內容上,更要著重學習者如何學習、如何自我學習及幫助別人學習、分享學習經驗,以追求有效的學習。

第六節　結語

　　大多數資源有限的中小型企業甚少設立員工培訓部門，培訓的工作自然地落在老闆或主管身上，並以提供在職訓練型式（on-the-job training）為主。由於他們大多數都未曾接受過正式的教育訓練的理念養成，如對成人教育方面要注意什麼、應培養何種能力才能應用於工作職場、什麼培訓方式或相關學習理論與研究，都沒有較深入的認識，因此未能發揮既定的學習成效。訓練的目的是讓受訓者能夠在學習後回到工作職場，將所學的知識、技能及態度應用於本身的工作上，由於訓練投資持續地增加，在訓練成效出現前，訓練遷移必須明確加以重視，不幸的，據估計訓練後僅有 20% 有正向的反應於工作上。是故，教育訓練者應重視學習理論之啟發與應用，了解學員個別差異與需要，並依學員特殊需求而調整課程規劃與教學方法，提供學員學習的資源，讓員工個人成為樂於學習的快樂員工，將可形塑企業為學習型的組織。唯有透過不斷地學習、鼓勵、創新，組織方可不斷進步、卓越。

↘ 本章摘要

- 學習是一種經由練習、經驗與指導、訓練，使個體在行為上產生持久的改變。

- 學習原理可區分為三大派：行為主義學習論、認知學習論、人本主義學習論。

- 「最大化學習」乃指學習者與環境互相影響的雙重壓力下，在學習上讓學員獲得並發展最佳的技巧與知識，以改變行為的一種學習模式。

- 最大化學習之重點：改變受訓者的特徵、重視訓練的設計、運用訓練遷移。

- 「學習遷移」亦稱為訓練遷移，是指某一行為在一新情境中被加以重複的程度，若能適當地以個體原有的規約系統應用到新的事物中，而產生一種新的組合，即為「正向遷移」，若舊學習效果反而阻礙新學習，即為「負向遷移」。

- 影響學習遷移的因素：受訓者的特質、訓練方案的設計、工作環境的因素。

- 訓練者營造有助於成人學習的環境包括五大要件：參與、尊重、協力合作、省思與練習、授予能力。

- 現代成人學習於教育訓練上應用的策略包括：自我導向的學習、行動學習、體驗式的雙向互動教學方式、案例教學、角色扮演、管理遊戲。

- 學習理論對於人力資源的重要性與啓示：誘導員工個人目標與企業目標能趨於一致、重視學習遷移的效果、了解學員的個別差異、建立課程與教學的基本原則。

↘ 章後習題

一、選擇題

(　) 1. 學習原理可分三大派，何者為非？

(A) 認知學習論　(B) 人本主義學習論　(C) 發展學習論　(D) 行為主義學習論

(　) 2. 影響學習遷移的因素，何者為非？

(A) 受訓者的時間　(B) 受訓者的特質　(C) 工作環境的因素　(D) 訓練方案的設計

(　) 3. 最大化學習的重點，下列何者為非？

(A) 運用訓練遷移　(B) 重視訓練的設計　(C) 改變受訓者的特徵　(D) 改變訓練者的特徵

(　) 4. 適當地以個體原有的規約系統應用到新的事物中，產生一種新的組合稱為：

(A) 負向遷移　(B) 正向遷移　(C) 左向遷移　(D) 右向遷移

(　) 5. 訓練者營造有助於成人學習環境包括哪些要件？

(A) 省思與練習　(B) 參與　(C) 協力合作　(D) 以上皆是

(　) 6. 現代成人學習於教育訓練上應用的策略，何者為非？

(A) 管理遊戲　(B) 案例教學　(C) 行動學習　(D) 社會導向的學習

(　) 7. 「做與學」領域指的是哪一項應用於成人學習教育訓練的應用策略？

(A) 案例教學　(B) 角色扮演　(C) 行動學習　(D) 管理遊戲

(　) 8. 個別差異與情境差異的分類，何者為非？

(A) 個別學習者　(B) 時程學習　(C) 情境學習　(D) 主題學習

(　) 9. 成人學習應用策略於體驗式的雙向互動教學方式，何者說明正確？

(A) 單向　(B) 講師為中心　(C) 共用　(D) 被動

(　)10. 哪一項為成人學習於教育訓練上應用的策略？

(A) 角色扮演　(B) 進度導向的學習　(C) 單向學習　(D) 以上皆是

二、問題與討論

1. 何謂最大化學習？最大化學習的三大重點為何？
2. 試說明成人學習的特性為何？
3. 何謂「學習遷移」？並說明包含哪些類型？
4. 試說明影響學習遷移的因素為何？
5. 試說明有那些應用於成人學習的教育訓練策略？

↘ 參考文獻

一、中文部分

江增常（民102）。訓練品質系統對訓練績效之影響—以訓練遷移與學習動機為中介變項。國立臺北科技大學技術及職業教育研究所博士論文，未出版。

余純惠（民87）。論大學圖書館之館員發展。大學圖書館，2(2)，21-24。

李宜玲（民89）。訓練遷移。載於陳沁怡主編，訓練與發展（頁160-174）。臺北：雙葉。

李明芬（民91）。社會的創造力教育。學生輔導雙月刊，79，68-79。

林麗惠、蔡侑倫（民98）。培養高齡者閱讀習慣之探究。臺灣圖書館管理季刊，5(3)，31-37。

陳沁怡、林美倫（民92）。訓練發展的理論基礎。載於陳沁怡主編，訓練與發展，頁93-95。臺北：雙葉。

陳品華（民89）。從學習遷移觀點演變談技職教學新趨勢。教育資料與研究，36，34-39。

楊丹娜（民93）。自主‧行動‧體驗式。取自http://www.china.com.cn/chinese/zhuanti/xxsb/694565.htm

高文彬（民86）。從企業再生工程談圖書館的人力資源發展。大學圖書館，1(2)，69-94。

國立編譯館主編（民89）。教育大辭書（五）。臺北：文景書局，164-165。

張春興（民84）。教育心理學—三化取向的理論與實踐。臺北：東華。

張春興、林清山（民79）。教育心理學。臺北：東華。

張錦文（民94）。康布斯（Combs'）與馬斯洛（Maslow）的理論與應用。取自http://wenku.baidu.com/view/33413de9998fcc22bcd10d63

莊勝發（民96）。學習的定義與應用。

簡真玉譯（民91）。員工訓練與能力發展（Raymond A. Noe著）。臺北：五南。

蕭育珍（民101）。我國貿易推廣人員職前訓練之訓練遷移成效研究－以中華民國對外貿易發展協會為例。國立臺北科技大學技術及職業教育研究所碩士論文，未出版。

釋見咸（民85）。對成人教育的幾個基本思考（下）。取自http://www.gaya.org.tw/magazine/v1/2005/46/education2.htm

二、英文部分

Baldwin, T. T., & Ford, K. J. (1988). Transfer of training: a review and directions for future research. Personnel Psychology, 41, 63–105.

Broad, M. L., & Newstrom, J. (1992). Transfer of training: Action-packed strategies to ensure high payoff from training investments. New York: Addison Wesley.

Bruner, J. (1960). The process of education. Cambridge, Mass: Harvard University Press.

Cronbach, L. J. (1984). Essentials of psychological (4th ed.). NY: Harper& Row.

Chang, J. C., & Chiang, T. C. (2011). The effects of trainee characteristic on transfer of training in pre-training stage. The 2011 International Conference on Engineering Management and Service Sciences, August 12-14, 2011, in Wuhan, China.

Chiaburu, S. D., Sawyer, B. K., & Thoroughgood, N. C. (2010). Transferring more than learned in training: employees' and managers' (over) generalization of skills. International Journal of Selection and Assessment, 18(4), 380-393.

Desimone, R. L., Werner, J. M., & Harris, D. M. (2002). Human resource development (3rd ed.). Orlando: Harcourt, Inc.

Detterman, D. K. (1993). The case for the prosecution:Transfer as an epiphenomenon. In D. K. Detterman & R. J. Sternberg (Eds.), Transfer on trial: Intelligence, cognition, and instruction, 68-98. Norwood, NJ: Ablex.

Garavaglia, P. L. (1993). How to ensure transfer of training. Training & Development, 47(10), 63-68.

Holton, E. F., & Baldwin, T. T. (2003). Improving learning transfer in organizations. San Francisco: Jossey-bass.

Lamdin, L. & Fugate, M. (1997). Elder learner: New Frontier in an aging society. Phoenix, AZ: Oryx Press,

Lipow, A. G., & Carver, D. A. (1992). Staff development: A Practical Guide (2nd ed). Chicago: American Library Association, 89,1-3

Maestro. (2022). Malcolm Knowles's five assumptions of learners and why they matter. https://maestrolearning.com/blogs/malcolm-knowles-five-assumptions-of-learners-and-why-they-matter/

Peterson, R. E. (1982). Adult education and training in industrial countries. NY: Praeger Publishers.

Weiner, B. (1994). Integrating social and personal theory of achievement striving. Review of Educational Research, 64, 557-573.

Verma, S., Yamkovenko, W., Fishchuk, N., Nesterchuk, J., & Lozhinska, I. (2006). Learning transfer in an extension project in Ukraine. Spring, 13(1), 5-13.

Vos, A. D. & Soens, N. (2008). Protean attitude and career success: The mediating role of management. Journal of Vocational Behavior, 73, 449-456.

Wexley, N. K., & Lathman, G. P. (1981). Development and training human resource in organization. Glenview IL : Scott Foresman & Company.

It is more important to do the right things than to do things right.
做正確的事比把事情做對更重要。

Peter F. Drucker
彼得・杜拉克

資料來源：https://www.azquotes.com/quote/588035

Chapter 07

講師教學方法之探討

▌▌▌前言

　　在教育訓練中，除了擬定適切的訓練計畫以外，尚須透過講師的教學方能達成訓練的目標，而教學方法與技巧的運用是否妥善攸關教學成效。因此，教育訓練的執行者必須學習有效的教學技巧與教材製作的方法，以提供多元的教學方法激勵學員學習，建構有效學習情境，強化理論與實務演練，增進訓練效能及經驗傳承效果，以達到「即訓即用」的學習效果為最終目標。職是之故，本章先探究教學的意涵以及影響教學成效的重要因素，其次，介紹教育訓練時較常運用的教學方法，待第八章再詳加探討講師授課技巧，希冀由一完整且系統化的內容，協助企業提升教育訓練的成效，促進企業人力的發展。

第一節　教學之意涵

一、教學的意義

▤ 教學
講師依據學習的原理原則，運用適當的方法技術，刺激、指導和鼓勵學員自動學習，以達成教育目的的活動。

　　方炳林（民 86）指出，教學乃講師依據學習的原理原則，運用適當的方法技術，刺激、指導和鼓勵學員自動學習，以達成教育目的的活動（如圖 7-1）。

二、教學的特性

教學的特性：交互影響、多向溝通、共同參與、獨立自動。

　　一般而言，在完整的教學過程中，應具有以下四個特性：

1. 交互影響

　　教學是師生交互影響和交互作用的共同活動。

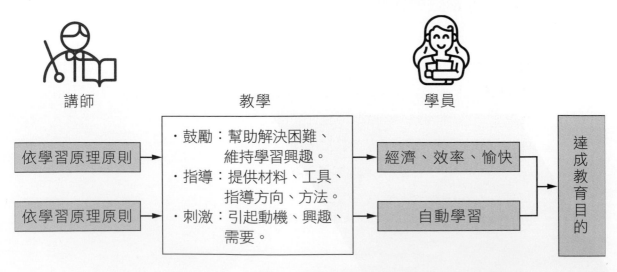

圖7-1‧教學的定義

資料來源：改自方炳林，民86，頁1-3。

2. 多向溝通

教學是意見的溝通，亦是情感交流的活動。許多問答、質疑的活動，以及回饋作用等便是雙向的交流。

3. 共同參與

學員應有積極的學習活動和機會，學習的效果愈高。成功的教學，是以學員參與學習的份量和擔負學習的責任為重要的衡量標準。

4. 獨立自動

教學不只是交互影響、多向溝通和共同參與，同時需具有獨立自動的特性。所謂「自動」，係指學員能獨立自主的自動自發學習。而此種獨立自主的學習，乃是為適應下列需求：

(1) 知識爆炸：不同領域的知識半衰期並不相同，平均而言，知識的半衰期約在五至七年左右。故教學者與學習者均須與時俱進，才能掌握現在、前瞻未來。

(2) 適應個別差異：每位學習者的動機、動能、起始行為均不相同，教學應能顧及每位學習者的差異。

(3) 民主要求：傳統的教學允許單向、填鴨的教條式教學，但在民主的世代中教學強調學習個人的主體意識，滿足民主權力的要求。

(4) 繼續學習：任何階段教學的結束代表下一階段學習的開始，教學者應刺激學習者即使離開工作崗位，他（她）都應能自主地繼續學習。

三、教學因素

教學是一種非常複雜的活動，包括了目標、課程、講師、學生、方法和環境等重要因素。從教學的觀點而言，講師實居於樞紐的地位，如圖 7-2 中以講師為中心。教學活動主要是以指導學員學習，以達成教育目標，所以講師到學員、講師到目標的二個主軸即表示為教學的主要活動（如圖中的粗線），除此之外，每一因素各有五條線與其他因素相連，表示彼此相關（方炳林，民 86）。實線代表相關較強，虛線代表相關稍弱。

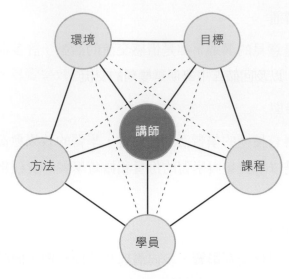

圖7-2・教學因素關係圖

資料來源：改自方炳林，民86，頁4。

四、教學模式

　　教學模式是指將教學的整個歷程做系統的處理；舉凡影響教學成果的所有因素，都包括在模式之內（張文哲譯，民 110）。一般教學模式亦稱為基本教學模式，係由 Glaser（1962）所提，其模式如下圖 7-3 所示：

圖7-3・一般教學模式

資料來源：Glaser, R.（1962）。

　　圖 7-3 中包括四個部分，循箭頭次序前進先設立教學目標 (A) 以及了解學員的起始行為 (B)，並調整或切割教學目標；確立教學目標後，即進行教學活動 (C)，實施教學後，即進行成效之追蹤與評鑑 (D)，圖下方的虛線箭頭表回饋迴路（feedback loops），表示在教學評鑑之後所作的種種改進。茲分別說明此四部分：

(一) 教學目標

在目標選擇方面，主要根據於：(1) 學習之前學生能做些什麼；(2) 學習之後學生應該能做些什麼；以及 (3) 可用的教學資料。在目標的明確方面，則以行為目標最為明確，而且最好具有 Mager（1975）建議的三要素：可觀察的行為、表現目的行為的情境，以及藉以評量成功程度的標準。

(二) 起始行為

起始行為（entry behavior）是指在教學開始以前學員的狀況，而從行為的觀點予以了解和敘述。其中包括學員已經具有的學習、智慧、能力和動機等，以作為決定教學實施的參考和依據。如果用通俗的說法，便是教學前的預估（pre-assessment）用於了解學員教學開始前的學習狀況。如同我們報名參加語文補習班，在上課前所舉辦的分班測驗一樣。雖然模式中是教學目標先於起始行為，但事實上，從反饋迴路的關係中，可知二者是可以交互變換的。

(三) 教學活動

教學活動（instructional procedures）是講師教學的主要部分，根據教學目標和學員的起始行為，講師可以選擇合適的教材，運用各種方法，指導學員作有效的學習。

(四) 教學評鑑

教學評鑑係根據教學目標而來，可以使用不同的方法實施。無論是什麼樣的學習，評鑑的主要條件或者標準即是「精熟」（mastery）。如果評鑑的結果，沒有達到精熟的地步，就表示目標沒有達成，或者教學失敗和無效，其中可能是學員的起始行為不足、缺乏有效的刺激、指導與鼓勵，亦可能是教學目標不合適。因此，就必須回饋到教學目標、起始行為或教學程序三者中作必要的改變；若達到精熟，方可進行下一單元或下一階段的學習。

📑 **精熟**
係指能力本位教育中所強調的評鑑水準。一般而言，學習者需熟悉學習的內容至少達85%，方可進行下一單元或階段學習。當然，若訓練要求更為嚴格，亦可提高評鑑的門檻到100%、甚至過度學習，讓學習者對學習的內容達到爐火純青、創新求變的境界。

第二節 教學方法與教學模式

教學方法包括了教學設計與教學科技，這些都與課程主題、教學目標、教材內容及教學輔助設備器材相互呼應。例如：電腦軟體課程最終目標是要讓學員能夠靈活使用該項軟體。此時的教材內容必然會有許多電腦執行的過程，其結果報表透過視窗出現；教學方法就要把實作的比重增加，而每人一部電腦則是不可少的訓練器材。

美國訓練發展學協會的專家 McArdle（2007）在他的著作 *Training Design and Delivery* 一書中，曾把理論課程與技能課程的教學方法分為理論課程模式（theory session model）與技能課程模式（skill session model）兩種模式。由於許多資深講師對這兩種模式已經有實作的經驗，所以目前多將把這兩種模式合而為一，並另增多種常用的教學方法交替使用（如圖 7-4 所示）。

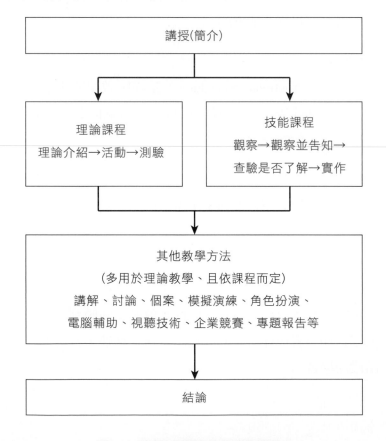

圖7-4・因應不同課程屬性的教學模式

資料來源：整理自McArdle, G. E. H.（2007）. Trainging design and delivery（2nd ed）. VA.: Alexandria, ASTD, p.153 & p.155.

近年來，也有學者認為採用 PESOS 模式特別適合於實作技能的學習情境。PESOS 的五步驟指導學員學習，即準備（preparation）、解釋（explanation）、演示（show）、觀察（observation）、監督與支持（supervise & support）（Hawkes, 2015）。講師與學員在課前先預作準備，講師解釋教學內容，並示範給學員看，接著讓學員自行操作與演練，講師在一旁觀察，並適時給予指導與支持。

一位優秀的講師不會只是單方面提供知識給學員，而是應該像教練一樣，適時提出問題，幫助學員消除心中的障礙，才能把學員從現在的位置帶到他想去的地方，讓學員在工作上重回正軌，發揮最大效益（Farshad, 2020）。大多數公司擅長「培訓」他們的員工，但不擅長「培養」他們。培訓通常是理論性和戰術性的，而培養人才則更多地採用持續的、互動的方法，也不僅在課堂上或在特定的領域中進行。PESOS 是眾多教學方法之一，並非唯一，但在執行的過程中，頗像教練一般，值得我們參考。

PESOS 代表準備、解釋、演示、觀察和監督。即使跳過一個步驟也會破壞整個過程。因此，遵循以下每個步驟是非常重要的 (Farshad, 2020)：

1. 準備：

   準備好自己和所有必要的材料，讓您的學員放心。陳述目標並指出好處。就受訓者的期望進行對話，討論所有可能的場景，並消除他們可能有的任何顧慮。

2. 解釋：

   在這裡您可以解釋計畫和過程的內容、原因、方式和時間，並設定期望。

3. 演示：

   呈現您的整個文稿並進行實際演示。鉅細靡遺地演示你是如何完成整個工作的，完全按照您平時的方式進行角色扮演，並使用所有材料和技能，就像您的受訓者應該使用它們的方式一樣。同時，樹立高標準的評量，將產生更多的成效。

4. 觀察：

現在讓受訓者進行演示或自己完成任務。觀察、補充、指導並提供回饋。提供回饋至關重要，這樣受訓者才能了解他們需要改變或改進的地方。

5. 監督：

如果沒有監督，學習遷移將不會發生。一致的監督可以建立信譽，並表明您關心員工能否成功。如果大多數員工知道您要檢查他們的「家庭作業」，他們就會進步。此一步驟可以顯示您認為培訓很重要。

透過「培養」員工而不是僅僅「培訓」他們，因為您正在培養新的領導者，他們現在擁有的才能和技能可以最大限度地發揮企業與他們的真正潛力。

第三節 教學設計與教學科技

教學設計
針對特定課程主體即參加對象，在課程結構、內容與教學方法等在課程開始前所做的設計與準備。

教學科技
針對教學實施時所使用的技術、方法、設備等。

「教學設計」（instructional design）是針對特定課程主體即參加對象，在課程結構、內容與教學方法等在課程開始前所做的設計與準備；而「教學科技」（instructional technology）則針對教學實施時所使用的技術、方法、設備等。如近年來流行的翻轉教室（flipped classroom）、線上學習（e-Learning）都是教學科技的應用。此二者的優劣程度在教學方法上均扮演相當關鍵的角色，必須在教學過程中妥善規劃。

以「翻轉教室」為例。顧名思義，翻轉教室的核心概念即是將教學模式「翻轉」，將傳統中「講師在課堂中教授課程內容，學員在課後討論、練習，並完成作業」的授課模式，翻轉成為「學員在課前觀看講師預先錄製的課程內容，然後到課堂上進行討論、練習，並完成作業」的上課方式。

從前述的概念而言，翻轉教室類似要學員先進行「課前預習」的概念，但是一般在缺乏指引的狀況下，預習的效果難料。同時，在上課時，由於講師面對全體學員，難以因應每一位學員的學習需求，重

複講授學習內涵，因之無法確保每一位學員均能達到學習目標。但在翻轉教室的模式下，學員的課前預習等同是在講師的教學下進行，在實體課堂中時，講師即得以有充裕的時間，回應學員的個別需求，學員也可視自己的學習特質，反覆觀看教學影帶，以達到精熟的學習。Bishop及 Verleger（2013）認為，翻轉教室應包含兩個元素，一為在教室中的互動式團體學習活動（interactive group learning activities inside the classroom），另一為在教室之外以電腦為基礎的個別式教學活動（direct computer-based individual instruction outside the classroom）。因此，翻轉教室可與各類以學員為中心之建構取向教學策略結合應用，如問題導向式學習、行動導向式學習、探究式學習、合作學習、同儕學習等。

根據對美國 453 位教師實施翻轉教室後的研究結果顯示，翻轉教室的教學成效顯著，有 88% 的受訪教師提高了教學工作的滿意度，67% 的教師認為學生的學習成績有所進步，80% 的教師認為學生的學習態度明顯改善，更有 99% 的教師表示將繼續使用翻轉教室做為教學模式（ClassroomWindow, 2012）。翻轉教學縱然有上述的益處，但教學準備的完整性、學員的學習動機與學習載具的易取性，則是翻轉教室的關鍵成功因素。

第四節 教學方法之類型

茲歸納許多專家學者之看法，將一般企業教育訓練常用之教學法分述介紹如下：

一、討論法

(一) 討論法之意涵與步驟

討論法是一種有組織、有目的的對話，由團體中的每一成員共同參與活動，利用討論的方式，講師與學員共同針對某一主題進行探討，以尋求答案或能為團體中大多數成員所接受的意見。在討論過程中，鼓勵學員勇於發言，不同立場的意見都可被討論，因此，爭論的現象不可避免。這種活動對學員而言，是一種較富刺激、有趣和創造性的學習經驗以達成教育訓練的目標。

> **討論法**
> 是一種有組織、有目的的對話，由團體中的每一成員共同參與活動，利用討論的方式，講師與學員共同針對某一主題進行探討，以尋求答案或能為團體中大多數成員所接受的意見。

根據學者的研究，討論法如果能適當地運用，將有助於某些特定教學目標的達成，如人格的發展及社會適應方面。歐立奇等人（Orlich et al., 1985）認為討論法的主要功用可歸納為：

1. 有助於學員對課程內容的更深入了解。
2. 增進學員對於該科目的學習動機。
3. 使學員更投入於該科目的學習。
4. 使學員養成對該科目的積極學習態度。
5. 發展學員與該科目內容有關的解決問題的能力。
6. 使學員有機會應用所學的概念及知識到實際的問題上。

除了上述各項功用外，討論法可視為培養學員有效思考能力的工具，討論法的功能不僅與知識的獲得、技能的訓練和態度的養成有關，討論也有助於學員觀念的溝通、價值的澄清及問題的解決（Gall, 1987; Clark & Starr, 1986）。

討論法大致可分為實際問題和理論問題的討論，無論是哪一種的討論，均包括下列的各種步驟：

1. 證實和區別問題

   討論的問題不管是屬於實際的或理論的，都可經由討論的過程，在一種生動的、有意義的和有趣味的方式之下，使參加人員相互交換事實、意見和觀點，以求區分問題的性質和證明問題的正確性，並可藉著辯論和詰問，培養在討論時應有之正當的態度。

2. 蒐集資料和分享經驗

   在討論之前，每人均須充分準備並蒐集資料；在討論之中，可分享他人不同的資料和不同的經驗，使個人的知識領域逐漸擴大，逐漸開展個人的經驗範圍。

3. 構成假設

   在討論的過程中，由共同的意見歸納出解決某一問題的觀點及建議。

4. 證實假設

　　在討論中，將實驗的結果提出報告，再經討論的過程，認為正確無誤，假設方得證實。

5. 解釋資料及獲致結論

　　課程上的討論，也常用資料或知識予以輔助，這些原始資料大多來自教科書、小冊子、曲線圖及統計報表中，若需根據它們做成判斷或導出結論，則學員們應加以整理、分析、詮釋、比較和研判，然後再提出討論，方能導致結論的成立。

　　總之，在使用討論教學的技術時，講師若能事前做充分的準備與規劃，如討論主題、內容、形式、規則，不只學員能在有限的單元時間中獲得具體的知能、價值，更能因為適當的互動、氣氛而引發更佳的社會適應。

(二) 討論法之模式

　　在教育訓練的歷程中，討論方式的教學可以說是最能表現出講師雙向互動的教學功能，常使用的討論模式有腦力激盪法、菲立普六六法、小組討論、辯論法、任務小組和角色扮演等六種；前二種模式重視學習活動與技巧的養成，較適合教育訓練採用，本文擬對此三種模式詳細探討。

▶ 腦力激盪法

　　腦力激盪法（brain storming, BS），係由美國 Osborn 博士在 1938 年所提出，其主要目的是透過一種不受限制的過程，來蒐集眾人的意見，進而發展出許多構想或特定主題的可行途徑，也是一種最簡單、有效的創造思考技巧。一般言之，運用腦力激盪時，人數不宜太多，人多會造成互動不良，通常約 5 至 13 人左右比較適合。在訓練教學中，可採分組方式，必要時，也可邀請該訓練班級以外的人士參與，以轉變班上原有的氣氛。

▤ 腦力激盪法
透過一種不受限制的過程，來蒐集眾人的意見，進而發展出許多構想或特定主題的可行途徑，也是一種最簡單、有效的創造思考技巧。

　　採用腦力激盪法的教學目標主要是在激發學員的創造思考能力或激發出各種新穎奇特的觀念。王財印、吳百祿、周新富（民 108）認爲採行腦力激盪法的五個重要原則如下：

1. 所有的觀念（除非是明顯的開玩笑）都應被尊重。
2. 對於每個意見不加任何批評。
3. 每個人都可以根據別人的意見來表示自己之看法。
4. 鼓勵那些未表示意見者提出看法。
5. 重量而不重質，提出的觀念愈多愈好。

　　在經過所有成員腦力激盪後所獲得的觀念或意見應該在另一個活動時段中加以討論，以評估其意義及效用。這種評估不應對學員構成批評或威脅，時間也不可過長。評估可以用公開及私下進行的方式爲之。總之，腦力激盪法的主要特色之一是要求每個學員貢獻其意見，而不是在評估其意見之好壞或價值。其次，採用此種方法所獲得的意見是屬於小組而不屬於某一個人。

　　王財印等人（民 108）則認爲，使用「腦力激盪」方式進行教學時，可依序做以下之安排：

1. 選擇問題：選擇的問題，要具有爭議性，且涵蓋的範圍不要太大，以一般學員所熟知、簡單、易談的問題爲考量。
2. 說明問題：若所提的問題較具專業性時，講師應略加說明和分析，以利討論活動的後續進行。
3. 說明討論的規則：意見、想法、觀念越多越好，不予設限；對別人提出的意見，請勿批判；可將別人觀念、想法加以融合，並提出更具創造的想法。
4. 激發團體討論的氣氛：在實施討論教學時，可讓學員相互推舉一位主持人，而由講師從旁協助激發思考，營造一種溫和、和諧的情境，才有利於表達意見。
5. 分組討論：各小組分開舉行討論時，可利用下列幾個方式激盪討論如：(1)改編：將原狀加以改變；(2)修改：將原物、原事改成不同的形狀、型態；(3)加大：增加後會產生何種效果；(4)縮小：如把原物件、型態刪掉一半或更多；(5)代替：不用此法，

是否可用他法取代；(6)聯合：是否可以將數種方法合併使用；(7)變形：外型做改變或其他方式改變；(8)反轉：是否可以做逆向思考；(9)其他方式：本方法或本方式是否可挪至其他情境、對象使用。

6. 記錄討論要點：指定一位學員擔任記錄，將本小組各成員提出的意見加以彙整、記錄，俾供評估及共同決定的參考。

7. 共同評估且提出結論：小組各成員所提出之觀點、意見，不管恰當與否，均悉數予以記載，當意見甚多時，主席可經由同儕間再三地充分交換意見與聚焦，找出本小組認為可行、合理的方案，作為本小組的共同意見。在做選擇評估時以下的原則可供參酌此意見能否產生預期效果？是否有創意？是否有助於解決困難？作法是否符合法令、社會規範？能否配合課程目標？需費時多久？提出時機是否恰當？本方案或措施之可行性如何？人力、經費之投入及產生效益比？實施程序是否簡單易行？

若全班或分組實施腦力激盪法，而學員都不願意發表時，講師可考慮採用以下幾個方式進行教學：

1. 先停止再繼續：先讓學員思考二至五分鐘，醞釀思考，才再開始腦力激盪。

2. 一個接一個：先指定一位學員提出構想，再傳給其他學員。

3. 分組比賽：將全班分成數排、數個小組，刺激各組儘量提出創見，再共同評估。

4. 分組討論：可利用下列介紹的菲立普六六法，展開討論，各組提出創見後，再共同加以評估。

▶ 菲立普六六法

此小組討論法是由美國密西根州立大學的菲立普（Phillips）所倡行，其特色是能很快地成立討論小組，並且不需要給學員討論前的準備。學員也不必熟練團體討論的技巧，因此，對於剛形成的團體要進行分組討論時極適宜。尤其在學員間完全陌生的情況實施最具效果。對於概念的形成或引導學員對新教材的學習上，最能引發好奇心與興趣。

菲立普六六法實施的步
驟：
1. 先將每六位學員分為
   一小組。
2. 一分鐘內，各小組互
   推一位學員擔任主
   席。
3. 講師在一分鐘內提示
   討論主題或問題。
4. 各小組在六分鐘內提
   出解決問題方案。
5. 各組推派一位代表提
   出該小組解決方案。
6. 講師予以統合歸納，
   並對各組所進行之討
   論情形評估其優、缺
   點。

菲立普六六法實施的步驟如下：

1. 先將每六位學員分為一小組。

2. 一分鐘內，各小組互推一位學員擔任主席。

3. 講師在一分鐘內提示討論主題或問題。

4. 各小組在六分鐘內提出解決問題方案。

5. 各組推派一位代表提出該小組解決方案。

6. 講師予以統合歸納，並對各組所進行之討論情形評估其優、缺點。

菲立普六六法的座次安排方式有下列五種（Orlich,1985），如圖 7-5 所示：

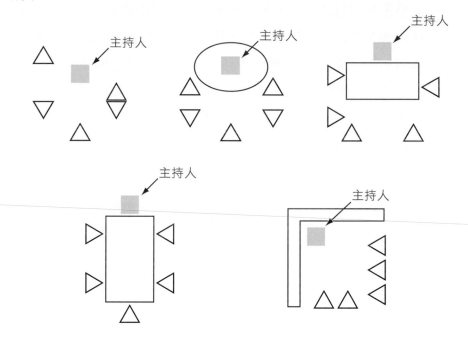

圖7-5‧菲立普六六法的座次安排

資料來源：蘇國楨，民90，頁221。

▶ 小組討論法

小組討論法
由對課題具有專門知識
或代表性見解的人，組
成許多小組，在主持人
的引導下進行討論。

小組討論法係由對課題具有專門知識或代表性見解的人，組成許多小組，在主持人的引導下進行討論。參加人員可向小組成員提出問題，並尋求其解答之學習方法。其組成成員以 3 至 6 六人為宜，而受訓者則可達 100 至 200 人來實施。本討論法因受訓者人數較多，對課題知識及

技能經驗水準的差距可能很大。因此在準備階段時，應先發予學員更詳細的基礎知識及相關之參考資料，以提升受訓者之知識水準。其餘各項與一般討論法大致相同。

近年來，有「世界咖啡館」的提出，也是屬於小組討論法。這是一套很有彈性的實用討論流程，可以帶動同步對話、分享共同知識，並且有效地在對話中為焦點議題創造新的意義以及各種可能，甚至找到新的行動契機。通常把成員分散在 3-6 桌，每桌一個議題，每桌以 3-8 人為宜，每一桌的成員在簡單的自我介紹後，各選出一位桌長及紀錄，討論一定時間後，桌長保持不動，其他組員移動至各桌，由另一桌的桌長介紹前一輪的結論，並以此為基礎進行更深入的討論，以此種方式進行數回合後，參與者回到原本的咖啡桌，觀看大家智慧分享的內容，並整理出討論重點。最後，由桌長報告重點結論。

(三) 影響討論成效的因素

影響討論成效的因素可歸納為討論前的準備、討論的執行以及討論的結果等三方面，茲說明如下：

1. 討論前的準備：時間安排要充裕；討論程序要規劃妥當；討論場所應適宜；學員對資料蒐集應充實；教室氣氛宜開放且自由；討論的主題和目的應明確；講師應具班級管理技巧；班級人數不要過多。討論的成員對所欲討論的課題應有所了解，否則討論不易進行，在討論前掌握相關的資訊，將有助於討論的品質。

2. 討論的執行：主席或小組長人選要適當；學員應有充分表達的機會，意見愈多愈好；注意學員在討論中是否達到經驗分享；培養學員傾聽他人意見的態度和尊重別人；意見的修正應達到團體滿意程度；爭端和歧見的問題是否已解決。

3. 討論的結束：講師應將學員發表的意見做重點歸納；未能充分討論的要點，講師可扼要說明；講師應對討論情形提出評論，且作為下次改進之參考。

二、講述教學法

　　講述教學法是針對其一主題,作有組織、有系統的口頭講解,具有方便、經濟、省時之價值。但屬於單向式的教學,故不易引起學員的學習興趣。此外,在學習的過程中學員所接觸到的刺激與變化較少,學員不易集中注意為其缺點。一般而言,講述教學法適合於系統知識的教學,特別是知識結構越嚴密,體系越完備者。

　　在教學過程當中,講述教學法依教學階段的不同,講師所須注意的工作重點亦有差異:

1. 準備階段:確定明確的教學目標;蒐集訓練課程相關資料;擬訂講述大綱;認識參訓的學員。
2. 實施階段:引起學員學習動機;提示課程的重點綱要與內容綜述要點。而在教學進行的過程中,講師宜有系統的簡明敘述,多用實例解說;適當發問,激發學員思考,並建立雙向溝通;多利用教學媒體;多利用講話技巧如:發音正確、音量適度、音量適中、速度適宜、用詞適當等;鼓勵學員作筆記。
3. 評量階段:採多元評量的方法,了解學員的學習情形,作為改進教學的參考,且提供學員自我演練與自我導向學習的機會。

三、工作教導法

　　工作教導法係督導人員在工作崗位上,有系統、有結構的教導部屬工作上所需知識與技能的教學方法。此種方法始於第二次世界大戰時,美國對督導人員三種訓練項目中的其中一項(工作教導、工作方法,和工作關係)。此訓練方式強調手腦並用,將知識或技能傳授給他人,為既簡單又有效的訓練方法。工作教導法的三個基本特性:(1)依個別的進度來實施;(2)與工作有關的知識或技能;(3)以學員為中心。一般而言,工作教學法主要適用於操作性工作,教學的對象包括由於職務更動、升遷、工作方法或標準的更新等,在職人員或與新進人員的訓練等。

一個成功的工作教學法應具備下述之條件：

1. 獲得高階管理階層的支援。
2. 決定適當的訓練對象。
3. 根據工作分析，來訂定訓練功能。
4. 訂定行為目標為導向的教學目標。
5. 設定技能精通的標準。
6. 其他教學方法的配合，如講授法、個案教學法、模擬法等。

除了具備良好外在條件配合的教學方法外，在工作教學法上，一位稱職的教導者所需具備的條件包括下列五種：

1. 具備勝任的工作知識與技能。
2. 熟悉有關職責和權限的知識。
3. 具有領導的能力。
4. 具有教導的能力。
5. 具有改進工作效率的能力。

工作教導法較其他方法仰賴教導者的專業，因此於採用工作教導法時，針對教導者的選擇，所應注意的要點如下：

【高鐵教育訓練】
https://youtu.
be/2ch9MtZMzlw

1. 教導者的工作應有保障，不要輕易更動已安排的工作時間。
2. 教導者是否有從事指導工作的意願。
3. 注意教導者與學習者間是否能有效的溝通，其中牽涉到的因素包括語言、年齡、性別、背景等。
4. 教導者切勿有學習者可分擔自己部分的工作，或把教導工作當成是給自己一次度假機會的錯誤認知。
5. 教導者在學員完全學會前，應能緊密的隨時督導，以免發生意外事故。
6. 教導者與學員互動之中應相互坦誠，能不保留地熱心教導。

在教學過程當中，工作教學法依教學階段的不同，所須注意的工作重點亦有差異：

(一) 準備階段

工作教學法的準備階段可分為以下四個步驟（表 7-1）

表7-1 · 工作教學法準備步驟

步驟	說明
1.擬定時間進度表	(1)訓練對象：調查哪些人需接受訓練。 (2)訓練內容：進行工作分析、選擇工作任務、決定那些知識與技能必須藉由其他訓練方法來達成。訓練內容選取的標準則包括有危險性的操作、使用昂貴或精密設備的工作、操作複雜，和經常需要操作的工作等。 (3)訓練時間：依照受訓對象及任務訂定訓練時間表和訓練記錄表。
2.任務分析	(1)透過工作分析，決定訓練內容後，列出每一任務的主要步驟。 (2)分析每一步驟的要點，內容包括決定、指示、安全事項。
3.事前準備	事前的工作準備：如準備儀器、設備、工具、材料等。
4.安排場所	安排適當的工作場所，依學習者將從事的工作來布置。

(二) 實施階段

首先掌握學習者心理準備的情況，如在輕鬆愉快的氣氛中，引起學員的注意力；簡要說明工作內容，減低學員的疑慮。了解學習者已具備的知識或技能；引發學員的學習興趣；安排學員適當的學習位置。

而在工作的說明與示範上，能清楚地說明並示範每一個主要的步驟；強調工作學習的重點；遇有複雜繁瑣的動作時，能分階段示範；示範時，可配合半成品或剖面體之教具。

於實習試作時，能讓學員親自操作，培養學員具備邊做邊說明步驟的能力；讓學員能說出今日實作的要點。鼓勵學員繼續練習，有問題可發問，直至完全學會為止。

最後於追蹤考核方面，在開始實際工作後，可指定代理督導工作者，如小組長協助講師平日督導的工作；另經常考核學員的工作績效；鼓勵學員於實際工作中繼續發問；待學員逐漸進入狀況後，則可逐步減少督導的次數。

(三) 評量階段

此階段包含教導員自我評量、學員對教導員的評量與學員演練三個部分，在教導員自我評量方面，在準備與教導時，是否準備充分，是否依預定的步驟進行；在學員對教導員的評量方面，如學員對教導員的教

學內容、方法、態度、設備、環境等的評量。最後提供學員自我演練學習的機會並模擬實際評量的內容。

四、示範教學法

示範教學法乃講師示範一套程式或一連串動作，使學員了解教學上的現象或原理，是一種視覺重於聽覺的教學方法，特別適用於技能方面的學習。王財印等人（民108）指出，在技能學習的心理歷程當中，可分為認知期、定位期、自動期三個階段；於認知期階段，乃屬學習的初期，因此，示範時間的長短則依技能的複雜程度而定，並以學員是否了解所學技能的性質、要點、步驟、安全事項等為此階段的學習重點；於定位期階段，學員動作上的熟練度因練習而趨於固定；於自動期階段，技能的訓練已到得心應手，迅速且精確的程度。示範教學法若能搭配學員的練習，其學習效果將更加顯著。

> 示範教學法
> 講師示範一套程式或一連串動作，使學員了解教學上的現象或原理，是一種視覺重於聽覺的教學方法，適用於技能方面的學習。

在教學過程當中，示範教學法依教學階段的不同，所須注意的工作重點亦有差異：

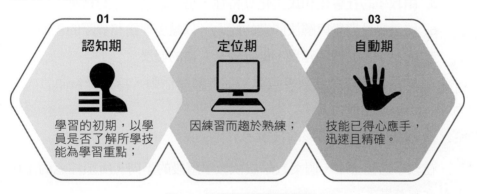

圖7-6．技能學習心理三階段

(一) 準備階段

講師須確定示範教學的項目；編寫教學大綱；準備教材、教具、工具和設備與事先演練等。

(二) 實施階段

安排學員位置；講解課程內容的相關知識；示範操作與發問；加強學員的練習。

(三) 評量階段

對學員所學技能予以考評並檢討，且提供學員自我學習的機會。

五、個案教學法

個案教學法係以「個案」做爲教材的一種教學方法。其目的在培養學員解決問題的能力，以增進學員的知能和培養良好的態度。個案教學法具有重視事實、重視應用、重視思考三大特徵，主要用來解決問題與擬定決策之用，適用於發展管理與督導能力、促進人際關係的技巧與培養技術和維修的能力等教學上。而講師於教學活動中通常扮演著學習活動中的指導者、學員學習的楷模、求知者和創造者、權威者和仲裁者、演員和作業員與評量者等角色。

一般而言，個案教學法於教學過程中，所具備的優點如下：

1. 刺激學員的思考能力，啓發其心智。
2. 引發學員學習興趣，促進學習活動。
3. 培養學員主動研究與充分參與的精神。
4. 可從直接經驗中，歸納出學習的原理原則。
5. 由教學的社會化和民主化等特性，培養學員合作的精神。
6. 培養學員發覺與解決問題的能力，以減少理論和實際的差距。
7. 適應學員的個別差異，促進健全人格的發展。
8. 利用各種教具、社會資源、促進教學活動，培養學員語言、文字的表達能力。
9. 改進學習成績考核的技術。

在教學過程當中，個案教學法依教學階段的不同，所須注意的工作重點亦有差異：

(一) 準備階段

在講師的準備方面，可依據個案的準備、蒐集或編製個案。而編訂個案的標準上，則以從實際的事實中，蒐集第一手的資料；較具代表性、有組織的資料；能明確敘述個案中的主要人物（最好匿名）與人際關係；可顯示改變的結果等等方面著手。在個案呈現的方式上，通常使用文字書寫、錄影、錄音，或角色扮演等方式進行。

個案教學法尤重個案編寫的內容與可展現的成效，因此個案編寫的方式，有下述必須注意的要領：

1. 個案的內容可明述事實的經過及有待解決的問題，以供學員發掘、研究、分析並提出解決的對策，而講師則不提供解決問題的答案。

2. 個案可分成二部分，第一部分是描述事實的經過，而後附有若干有關未來發展的問題需要學員加以預測。第二部分則是提供第一部分所列各問題的答案，以供學員參考。

個案教學法在決定討論方式上可分爲三種類型：

1. 自由式的討論：講師不參與或極少參與，讓學員自由討論。

2. 指導式的討論：講師事先有解決方案，討論時引導學員朝向預定的答案。

3. 混合式的討論：先自由討論，必要時再引導學員達到預定的答案。

此外，在學員準備方面，學員可依據下列個案分析步驟，撰寫個案分析報告：(1) 快速閱讀整個個案；(2) 簡潔地摘述個案的事實；(3) 認清問題；(4) 建立各種不同的解決方案；(5) 評估各種不同的解決方案；(6) 選擇最佳的解決方案。

(二) 實施階段

個案教學法在實施階段可分爲以下四個步驟：

1. 分組：每組人數以5至7人爲限，並推選一人爲主席。

2. 小組討論：組員充分發表意見，並提出解決問題的初步方案。

3. 團體討論：各小組報告後，再經由團體討論，擬訂一套具體可行的解決問題的方案。

4. 結論及講師講評：當個案經過熱烈討論後，講師應針對個案的問題做結論，提出批判及改進意見。

在此階段中，講師的主要任務在指導學員進行探討事實、尋找問題、提出方案、獲得結論等四項工作。

(三) 評量階段

此一階段則著重於學員對講師的評鑑、講師自我評鑑、各組提出個案研究報告與學員演練。

六、角色扮演法

角色扮演法著重設計或模擬各種眞實的生活情境，由學員扮演情境中的角色，藉以學習行業職位的功能及其人際關係，同時尋求問題的解決方法。角色扮演法的啓發性甚大，適用於各種不同領域的教學活動，主要探討人際關係中的情感、態度和價值問題，並謀求問題的解決之道。

在教學過程當中，角色扮演法依教學階段的不同，所須注意的工作重點亦有差異：

(一) 準備階段

講師須事先了解學員過去知識及技能、經驗背景；訂定討論題綱及方向；安排討論時間及場地與蒐集相關資料。

(二) 實施階段

講師須遵守教學活動開始與終了時間；在教學的過程當中，能溫和表達己見，虛心聽取他見；於陳述意見時應直率但不隨意批評；於討論時，除應有建設性的討論，討論時間儘量充裕外，注意勿獨占討論時間，且不偏離課題。

(三) 評量階段

從學員參與討論之情形，以及學員對討論課題所提之結論，評量學員學習之狀況，作爲改進再訓練之參考。

七、定型性討論法

定型性討論法係將有關課題的知識及技能經驗，以統一的、有系統地傳授予預定受訓者時所採用的方法。其最大的優點乃是給予受訓者約略同一水準的知識及技能經驗。不管在何時，何地實施訓練，定型性討論法除了訓練對象以組長、股長或班長、領班（某部門第一線督導人員）為主，與其他討論法較有界定外，其餘如性質、實施階段、評量階段的步驟及方式大致與其他討論法相同。

八、參觀法

體驗學習法又分為參觀法及實習法二類，而實習法與本節中有關工作教導法相似，不再詳述。僅就參觀法說明如下：

「參觀法」（field trips）係走出訓練場所及教室，實地觀察學習的對象，或與參觀之對象交換意見，以提高工作體驗的學習效果。參觀法強調走出訓練場所及教室，在心情較為輕鬆的情況下，對未來工作較易進入狀況，進而有較多樣化的學習，則為其優點；但仍有學習效果較不易評量的缺點存在。一般而言，任何受訓對象均可採用此法學習。

在教學過程當中，參觀法依教學階段的不同，所須注意的工作重點亦有差異：

(一) 準備階段

選擇合乎訓練目的之參觀對象；對參觀場所及對象事先說明，使參觀者先有問題意識；其他連絡、協調及行政支援；參觀時應注意事項之宣佈。

(二) 實施階段

參觀日期及時間之安排及執行；參觀時受訓人員秩序之保持；相關資料之蒐集；發函致謝等。

(三) 評量階段

參觀後之綜合討論；受訓人員參觀後報告書之寫作。

九、心智圖法

心智圖法（mind mapping）源自於英國腦神經大師 Tony Buzan，該方法協助員工強化個人的聯想力、注意力和記憶力，甚至還能成為絕佳的溝通手法，瞬間拉近人與人之間的距離。藉此方法也可以培養員工具備系統思考與想像的能力。

參觀法
走出訓練場所及教室，實地觀察學習的對象，或與參觀之對象交換意見，以提高工作體驗的學習效果。

心智圖法
主要採用圖誌式的概念，以線條、圖形、符號、顏色、文字、數字等各樣方式，將意念和訊息快速地以上述各種方式摘要下來，成為一幅心智圖。

(一) 心智圖法的基本概念

心智繪圖是英國 Tony Buzan 在 1970 年代依據大腦的特質，結合了心理學、神經生理學、語言學、資訊管理、記憶技巧、理解力與創造思考等多種知識，經過多年研究與實務經驗後，所發明的一種嶄新的思考模式與技巧。

以概念構圖（concept mapping）為其構成元素，運用文字、顏色、圖案、圖像思考相結合的技巧，強調全腦模式的思考策略，具有結構化放射性思考模式的優點，由此可看出，心智繪圖建構過程以接近人腦思維方式進行知識的再組歷程（王春苹，民 96）。此法主要採用圖誌式的概念，以線條、圖形、符號、顏色、文字、數字等各樣方式，將意念和訊息快速地以上述各種方式摘要下來，成為一幅心智圖（mind map）。結構上，具備開放性及系統性的特點，讓使用者能自由的反應，從而得以發揮全腦思考的多元化功能（羅玲妃譯，民 86）。在聯想方面，我們常會以「三大聯想律」來思考，也就是在空間上或時間上的接近、對比和類似的觀念的聯繫，有接近律、對比律和類似律。

1. 接近律：在時間或空間上接近的事物容易發生聯想。例如：火柴和香煙。

2. 對比律：在性質或特點上相反的事物容易發生聯想。例如：白天與黑夜。

3. 類似律：在形貌和內涵上相似的事物容易發生聯想。例如：雞蛋與鴨蛋。

(二) 準備及施行階段

心智圖法係透過一張紙，一條條自由揮灑、彎曲的線條，幫助人們激盪腦力，增強聯想力、注意力和記憶力。不管任何主題，先寫進中央的圈圈，接著從右上角開始，畫出最主要的序念（大分支），序念又化小序念（小分支），就像樹枝分岔一樣，一路延伸而去（吳相，民 96）。其具體的實施步驟如下：

1. 準備一張完全空白、品質較佳的白紙A3或A4。

2. 將紙張橫式平放。

3. 從中央開始進行。

4. 主題用彩色圖形來表達，必須圖文並茂，最好三種顏色以上。

5. 由中央往四周擴散，線條由粗到細，需用正楷字書寫，字或詞與圖像的長度相等，線條彼此要相連接。

6. 將主題內的大綱延伸到分支上。

7. 將大綱往外再延伸次要的章節，從主分支所衍生而來的關鍵字或圖像，加上第二層的想法，線條必須正確連接且比較細。

8. 繼續再加入第三、第四層的想法和思慮，自由放縱的奔放。

9. 必要時可擅用關鍵字、立體圖、符號、記號的技巧來突顯重點，或以箭頭的方式來代表兩者間的相關性。

10.可使用相同顏色將每一個分支的輪廓用線條框起來。

11.可將個人的特色融入其中，運用一些創意美感、色彩、立體圖或插圖，讓整個作品感覺漂亮。

12.擅用一些幽默、誇大、好玩、荒謬的技巧，讓整個過程是充滿快樂的。

【心智圖發明人：
Tony Buzan|如何
成為記憶大師】
https://youtu.be/
eEbQuonUSQQ

例如：主題為自我介紹時，笑臉代表自己，第一條序念代表「家庭」，接著二條分岔線，一條代表親愛的老公，另一條代表孩子，接下來二條小序念，分別暗示二個孩子年紀。

按著順時鐘方向，序念輪番代表「個人」、「專業」、「未來」等等，每一條序念背後，接著畫一人組序念線，延伸乘數之形狀，就像人的大腦形狀，每個區塊代表不同意義，最後拼成完整圖像。

「色彩」尤其重要，可以使用對比顏色，代表不同的概念，同時搭配線條粗細、字體大小、立體感等，來突顯焦點；各種關鍵字、符號都要標示清楚，字和符號要寫在線條之上。

完工後的心智圖，有點像 Q 版漫畫、塗滿五顏六色，心智圖法的奧妙也在此。我們從小到大，習慣按著時間先後，進行線性的思考，就像每天開車往返公司，怎麼走都是同一條路，早就喪失想像力。茲以心智圖的方式將「如何繪製心智圖」的概念繪出，供讀者們參考。

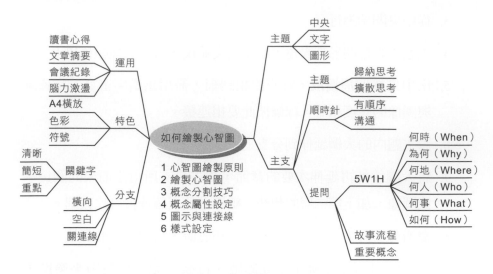

圖7-7．如何繪製心智圖

資料來源：田晏嘉（民102），頁27。

這裡提供盧慈偉老師在閱讀 Joe Calloway（臉譜，2007）所著的《如何讓客戶離不開你》之後，將這本書的重點內容以心智圖繪出的成果，供讀者們參考。

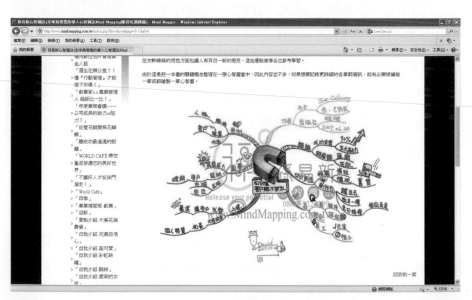

圖7-8．《如何讓客戶離不開你》心智圖範例

資料來源：盧慈偉（民96）。如何讓客戶離不開你，取自 https://www.mindmapping.com.tw/index.php

三) 評量階段

心智圖法的主要目的是要增加心智思慮的自由度，而不是在限制心智自由，通常條理被視為呆板、限制的負面詞，其實不然，因為條理與呆板和自由與混亂是不相同的。因此，心智圖法的應用仍可透過「條理」與「自由」，加以評量其好壞，如下表 7-2。

表7-2．評量心智圖好壞的條件

條理方面	自由方面
1.是否以一個中心圖像為主題 2.是否以主體圖、三種以上的色彩及在文字鑲邊，造成立體感 3.是否運用不同大小的字體、圖像及線條 4.是否善用規律的空格與恰當的留白 5.關鍵字的主從關係是否正確、合邏輯 6.是否清楚明確	1.是否運用聯想技巧，讓大腦思緒自由放射與聯想，產生無限的創意 2.是否有展現個人風格，如筆法、用色、用字、線條等 3.是否涵蓋多種不同的面向

(四) 心智圖法的應用時機與限制

「聯想力是創造力的基礎」，企業不妨透過心智圖法，訓練員工進行發散式思考，順著每一條序念往下畫時，很自然就展開腦力激盪，增強聯想力和創造力。會議報告時，心智圖法也能代替傳統的 Power Point，透過活潑的圖像、色彩、符號，讓聽眾迅速吸收、記憶（吳相，民96）。

心智圖法也是「開啟溝通大門」的好機會，例如：業務員第一次拜訪客戶，拿出一張色彩繽紛的圖案，往往能吸引客戶注意。順著活潑的線條、符號一路解釋，不但成功博得客戶興趣，也順利將產品介紹出去（吳相，民 96）。

不過，心智圖法也有限制，如需要高度邏輯、嚴謹的材料，就不適合以圖形表達。例如授課大綱、時間管理或是專案管理時等，還是要回歸傳統工具；聆聽演講時，由於難以掌握演講者容易跳躍式表達的思緒，也不適合當場畫圖；如果開會時間相當有限，刻意使用心智圖法也是不智之舉。網路上有一個繪製心智圖的自由軟體 X-mind，基礎版是完全免費的，讀者可自行下載安裝。如果讀者們想了解更多有關心智圖法的應用或看看已經繪製完成的心智圖作品，可以到昱泉國際股份有限公司或是孫易新心智圖法的網站中瀏覽。

十、體驗式學習法的概念與應用

體驗式學習（experiential learning）源自於二十世紀初期進步主義的哲學觀，認為「經驗是最重要的學習工具」，以「做中學」（learning by doing）的方式，透過實際的臨場體驗，將複雜的概念化為生活語言，帶領員工走進深層的心靈思考（Lindsey & Ewert, 1999）。它是透過個人在活動中的充分參與使個人獲得體驗，然後在培訓師的引導下，讓受訓者之間彼此交流，分享個人的體驗，提升個人與團體能力的學習方式。換言之，凡是以活動開始的，先行後知的，都可以算是「體驗式學習」。體驗式學習與傳統式學習最根本的區別在於，是前者以學員為中心（以學為主），而後者以培訓師為中心（以教為主）。

體驗式學習的發生係員工透過他們的生活經驗轉化到現有的認知結構中以建立知識，而導致員工改變他們思想及行為的方式（Kolb, 1984）。「體驗式學習循環」（experiential learning cycle）認為學習是由四個互相依賴的要素所形成，如圖 7-9、圖 7-10 所示，包括（Seed, 2008）：

1. 具體的經驗：透過直接參與而來。

2. 觀察與反思：一連串的思考與調適。

3. 形成抽象概念：從經驗加以轉化進而擬定未來行動計畫。

4. 主動試驗：從計畫實施加以驗證（Kolb,1984）。

■ 體驗式學習
透過個人在活動中的充分參與使個人獲得體驗，然後在培訓師的引導下，讓受訓者之間彼此交流，分享個人的體驗，提升個人與團體能力的學習方式。

體驗式學習循環是由四個互相依賴的要素所形成，包括：具體的經驗、反省的觀察、抽象概念化、主動試驗。

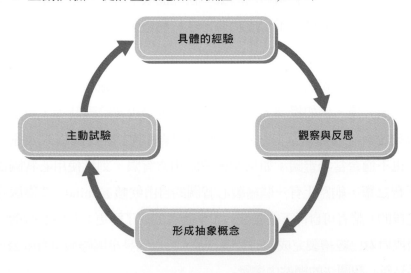

圖7-9・經驗學習循環導致轉化學習的過程

資料來源：同圖7-8。

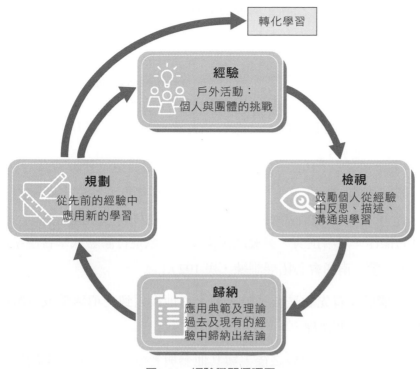

圖7-10．經驗學習循環圖

資料來源：Seed, 2008, p.211&p.212.

(一) 準備階段

　　體驗式學習法在運用時，大部分都是由專家精心設計的管理遊戲來進行的，通常是在培訓師的精心設計和組織指導下，在團隊成員彼此的支持下，致力於解決實際問題的學習和反思的過程。有趣的管理遊戲將帶給大家深刻的體驗，這些體驗將給受訓者的工作和學習帶來有意義的啓示：即使失敗的體驗，也沒有人會爲之付出任何代價。遊戲失敗一百次，都可以再來，但工作生活不能失敗，失敗就會帶來損失。因此，「收穫最大化，代價最小化」是體驗式學習方法的精髓。

　　實際上，將「體驗式學習」運用到教育訓練中，培訓師的風險比傳統課堂單向的傳授要大得多。在策劃每一個培訓項目時，培訓師是主體，培訓實施時，受訓者是主體。體驗式方法的核心在於培訓師在培訓前要作好充分的準備，專案的設計必須目標明確、便於考評、充分參與、簡單但需要創新思考、團隊才能完成等。這要求培訓師要有扎實的理論基礎和組織統御能力，讓受訓者眞正透過遊戲演練來體驗與感悟訓練的眞正目的。一個精心設計出來的遊戲，將模擬在工作生活中可能出

現的情景，內容涉及到團隊溝通與協調、集體決策與實施、個人挑戰與團隊信任、專案統籌與資源配置等多個面向。

(二) 實施階段

體驗式學習的形式，目前用的最多的有戶外拓展訓練、魔鬼訓練、沙盤模擬、人才自我診斷、行為學習法等。體驗式學習方法可分為戶外與室內兩大部分，戶外培訓的形式相當豐富多彩，如近年流行的教育旅行、叢林漆彈、野外求生等，又如讓學員置身魚市，從中體驗學習銷售、溝通、行銷、簿記等經營行為。室內培訓則有室內團康遊戲、模擬器材的操作、現場預演、突發狀況排除等。欲進行體驗式學習應掌握以下五大步驟（南通會心拓展訓練，民 102）：

1. 體驗：首先就是要體驗，你全心地投入到一項活動或遊戲中，體驗整個過程。
2. 分享：有了體驗之後，與其他參與者分享你在過程中的感受和觀察到的事物。
3. 交流：結合分享的資訊和感受，與其他參與者探討、交流各自的心態與行為。
4. 整合：從大家的分享、探討、交流中提取精華，總結出正確的結果。
5. 應用：將整合出來的正確結果應用到工作和生活中。

(三) 評量階段

「體驗式學習法」要求每次活動之後，每個團隊或個人都要提供最終的成果。它要求的是實際做事的能力，而不是談論多會做事或紙上談兵。訓練計畫中可評量的最終成果包括：展示、模型、報導和方案等。最終成果儘管是模擬的，但卻是真實有用的。透過展示，團隊與團隊之間的比賽可以使學員的活動得到有效的激勵。展示時發言人要報告活動的計畫、實施過程、團隊成員的分工以及做事的理念和方法論。

體驗學習最後一定要將實際的學習心得加以分析、回顧並與實際工作的環節相聯繫（Stevens & Richards, 1992）。這一階段很重要，但又容易被人們所遺忘。事實上，這個階段是衡量培訓師對該方法的使用效果

和能力的，如果組織協調的不好，就會流於形式。沒有回顧，這個方法就失去它的價值。讓學員考慮這次行動的整體效果如何？那些事情進展順利？爲什麼這些方面進展順利？那些事情做得不好？爲什麼沒做好和怎樣進行改進？回顧時要給予足夠的時間。培訓師根據自己在學員行動過程中的觀察對各團隊進行評量，用建設性語言和方式鼓勵他們處理好正負兩個方面的回饋，而不是簡單地以成敗論英雄。

　　由於體驗式教育訓練的主要目的乃在於改善員工的思維模式，有別於傳統的教育訓練著重技能的培養，故以外在工作環境因素影響學習者相較於參與體驗式教育訓練較能察覺學習者明顯之改變。在彭建仁（民95）的研究指出受訓者六個月之後才會逐漸打破個人內在的藩籬，有效改善組織氣氛。

　　體驗式教育訓練成效的測量方式分別有：測量團隊工作狀況量表（竺定宇，民94）、主管部屬互動量表（許煌龍，民97）、冒險式體驗學習團體歷程經驗量表（藍元杉，民98）等，這些研究發現，除了在接受訓練後一段時間以量化檢測成效外，需再進行深度的專家訪談才能眞正看出訓練效果（張仁家、游邵葳，民102）。由此可知，學習者體驗學習後需經歷一段期間才能逐漸改善自我認知結構並達成訓練目標。所以對於高層次的思想或行爲的改變不易在短時間內量測其成效。如要量測，建議可採用個案研究法，研究者之角色爲完全的觀察者參與個案，以利搜集更深入之資料。

第五節 結語

　　教學方法為教學活動中，講師依據企業人力資源發展的目標與教學內容的要求，考慮學員的特性與客觀教學條件及環境，所設計的一組完整之教學活動步驟。講師通常需要考量學習理論與教學原理的基礎、教學目標、內容與受訓對象、組織團體的規模、設備資源，以及講師人格特質及專長等因素，選擇最適當的教學方法，有效地傳遞教學主題和內容，以形成完備的教學機制，提供學員自主學習的機會。但不論採用何種教學方法，講師自需於通過培訓後，持續接受教育，才得以提高教學方法應用的能力與素質。

↘ 本章摘要

- 教學的意義為講師依據學習的原理原則，運用適當的方法技術，刺激、指導和鼓勵學員自動學習，以達成教育目的的活動。

- 在完整的教學過程中，教學有以下四項特性：交互影響、多向溝通、共同參與、獨立自動。

- 教學是一種非常複雜的活動，包括了目標、課程、講師、學生、方法和環境等重要因素。

- 教學模式包含四大部份：教學目標、起始行為、教學活動、教學評鑑。

- 一般企業教育訓練常用之教學方法：討論法、講述教學法、工作教導法、示範教學法、個案教學法、角色扮演法、定型性討論法、參觀法、心智圖法、體驗學習法。

- 心智圖法主要採用圖誌式的概念，以線條、圖形、符號、顏色、文字、數字等方式，將意念和訊息快速地以上述各種方式摘要下來，成為一幅心智圖。

- 心智圖法的主要目的是要增加心智思慮的自由度，而不是在限制心智自由，通常條理被視為呆板、限制的負面詞，其實條理與呆板和自由與混亂是不相同的，因此心智圖法的應用仍可透過條理與自由加以評量其好壞。

- 體驗式學習是透過個人在活動中的充分參與使個人獲得體驗，然後在培訓師引導下，讓受訓者之間彼此交流，分享個人的體驗，提升個人與團體能力的學習方式。

- 進行體驗式學習應掌握以下五大步驟：體驗、分享、交流、整合、應用。

↘ 章後習題

一、選擇題

( ) 1. 教學的特性，何者敘述為非？

(A) 獨立自動　(B) 獨立進行　(C) 多向溝通　(D) 交互影響

( ) 2. 個案教學法係用來解決問題，擬定決策，何者為非？

(A) 重視思考　(B) 重視應用　(C) 重視事實　(D) 重視評量

( ) 3. 教學模式四部分的歷程中第一部分為：

(A) 起始行為　(B) 教學評鑑　(C) 學習目標　(D) 教學活動

( ) 4. 對於「心智圖法」哪一項說明為非？

(A) 開啓溝通大門　(B) 發散式思考　(C) 適用高度邏輯　(D) 以上皆是

( ) 5. 哪一種教學方法在技能學習的心理歷程，分為認知期、定位期、自動期：

(A) 示範教學法　(B) 討論法　(C) 個案教學法　(D) 角色扮演法

( ) 6. 哪一種討論法的模式適合剛成立團體，且要進行分組討論？

(A) 腦力基盪法　(B) 工作教導法　(C) 菲立普六六法　(D) 菲立普六九法

( ) 7. 體驗式學習循環，何者說明正確？

(A) 抽象化發想　(B) 主動試驗　(C) 虛擬經驗　(D) 以上皆非

( ) 8. 教學科技的應用，何者正確？

(A) 線上學習　(B) 遠距教學　(C) 以上皆是　(D) 心智圖法

( ) 9. 講述教學法適合於哪一項的教學方法？

(A) 問題發想　(B) 系統知識　(C) 問題解決　(D) 設計情境：

( ) 10. 體驗式學習應掌握的步驟依序為：

(A) 應用、體驗、分享、交流、整合　(B) 分享、體驗、交流、整合、應用

(C) 交流、整合、體驗、分享、應用　(D) 體驗、分享、交流、整合、應用

二、問題與討論

1. 試說明一般的教學模式為何？

2. 試簡述教學設計與教學科技有何差別？

3. 試簡述個案教學法於教學過程中，所具備的優點為何？

4. 請嘗試使用心智圖法介紹自己。

5. 試說明菲立普六六法如何使用？

↘ 參考文獻

一、中文部分

南通會心拓展訓練（民102）。體驗式學習法在企業中的應用。http://wenku.baidu.com/view/e8728603eff9aef8941e064f

方炳林（民86）。普通教學法。臺北：三民。

王財印、吳百祿、周新富（民108）。教學原理（第三版）。臺北：心理。

王春苹（民96）。心智繪圖在國小六年級學生寫作教學之行動研究。國立屏東科技大學教育科技研究所碩士論文。

田晏嘉（民102）。講師授課技巧。國立臺北科技大學課堂上課報告講義，頁27。臺北：國立臺北科技大學技職教育研究所。

吳相（民96）。教育訓練，不再是沉悶代名詞。人才資本月刊，6，31-35。

張仁家、游邵葳（民102）。體驗式教育訓練的內涵、實施及其發展趨勢。服務科學和管理，2，9-14。

張文哲譯（民110）。教育心理學：理論與實際（第四版）(Robert E.Slavin原著，Educational psychology: Theory and practice, 12th ed.)。臺北：學富。

彭建仁（民95）。體驗式學習運用於團隊建立之訓練遷移研究。臺北：國立臺灣師範大學工業科技教育所碩士論文。

羅玲菲（民86）。心智繪圖思想整合利器。臺北：一智。

盧慈偉（民96）。如何讓客戶離不開你。輯於孫易新心智圖法（全球最專業的華人心智圖法Mind Mapping師資培訓機構）-實務案例。取自https://www.mindmapping.com.tw/index.php

蘇國楨（民90）。講師授課技巧。輯於蕭錫錡主編「企業訓練講師教學理論與實務」，頁203-232。臺北：師大書苑。

二、英文部分

Bishop, J., & Verleger, M. (2013). The flipped classroom: A survey of the research. Paper presented at the 2013 ASEE Annual Conference. June 23-26, 2013, Atlanta, Georgia

Clark, L. H., & Starr, I. S. (1986). Secondary and middle school teaching methods, 223-248. NY: Macmillan Publishing Company.

Classroom Window (2012). IMPROVE student learning and teacher satisfaction in one Flip of the classroom.

Farshad, Asl. (2020). Transferring skills- "PESOS" process. https://www.linkedin.com/pulse/transferring-skills-pesos-process-farshad-asl

Glaser, R. (1962). Psychology and Instructional Technology. Training Research and Education. Edited by Glaser, R. Pittsburgh: University of Pittsburgh Press.

Gall, M. D. (1987). Discussion Methods. In Dunkin, M. J. (ed.). The international encyclopedia of teaching and teacher education, 232-237. NY: Pergamon Press.

Hawkes, T. (2015). Coaching models explored: PESOS. Retrieved from http://www.trainingzone.co.uk/deliver/coaching/coaching-models-explored-pesos

Kolb, D. A. (1984). Experiential learning: Experience as the source of learning and development. Englewood Cliffs, NJ: Prentice Hall.

Lindsey, A. & Ewert, A. (1999). Learning at the edge: Can experiential education contribute to education reform? Journal of Experiential Education, 22(1), 12-19.

Mager, R.F. (1975). Preparing instructional objectives (2nd ed.). Belmont, CA: Pitman Learning, Inc..

McArdle, G. E. H. (2007). Training design and delivery, 224. VA.: Alexandria, ASTD.

Orlich, C. O., & Lexington, M. (1985). Teaching strategies: A guide to better instruction. D. C.: Heath and Company.

Seed, A. H. (2008). Cohort building through experiential learning. Journal of Experiential Education, 31(2), 209-224.

Steven, P. & Richards, A. (1992). Changing school through experiential education. ERIC Document Reproduction Service No. ED345929.

Everything takes longer than you think.
要完成每一件事所花費的時間總比你所想的還要長。

Edward A. Murphy
愛德華・墨菲

資料來源：https://lemonadehub.com/en/murphys-law-and-beyond/

Chapter **08**

課程的設計與規劃

第一節　課程的概念分析
第二節　訓練課程的建立
第三節　結語

▌▌▌ 前言

　　針對企業重視教育訓練的風潮，企業期望將實務的課程落實在員工教育訓練上，要如何在企業獨特的組織文化中，設計出合適的訓練相關課程，並符合學員的能力與需要，是十分重要且值得探討的課題。本章將系統化地介紹課程的概念以及訓練課程的建立，期盼進行教育訓練的企業執行者，能在學習之餘，設計出有助於啟發學員能力與需求的課程規劃，以迎合新時代培育全方面學習人才的需求。

第一節 課程的概念分析

一、課程的意義

　　「課程」按 curriculum 一字源自拉丁字 currere，意指奔跑、跑馬場的意思，也就是師生都能夠在「課程」的安排下，向學習的目標邁進。欲探究「課程」（curriculum）的實質意義之前，則應先分析課程的基本概念，茲將中外學者對課程概念的主張，分述如下（張素貞，民91）：

1. Oliva（1992）認為課程是教學歷程中的一種教學計畫，為達成教學理念與教學目標，由教學者規劃與教學相關的學習活動。

2. Saylor Alexander & Lewis（1981）等學者在分析過去與現在的課程概念之後，綜合提出四種課程概念：科目與教材、經驗、目標及有計畫的學習機會。

3. Wiles & Bondi（1993）從演化觀點出發，認為課程是學習的進程或是為獲致成果而實施的，可認定為教育訓練或教育、成果或經驗、學校有計畫的學習內容，並重視最終的目的或結果。

4. Taylor & Richard（1985）指出課程有六種定義：教育內容、學習進程、教育經驗、學習科目、教材及教育活動。

5. 王文科（民83）將課程之概念加以統合，認為課程具有以下之概念：

   (1) 以目的、目標、成果或預期的學習結果為導向。

   (2) 以學校為計畫、實施課程為主體，而以學習者為對象。

   (3) 以團體或個別為實施的方式。

(4) 以在校內或校外爲實施的場所或地點。

(5) 以提供科目、教材、知識、經驗、或學習機會（活動）爲類型。

　　總而言之，課程應可解釋爲學員在教育環境中，所接受的有系統、有計畫的學習活動與經驗。

二、課程的意涵

　　今日教育學者對於「課程」之解說，雖不盡同，但將其意見歸納，可得下列之共同點：

(一) 學員乃學習的主體

　　凡足以協助學員身心之健全發展，而達成教育目標的有系統活動，皆屬於課程的一部分。

(二) 課程並不限於學習的內容

　　訓練場所中一切有計畫的活動，屬於課程的範圍。然師生或同學之間的互相關係、教學的方法和進行的程序、乃至學員的學習環境，都可以說是課程的一部分。

(三) 課程是為達成學習目標的一種設計

　　課程乃教材、教法（包括教具）、時間三個因素的適切配合，以達成學習目標的一種設計。此處所謂之教材，泛指生活所必需的知識、技能、習慣、態度；而教法乃指有效進行學習活動的方法；時間則指配合學員身心發展之程序。

三、課程設計

　　美國訓練發展協會（American Society for Training and Development, ASTD）力推之 ADDIE 模式，將課程設計區分爲分析（analysis）、設計（design）、發展（development）、實施（implementation）、評鑑（evaluation）等五個階段，使課程設計得以結構化與系統化。其中，分析爲針對學習者需求與學習環境等進行評估；設計爲依教學目標設計教學內容，確認教材架構；發展爲發展教材與衡量工具，進行系統性製作；實施爲使用設計之教材進行教學活動；以及評鑑爲針對形成性評鑑

> **課程**
> 學員在教育環境中，所接受的有系統、有計畫的學習活動與經驗。

（學習成效）與總結性評鑑（教材效度、學習態度）等，請學習者或專家予以評鑑，該評鑑意見歸結後則可作為後續補強修正之依據，此內容為 ADDIE 之基本架構 (Hodell, 2015)。

ADDIE 是一種系統化的課程設計模式，目標是要建立一個完整的教學系統，其中包含了教學所需要的各種組成，例如教材、教學活動、學習介面、學習評量等。ADDIE 的 5 個階段是從分析開始，經過設計、發展、實施與評鑑，最後完成的教學系統需要滿足原先設定的教學目標。簡言之，即下列 5 種階段：（一）分析階段：必須先建立對於教學系統的瞭解，包括教學目標、學習者的特性、學習環境的資源、時程等以供需評估。（二）設計階段：分析階段將教學系統的需求詳列出來，設計階段要試著發展出足夠的細節來，讓具體的成品能夠在發展階段開發出來，所謂的成品包括教材內容、教學活動、評量方式等，設計階段亦必須選擇採用適切的媒體。（三）發展階段：依據設計階段的藍圖實際地將教學系統的成員組合起來。（四）實施階段：完成教學系統，實際進行教學。（五）評鑑階段：評估教學系統的品質與成效。

ADDIE 所定義的流程並非一成不變，我們可以針對實際的情況做必要的調整，例如各階段可以重複進行，讓學習系統能不斷地改良。訓練的品質與教學設計關係密切，而系統化程式的實踐才能讓教學設計順利地導入教學系統中，所以不只傳統的教育系統可使用，當今的訓練同樣亦大量運用 ADDIE 的模式，勞動部勞動力發展署所推動的職能導向課程品質認證，其審核指標的核心也是依循 ADDIE 的模式（勞動部勞動力發展署，民 111）。在 ADDIE 模式中每個階段描繪的是一套活動和以一有形交付的輸出項目。上一階段交付的成果成為下一個階段的輸入。每個階段都應檢視上下階段之間的扣合情形，也達到不同階段的累積效果，上一階段是否成功即決定是否進行下一個階段的前提。易言之，整個 ADDIE 模式各個階段是彼此環環相扣的（郭振昌，2010）。

第二節 訓練課程的建立

　　課程既為有系統、有計畫的學習活動和經驗，訓練課程的建立當然也就有其順序性與邏輯性了。茲分別說明訓練課程建立的七項步驟，各個步驟又可依據評量實施後的結果加以改進。

一、提出課程計畫

　　教育訓練是組織為了營運而進行的眾多業務之一。一般組織營運是依照計畫（plan）、執行（do）、檢核（check）、修正（action）之所謂「PDCA 管理循環」來進行，故訓練業務的出發點，即有效訓練的基礎，由計畫的步驟開始（李隆盛、黃同圳，民 89；李聲吼，民 89）。在完成年度訓練規劃之後，當年度的相關訓練需求已經確立，之後的任務乃在年度期間根據所規劃的課程項目，按季或按月的順序執行之。由於在實際執行課程時，需要聯繫與遴選課程的講師、參加學員、場地以及進行教學設計與準備工作，因此，教育訓練人員應針對特定課程先行規劃並提出課程計畫書，以作為課程執行的依據。清楚的課程計畫需包含：課程名稱、參加對象、課程目標、課程重點、課程梯次／人數、上課時間與時數、授課人員及預算等，如表 8-1 所示。

> 清楚的課程計畫需包含：課程名稱、參加對象、課程目標、課程重點、課程梯次／人數、上課時間與時數、授課人員及預算等。

表8-1・訓練課程計畫範例

課程名稱	績效評估系統研習會
課程對象	所有未上過績效評估系統之主管人員
課程目標	• 知道績效評估的意義與目的，並了解公司的績效評估系統 • 學習發問與傾聽的技巧 • 認知績效評估是主管很重要的職責
課程重點	績效評估的意義與目的： • 公司績效評估系統之緣起與作業流程 • 績效面談時的發問與傾聽技巧 • 績效評估系統相關表格之填寫要點 • 用績效評估系統協助管理的工作
課程時數	6小時
課程梯次	2梯
每梯人數	25人
開課時間	A.112年05月02日 B.112年05月03日
授課人員	人事部門主管／外聘講師
預算	新臺幣50,000元

資料來源：改自中華民國職業訓練研究發展中心，民90，頁154。

二、選擇課程相關資源

　　企業內舉辦一個訓練課程需結合許多資源，包括課程、講師、場地、教材及教具。課程可以內部自行研發設計，或邀請外部教育訓練機構提供。通常搭配外部課程的選擇，往往會一併邀請外部該課程之講師執教；若使用內部資源，則需挑選或邀請企業內學有專精與實務經驗者協助進行教學；場地部分則因成本考量，企業多半將訓練安排在公司內部的會議室或研討室，若是如此，應避免干擾以及讓學員有寓教於樂的效果；倘若經費許可時，可將訓練安排在戶外之休閒渡假中心舉辦；至於教材及教具的來源，可以是自製或購買坊間的套裝教材及教具進行教學。

(一) 外部課程資訊與選擇

　　一般企業的訓練課程除了自行邀請內部講師執教外，常會邀請外部教育訓練機構或企管顧問公司來協助訓練課程的舉辦。國內提供訓練課程服務的機構，可區分為三類：

1. 政府與法人機構：政府各機關常會舉辦業務相關的各項研習會，並將之公告在相關的刊物上，教育訓練人員可自行查詢，例如：

   (1) 勞動部（安全衛生相關訓練）。

   (2) 勞動部勞動力發展署（各項技能檢定及技能訓練）。

   (3) 職能發展中心（中階主管訓練、工作訓練、教育訓練人員訓練）。

   (4) 企劃人協會（企劃與行銷相關訓練）。

   (5) 金融訓練發展中心（金融相關訓練）。

   (6) 人力資源協會（人力資源相關訓練）。

   (7) 中國生產力中心（各項專業主題之訓練）。

   (8) 語言訓練測驗中心（語言訓練）。

2. 學校機構：各大學舉辦之成人教育課程，也是企業機構可參考的課程來源。例如：

   (1) 國立臺灣大學推廣教育中心。

   (2) 國立政治大學公共行政企業管理教育中心。

   (3) 輔仁大學城區推廣部。

   (4) 私立東吳大學推廣部。

(5) 私立淡江大學建教合作中心。

(6) 中國文化大學推廣教育中心。

現在有許多企業直接委託大專院校的產業合作相關單位（或創新育成中心）規劃並辦理企業訓練課程，讓企業節省不少設立教育訓練部門之人力成本。

3. 企業管理顧問機構：近年來，國內企管顧問行業蓬勃發展，生產、行銷、人事、研發、財務，均有不同專業領域顧問公司可以提供服務。教育訓練人員對於管理顧問機構的選擇不應以知名度為主要的考量，應視課程計畫的內容所需，決定最適合的合作對象。

(二) 講師資訊與選擇

一個訓練課程的成功與否，課程的靈魂人物「講師」是主要關鍵。國內的講師資源可分為三類：

1. 各大專院校相關科系教授。

2. 企業內部傑出的實務工作者或主管。

3. 專業的講師或顧問師。

勞動部勞動力發展署委託「職能發展與應用推動計畫」專案辦公室辦理的訓練品質系統（TTQS）（如圖 8-1）與 104 人力銀行所設的 104 教育資訊網（如圖 8-2），財團法人中國生產力中心（CPC, https://www.cpc.org.tw/）及社團法人中華人力資源管理協會（CHRMA, http://www.chrma.net/）等，均有提供企業講師名錄及授課課程，可供企業進行教育訓練之參考。一般企業在進行講師的遴選與邀請時，常會以知名度為主要考量，但不同來源的講師，因為其本職的工作原因，能投入在訓練專業上的心力有相當大的差異。以下四個條件可做為教育訓練人員遴選及邀請講師之依據：

1. 專業能力：對於所授課之領域，是否具有相當的學理基礎或實務經驗。

2. 教學能力：是否具有良好的表達技巧，能正確地引導學員。

3. 教學熱忱：是否在授課之前，願意投入時間去了解企業特性、學員需求，並進行課程的發展與調整。

4. 工作量：是否會因個人工作太過忙碌，以至於降低教學品質。

圖8-1・TTQS人才發展品質管理系統—師資介紹

資料來源：勞動部勞動力發展署（民112）。TTQS人才發展品質管理系統-師資介紹。https://ttqs.wda.gov.tw/ttqs/menu_004_02.php

圖8-2・104學習精靈—講師中心

資料來源：104學習精靈，民112，https://nabi.104.com.tw/coachList

(三) 場地資訊與選擇

　　良好的訓練課程需要搭配合宜的訓練場地，才能有相得益彰的效果。一般常見的教育訓練場地可區分為以下四類：

1. 各大飯店／休閒渡假中心

　　有些飯店座落在市中心，交通便利且周邊服務齊備；例如：凱悅大飯店、中信大飯店；有些飯店則選擇蓋在山明水秀的渡假聖地，讓訓練有兼具學習與休閒的效果，例如：花蓮美侖大飯店、墾丁凱撒大飯店。一般飯店通常會提供商用客戶所謂「會議專案」的組合，以人頭計費，包含會議室、相關設備、早午兩次茶點及午餐，相當划算。

2. 俱樂部／聯誼中心

　　為提供會員服務而成立的各種俱樂部或聯誼中心，一般也會提供租借場地服務做為企業訓練課程之用，部分場所則需要使用會員卡。此類俱樂部或聯誼中心之價格較大飯店便宜，相關的設備也不差，適合短時間的訓練課程使用。例如：太平洋聯誼社、國際會議中心、合家歡俱樂部、美僑俱樂部等。

3. 公司或私人機構之訓練中心

　　國內有些企業因內部訓練所需，成立有訓練中心，且備有所需之訓練教室與設備。例如：全錄公司、震旦行、統一企業、泰山企業等。這些公司或私人機構之訓練中心，主要是供其企業所使用，不過也開放外借。另外，有些政府機構為了所屬員工之訓練，亦成立有訓練中心，例如：榮民訓練中心、公賣局員工訓練中心、公務人力發展中心等，此類場地收費合理，可在參加官方舉辦之訓練課程時，加以打聽蒐集。

4. 學校或救國團所屬機關

　　各大專院校之會議室或救國團所屬機關，通常也可租借或與民間機構合辦各型研討會。此類場地費用相當划算，但若使用學校場地，用餐問題則需自己處理解決。例如：臺灣大學、師範大學、文化大學推廣教育中心、劍潭青年活動中心、金山青年活動中心等。

一般而言，在選擇訓練場地時，應注意以下事項：

1. 場地人數的容納量如何？
2. 光線明暗度？
3. 所需之設備是否齊全？（如白板、麥克風、錄音設備、幻燈機、投影機、錄放影機、螢幕、教學指揮棒、光筆等）
4. 桌椅排列方式是否合乎所需？是否可彈性運用？
5. 是否安靜不受干擾？
6. 可使用時間是否合乎所需？
7. 交通是否方便？（有時，交通不便才更能留住員工）
8. 是否提供停車位？
9. 食宿問題？（食宿常常是受訓員工滿意度的關鍵，企業尤須慎重）
10. 場所位置是否合宜？
11. 費用是否合乎預算之內？

若很難找到一個各項目都理想的訓練場地時，則需以學員的學習需求為最主要的考量。必要時，可依公司的需求與提供場地單位溝通，促使其改善設施，以建立長期的合作關係。

(四) 教材／教具資源

訓練課程中供學員學習使用之材料是為教材，一般課程之教材泛指學員手冊，若是自修之課程，則可能包括線上資料庫、錄音帶、錄影帶或光碟片等。國內的教材資源主要分為下列幾類：

> 教材資源主要分為四類：線上學習影片、圖書出版品、講師自行編撰之講義、訓練課程專用教材。

1. 線上學習影片

   Youtube、TED 等是近年來較為普遍的自學教材資源，另外還有許多免費的教育訓練學習平台。

2. 圖書出版品

   由各大圖書公司、政府與法人機構或企管顧問公司所出版的書籍、有聲書、錄影帶等。

3. 講師自行編撰之講義

   多數訓練課程採用之教材，以及授課講師自行編撰的教材，其多半與講師上課使用的投影片教材內容相同，以方便學員上課時對照參考。

4. 訓練課程專用教材

　　已有多家私人訓練機構，由國外引進全套完整的訓練教材，供企業選購使用或者進行企業內之課程移轉，如成功領導課程、時間管理課程、問題解決課程等。

　　除了教材之外，為了輔助教學效果，在訓練課程進行中，講師通常會搭配使用其他教學媒體，如投影片、幻燈片、海報、評量表、測驗、教具、模型等，新近的課程強調互動式或體驗式教學，所使用的教具則比較豐富且多元化。教具的來源主要有：

1. 自行製作：由講師或教育訓練人員自行繪製POP、投影片或製作教學幻燈片、錄影帶。

2. 向外採購：向教學用錄音或錄影帶的供應商採購所需的教材。

(五) 訓練資源交流與運用

　　企業除非已具有特定的規模，否則通常缺乏專職的訓練人員來擔任企業訓練的職責，也因此多數企業的訓練工作常需借助外界的資源，包括課程、講師及場地等。在訓練預算有限的情形下，教育訓練承辦人就需要靈活運用各式各樣的資源，其中與其他企業交流或共享特定資源就是一種可以執行的策略。以下幾項是企業在訓練資源交流與運用上，可以應用的方式：

1. 聯合其他公司共同舉辦訓練課程

　　小型企業通常因受訓人數少，故傾向派遣員工參加坊間的課程。外派訓練一方面受限於訓練機構開課時間，另一方面費用較高，若由自己舉辦，不但人數不夠，且同質性高，此時若能結合幾家企業合辦訓練課程，則可享受內訓的價格，又能與其他企業交流，一舉兩得。不過，在進行合辦訓練課程之企業的選擇時，要考慮各企業的訓練目標，受訓學員的背景與水準，以及是否有業務上的競爭，宜選擇較合適的公司來合作。

2. 聯合其他公司與場地供應商交涉或互換場地的運用

　　國內有些會議公司專門提供場地舉辦各種會議或產品發表會，若聯合其他公司能夠保證會議場地的使用量，故常能享有場地供應商特別優厚的折扣，多家公司聯合舉辦，則不論飯店、打

字行、影印店、快遞都能提供較優惠的價格來降低成本支出，除此之外亦可考慮與其他公司互換場地的運用策略以降低成本。

3. 互相邀請對方的講師來協助授課

有時針對某些特定的課程，在供應商中很難找到適合的講師，此時，較理想的方式是邀請業界的主管人員或專業人士。例如：化妝品業的銷售人員，除了產品的專業知識外，個人的髮型與穿著也很重要，為強化銷售人員這方面的能力，可與美髮業或服飾業的其他廠商協議合作，各派一資深的專業人員為對方上課，一方面開闢交流的管道，另一方面節省訓練支出。

4. 互相交換課程的教案與教材

互相交換課程，不僅可節省編製教材、聘請講師的成本，更可讓員工擴大學習的機會。例如：管理方面的訓練課程幾乎是每家企業所必須的課程，此類課程又沒有商業機密上的考量，企業間若能相互分享課程教案與教材，則可快速豐富企業內課程的內容。

5. 互相觀摩學習

常常觀摩不同行業的工作流程，會對原工作帶來新的啟發，例如：百貨業服務人員可觀摩速食業服務人員對客人的服務以及店內的作業方式，通訊用品的零售業可觀摩電器用品零售業的物流。

6. 教育訓練人員之聯誼

前人的血汗與經驗，正可為後人的借鏡與參考。教育訓練人員若能建立良好的人脈與網絡，隨時可以請教他人，對個人的專業成長將會有很大的助益。此外，亦可透過大家的共同研討，發展出更多元化的企業教育訓練合作方案。

三、設計教學方法

在訓練課程進行時，用來幫助學員學習的特定方法即為教學方法。由於教學內容不同及學員的特性、程度不同，所需要採用的教學方法亦不盡相同。各種方法均有其最適用的領域範圍，同時有其優缺點，若能將各種教學方法配合使用，可達較佳的學習效果（周春美，民90）。企

業常用的教學方法有：

1. 講授法（lecturing）：講師以演講方式單向傳達訓練內容。

2. 討論教學法（workshop）：由學員針對各式各樣的問題進行討論，並達成一個團體性的結論，使學員獲得知識與能力的提升。

3. 工作指導法（mentoring）：由受過教育訓練之資深員工直接指導新進人員的工作。

4. 個案研討法（case study）：面對一個案例，學員要針對該實例之狀況與發生因素，提出一些解決方法並加以討論。

5. 角色扮演法（role play）：請學員扮演一特定角色，透過扮演別人角色的過程中，體會別人之感受，增進個人之人際敏感度。

6. 遊戲競賽法（play games）：透過一個精心設計的遊戲，讓學員從遊戲的歷程中體驗所要傳達之訓練內容。

7. 視聽教學法（video / voice play）：利用影片等影音多媒體電子設備傳達訓練內容。

8. 電腦輔助教學法（computer assisted instruction, CAI）：將課程內容納入電腦程式中，由學員與電腦以相互交談方式學習。許多企業已透過建置或採購學習平臺要求員工必須在時限內上線學習，也因為網際網路的易取性及豐富性，已幾乎取代原有的CAI了。

9. 籃中演練法（in-basket exercise）：此法是用來訓練主管人員的決策、組織與計畫能力。訓練往往是以情境的方式安排問題，將實務的問題放在籃中，讓受訓者隨機抽籤，從回答問題的品質與解決問題的程序，達到訓練的目的。例如：受訓者在一假設學員受命遞補突然出缺的主管職位，但上任後又得馬上出差，因此必須在沒人可商量且有時間限制（通常是1~2小時）的情況下，個別就手邊公文盒內僅有的備忘錄、公文、資料、信件等來作決策。

10. 敏感性訓練（sensitivity training）：又稱訓練團體（training group, T-group）或群體關係訓練。其進行方式，乃是透過團體領導者的催化，鼓勵成員彼此互動討論、分享個人經驗，並營造互信氣氛，其目的在增加學員對自己與他人的敏感度，並改善人際關係，如營火晚會中的「星空夜語」即是一例。

11. 現場觀摩（field trips）：利用工作現場做為學習的情境，讓學員觀摩具經驗工作者的工作內容及方法，進而學習到相同的知識。

12. 心智圖法（mind mapping）：此法主要採用圖誌式的概念，以線條、圖形、符號、顏色、文字、數字等各樣方式，將意念及訊息快速地以上述各種方式摘要下來，形成一幅心智圖，此法有助於強化員工的聯想力、注意力與記憶力，甚至可以作為表達概念的溝通工具，詳細請見本書第七章。

【法國巴黎頂尖餐飲廚藝學校Ferrandi如何訓練學生】

https://reurl.cc/Nq8Gex

13. 體驗式學習法（experiential learning）：體驗式學習是透過個人在活動中的充分參與使個人獲得體驗，然後在培訓師的導引下，讓受訓者之間彼此交流，分享個人的體驗，提升個人與團體能力的學習方式，詳細請見本書第七章。

黃營杉、齊德彰（民93）以國內六家標竿企業為對象進行訪談，結果指出這些重視組織學習的標竿企業，其教育訓練的方式與途徑，如表 8-2 所示。

1. 教育訓練執行的管道：

   (1) 高科技產業（宏碁、臺灣IBM、臺灣應材）及傳統科技產業（聲寶），偏好視聽教學、程式化教學、遠距教學等e化教學及研討或會議。

   (2) 零售業（統一超商7-ELEVEn）及觀光服務業（亞都麗緻飯店），著重在研討或會議、專業課程講授。

2. 教育訓練執行的方式：

   (1) 高科技產業（宏碁、臺灣IBM、臺灣應材）著重工作指導訓練、學徒制訓練、工作輪調、管理競賽、個案研究、專案研究、評價中心、委員會、敏感性訓練、心理互動分析、管理者發展。

   (2) 傳統科技產業（聲寶）著重工作指導訓練、學徒制訓練、候補指派、工作輪調、管理競賽、個案研究、專案研究、評價中心、管理者發展。

   (3) 零售業（統一超商7-ELEVEn）著重模仿、模擬訓練、工作指導訓練、學徒制訓練、工作輪調、管理者發展。

(4) 觀光服務業（亞都麗緻飯店）著重模仿、角色扮演、模擬訓練、虛擬訓練、工作指導訓練、學徒制訓練、候補指派、工作輪調、管理競賽、個案研究、敏感性訓練、心理互動分析、管理者發展。

3. 傳統教育訓練的主要方式與途徑：研討或會議、專業課程講授、指導訓練、學徒制訓練，仍然為學習型企業所重視。

表8-2・教育訓練的方式與途徑

方式與途徑＼企業名稱	宏碁集團	臺灣IBM	臺灣應材	聲寶企業	統一超商	亞都麗緻
視聽教學	◎	◎	◎	◎		◎
程式化教學	◎	◎	◎	◎		
遠距教學	◎	◎	◎	◎		
研討或會議	◎	◎	◎	◎	◎	◎
專業課程講授	◎	◎	◎	◎	◎	◎
模仿					◎	◎
角色扮演						◎
模擬訓練					◎	◎
虛擬訓練	◎					◎
工作指導訓練	◎	◎	◎	◎	◎	◎
學徒制訓練	◎	◎	◎	◎	◎	◎
候補指派				◎		◎
工作輪調	◎	◎	◎	◎	◎	
管理競賽	◎	◎	◎	◎		
個案研究	◎	◎	◎			◎
專案研究	◎	◎	◎	◎		
評價中心	◎	◎	◎	◎		
委員會	◎	◎	◎			
敏感性訓練	◎	◎	◎			◎
心理互動分析	◎	◎				
管理者發展	◎	◎	◎	◎	◎	◎
在職訓練	◎	◎	◎	◎	◎	◎
職外訓練	◎	◎	◎	◎	◎	◎
內部講師	◎	◎	◎	◎	◎	◎
外部講師	◎	◎	◎	◎	◎	◎

資料來源：黃營杉、齊德彰，民93，頁88。

四、編印學員手冊

編寫學員手冊的目的,是要讓學習者能在學習進行時及結束後,有書面資料輔助學習,也可使學員了解課程之內容與目標,以便於配合相關的訓練活動,讓學員知道課程進行方法,建立正確之心理準備與期望。國內於教育訓練課程上,常見的學員手冊之格式有三:

(一) 簡易之學員手冊

由講師授課之投影片及教材單所彙編而成的一本手冊。由於此類手冊,上課時對照方便,且內容簡單,被多數講師廣泛使用。

(二) 書籍式之學員手冊

書籍式之學員手冊乃由講師根據學習目標、內容編製的教材,通常此類手冊的內容詳細清楚。由於常見受訓學員在學習結束後,將訓練手冊擱置不用,顯見缺乏再學習的動機。因此,新興的訓練學員手冊之編製,愈來愈圖像化,也愈來愈朝向自我學習的方式編印,教育訓練人員平日參加不同課程時,可多方收集,供日後自行發展教材之參考。

(三) 無紙化學員手冊

學員可以在訓練前或訓練後從網路的學習平台或雲端資料庫下載學員手冊,可以大量減少紙張的印刷,可多處儲存、複製及傳送。

五、實施訓練教學

(一) 系統訓練

「系統訓練」(system training)乃是指課程系統在正式大規模實施前,進行一次小規模的模擬演練,其目的在於改進所設計系統之各單元間的相互關係,以及各次系統間之統合性(integration)。

(二) 系統測試

「系統測試」(system testing)目的在於檢測新課程的系統能否根據設計之系統程序(system process)順利進行。

六、實施評量

實施評量的目的在於決定課程系統之效能(effectiveness)、效率(efficiency)及效益(benefit),做為推廣課程及改進課程之依據。

一般而言，於訓練評量的實施可分為以下二類（表 8-3）：

表8-3 · 訓練評量的實施類型

訓練課程評量	教學結果評量
又稱「形成性評量」（formative assessment）	又稱「總結性評量」（summative assessment）
於課程中進行	於課程後進行
為學習各單元的進階門檻	為所有單元之後的總結評量

七、課程之改進

　　課程經過評量之後，所得的資料為課程是否具有效能與效率最好的證據，必然也會發現有某些缺點的存在，當發現課程有缺點時，應立刻針對問題探索原因，並探求解決問題的方案。在謀求改進的過程中，課程設計者應注意以下之事項：

1. 課程經過實施之後，有什麼困難發生？如何解決這些困難？為什麼要如此改革？關於這些問題應清楚地敘述，同時應有具體的證據或調查做為依據，敘述時應避免使用術語。

2. 新課程方案之結構應力求合理化，結構應嚴密，不要太複雜，同時應具有彈性。

3. 在改革之前應先經系統訓練及系統測試，以證明新課程具有效力。

4. 成本之計算應精確與詳實。

5. 需要的時間不宜過長，最好能從現有的課程做修改，如此遠比革新整個課程容易。

6. 所需的人力，如誰負責改進課程？將現有師資予以在職訓練遠比新聘教師會更容易。

7. 現有設備（如視聽器材、教學設備）能否使用？布置是否需要改變？設備改變的投資是多少？

8. 爭取公司行政主管的支持與經費上的援助。

9. 爭取同事的支持與合作，先讓他們了解新課程的計畫，並請求他們的協助。

第三節 結語

綜合上述，在企業進行教育訓練之前，如課程計畫的擬定、課程相關資源的支持、教學方法設計、學員手冊編印、教學的實施與評量、課程改進等，須仰賴企業的主管與講師積極參與行政事項，事先充分的準備，才能日竟其功。因此，如何尋求最佳的途徑，有效且快速地達成上述各工作目標，則爲本章對於企業的主管與講師最重要的期望。

↘ 本章摘要

- 課程為學員在教育環境中，所接受的有系統、有計畫的學習活動與經驗。

- 歸納教育學者對於「課程」之解說，可得以下共同點：學員乃學習的主體、課程並不限於學習的內容、課程為達成學習目標的一種設計。

- 訓練課程建立的七項步驟：提出課程計畫、選擇課程相關資源、設計教學方法、編印學員手冊、實施訓練教學、實施評量、課程改進。

- 國內的講師資源可分為三類：各大專院校相關科系教授、企業內部傑出實務工作者或主管、專業的講師或顧問師。

- 教育訓練人員遴選及邀請講師可依據以下四項條件：專業能力、教學能力、教學熱忱、工作量。

- 企業常用的教學方法包括：講授法、討論教學法、工作指導法、個案研討法、角色扮演法、遊戲競賽法、視聽教學法、電腦輔助教學法、籃中練習法、敏感性訓練、現場觀摩、心智圖法、體驗式學習法。

- 實施評量的目的在於決定課程系統之效能與效率，作為推廣課程與改進課程之依據，評量方式可分為以下兩類：訓練課程評量、教學結果評量。

↘ 章後習題

一、選擇題

( ) 1. 課程的意涵，何者敘述為非？

(A) 課程不限於學習內容 (B) 時間是配合學員身心發展程序 (C) 學員是學習主體 (D) 課程是達成學習活動的設計

( ) 2. 訓練課程的建立的第一步驟為：

(A) 選擇課程相關資源 (B) 設計教學方法 (C) 提出課程計畫 (D) 設計評量

( ) 3. 設計教學方法中，用來訓練主管人員的決策計畫能力為：

(A) 現場觀摩 (B) 籃中演練法 (C) 心智圖法 (D) 體驗式學習法

( ) 4. 高科技產業較偏好的教育訓練執行管道為：

(A) 研討會 (B) 會議 (C) 遠距教學 (D) 專業課程講授

( ) 5. 零售業較偏好的教育訓練執行方式為：

(A) 模仿 (B) 委員會 (C) 專案分析 (D) 以上皆是

( ) 6. 教育訓練人員遴選之依據，何者為非？

(A) 工作量 (B) 教學熱忱 (C) 教學年資 (D) 專業能力

( ) 7. 企業在訓練資源交流與運用，可用的方式為：

(A) 教育人員的聯誼 (B) 聯合公司共同舉辦課程 (C) 互相觀摩學習 (D) 以上皆是

( ) 8. 國內講師資源的分類，何者為非？

(A) 企業內部傑出主管 (B) 各師範院校的相關科系教授 (C) 專業的顧問師 (D) 以上皆是

( ) 9. 實施課程評量的目的，作為推廣和改進的依據。何者為非？

(A) 效益 (B) 效能 (C) 演練 (D) 效率

( ) 10. 評量方式的實施，在課程進行中的評量為：

(A) 形成性評量 (B) 總結性評量 (C) 教學結果評量 (D) 以上皆是

二、問題與討論

1. 一份完整的「課程計畫」通常有哪些內容？
2. 試簡要說明訓練課程計畫如何擬定？
3. 試說明企業於訓練資源交流與運用上，可以應用的方式有那些？
4. 企業教育訓練的講師來源為何？外聘講師有哪些管道可以查尋？
5. 試說明謀求訓練課程改進的過程當中，課程設計者應注意到那些問題？

↘ 參考文獻

一、中文部分

104學習精靈（民112）。講師中心。https://nabi.104.com.tw/coachList

中華民國職業訓練研究發展中心（民90）。企業訓練專業人員工作知能手冊。

李隆盛、黃同圳（民89）。人力資源發展。臺北：師大書苑。

李聲吼（民89）。人力資源發展。臺北：五南。

周春美（民90）。企業訓練講師教學理論與實務，輯於蕭錫錡主編「企業訓練講師教學理論與實務」，頁233-276。臺北：師大書苑。

張素貞（民91）。課程的基本概念。九年一貫課程基礎研習手冊，頁45-50。臺北：教育部。

黃營杉、齊德彰（民93）。學習型組織人力資源教育訓練成長模式之研究—以臺灣標竿企業為例。大葉學報，13(2)，81-95。

財團法人中國生產力中心（民105）。https://www.cpc.org.tw/

財團法人中華人力資源管理協會（民105）。http://www.chrma.net/

郭振昌（2010）。人力資源訓練發展的規劃與評估－ADDIE模式應用初探。就業安全半年刊，9(1)，60-66。http://www2.evta.gov.tw/safe/docs/safe95/userplane/half_year_display.asp?menu_id=3&sub menu_id=498&ap_id=1086

勞動部勞動力發展署（民111）。職能基準品質認證。https://www.wda.gov.tw/cp.aspx?n=A949917ED9E224DD&s=5900082022C17E11

勞動部勞動力發展署（民112）。TTQS人才發展品質管理系統-師資介紹。https://ttqs.wda.gov.tw/ttqs/menu_004_02.php

二、英文部分

Hodell, C. (2015). The ADDIE Model for instructional design explained. https://www.td.org/ newsletters/atd-links/all-about-addie

Efficiency is doing things right; effectiveness is doing the right things."
效率就是把事情做對，效能就是做正確的事。

Peter F. Drucker
彼得・杜拉克

資料來源：https://www.brainyquote.com/quotes/peter_drucker_134881

Chapter **09**

教案設計與實務

前言

　　一位優秀的教育訓練講師須清楚知道其所應達成的教學目標，在教學過程會運用到何種的資源與工具，及適當的訓練步驟與方法，以實現教育訓練的目的。如果不在事前做妥善謹慎的安排與計畫，則很難獲致理想的教學效果。

　　所以，設計一套周密的教學計畫就顯得相當重要，「教案」（又稱為「教學活動設計」）正是擔任此一重責大任的要角。換言之，教案就是一套教學前的計畫書，它將教學活動的程序加以歸納整理，簡約成一個標準化的格式，使教學者可以依此了解教學活動的流程，以便進行教學。

　　若從系統的觀點來探究教學歷程，將更能有效地協助學員學習。系統化的精義在於系統中各項目彼此間的相互關聯、環環相扣，若有一個項目不符合系統的需求，將導致整個系統的產出形成錯誤（吳天方，民88）。因此，教案設計的過程中，每一步驟都須謹慎合適地執行，才能有高品質的教學效果產出。

第一節　系統化教學設計

> 系統化教學設計
> 將系統理論與系統分析應用到教學發展的一種規劃方法。

　　系統化教學設計（systematic design of instruction）是將系統理論與系統分析應用到教學發展的一種規劃方法。簡言之，是一種具整體性思考及條理性的作業方式來規劃教學的過程（簡慧茹，民92；Brown, & Green, 2016）。由於其理論與方法可以有效率且有效果的傳達認知、情意與技能的學習，故在教學領域中已是一個頗受重視的主流研究領域。

　　系統化教學設計通常包含：分析（Analysis）、設計（Design）、發展（Development）、實施（Implementation）與評鑑（Evaluation），簡稱為ADDIE的五個階段，每個階段各有其任務與結果（Molenda, 2003）：(1)分析：決定教學內容的歷程，包括需求分析、學習者分析、環境分析、工作分析、教學內容分析等，目的是確認教學目標、內容及學習者的起點行為。(2)設計：教學活動的形成歷程，包括教學策略、腳本編寫、教學評量等，目的是發展合宜的教學活動。(3)發展：教材製作的歷程，包括教學材料撰寫、程式撰寫等各式各樣教學資源的產出。(4)實施：真正地進行教學活動的歷程，藉以獲致教學成效。(5)評鑑：一般可分為形成性評鑑及總結性評鑑。形成性評鑑乃監督教學設計的各步驟，是否需要修正；總結性評鑑則是實際應用教學設計成果，並評斷其教學成效是否達到預期水準（圖9-1）。

圖9-1・ADDIE五階段任務

Dick 與 Carey（1985）認為，系統化教學設計能緊密地扣合每個影響教學目標的環節，特別是教學策略與預期目標之間的關係；Knirk 與 Gustafson（1986）則指出，系統化教學設計主要在解決教學的問題，例如：學員有哪些舊經驗？學員需要學習什麼？講師應該教什麼？如何選擇適當的教材與媒體，使學員得到最佳的學習效果？等問題（Brown, & Green, 2016）。針對不同問題類型的教學，使用不同的教學模式，故教學設計的模式也不盡相同。

　　Dick 與 Carey 的系統化教學設計模式，不僅以理論作為基礎，同時也結合教學中的實際經驗作為設計的依據。他們認為成功且有效的教學乃是經過一個有系統的教學過程，在此過程中，每個組成要素都具有絕對成敗的重要性，這些要素包括：界定教學總目標、擬定教學分析、界定學習者的起點行為、編寫學習目標、發展測驗項目的準則、發展教學策略、發展及選擇教材、設計及實施形成性評量（formative assessment）、修正教學，最後為設計及實施總結性評量（summative assessment）（Dick & Carey, 1990）。如果教案編製者能由此系統化的教學設計角度來編製教案，將可以減少人為上非有意的疏失（丁志權，民110），該系統化教學設計的流程如圖 9-2 所示，圖中的實線即為一般教學設計的程序，虛線表示在評鑑後所進行的修正程序。

系統化教學的要素包括：界定教學總目標、擬定教學分析、界定學習者的起點行為、編寫學習目標、發展測驗項目的準則、發展教學策略、發展及選擇教材、設計及實施形成性評量、修正教學，最後為設計及實施總結性評量。

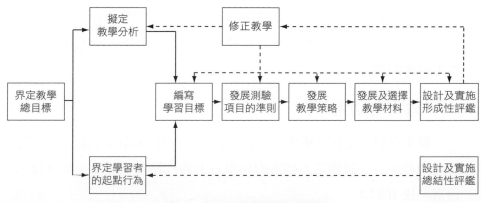

圖9-2・系統化教學設計流程圖

資料來源：Dick & Carey, 1990, pp.12-13.

另一系統化教學設計的模式為 ASSURE 教學設計模式，該模式是由 Heinich、Molenda、Russell 與 Smaldino（2002）四位學者所提出的，提供講師在課堂中慎選與善用媒體工具來幫助達成教學目標，並鼓勵學員互動參與，取其六個步驟動詞的首字縮寫「ASSURE」以表達「確保教學成功有效」之意。六個步驟分別為（圖 9-2）：

圖9-2・系統化教學設計流程圖

利用 ASSURE 模式進行教學設計，需要講師分析自己對於媒體、方法的選擇，以及使用情形加以評鑑，在行動省思之後加以調整改善，做為下次教學之依據。

第二節 教案的意義

教案
在教學前依據教學目標、單元特性、學員背景等因素，將上課時擬使用的教材、教學資源、教學方法與步驟、以及所使用的教具等，事前加以計畫並一一列舉出來，以利教學活動的進行。

教案（instructional plan）如前所述，是指講師在教學前依據教學目標、單元特性、學員背景等因素，將上課時擬使用的教材、教學資源、教學方法與步驟、以及所使用的教具等，事前加以計畫並一一列舉出來，以利教學活動的進行。簡單的說，教案就是將教學過程中的每一個細節都詳細的寫出來，以便講師（尤其是新進講師）可以事先模擬演練教學過程，俾使教學能夠有條不紊的順利進行，同時也可以讓資深講師藉此一書面資料，預先檢視新手講師的教學活動與內容是否適切。因此教案對教學效果的提升有其重要影響，身為教育訓練執行者的講師們當然不可等閒視之。

一、教案的功用

教案對教學是相當重要的行動方針，正如作戰時的計畫一般。教案的功用甚多，大體觀之，教案的功用有下列八點（王財印、吳百祿、周新富，民 108）：

(一) 把握目標

準備教案時，可以確實把握本單元或本次研習的教學目標，以免盲目或逾越目標教學。

(二) 準備教材

講師在編製教案時，須充分準備教材，包括選擇、分析、組織和補充。

(三) 了解學員

講師可以根據前一單元的教學反應，分析學員的程度與需要。

(四) 選擇方法

可以根據自訂的目標、教材及學員的能力，選擇適當的教學方法。

(五) 準備教具

講師能夠根據教學活動的需要，安排場所及準備教學器材。

(六) 建立信心

講師利用教案的設計，可做充分的心理準備，在教學時自然有信心，特別是初任講師。

(七) 支配時間

可依教學過程分配時間，提高效率。

(八) 改進評價

講師在教學之後，能依據教學目標及實際狀況，據以改進評量或評鑑教學的效果。

二、編製教案的步驟

由於教案涉及整個教學活動進行的系統化程序，故教案的編製可依其順序分為七項步驟（張仁家，民90a）：

(一) 確立目的

編製教案的目的係講師在教學前對教學目標的擬定與達成、教學方法及教學資源的運用作通盤的規劃，以利教學活動的進行。故在編製教案時，應考慮教案的目的是一般教學、觀摩教學、試教教學、甄試教學

教案的編製可依其順序分為七項步驟：確立目的、了解情境、編選教材、決定方法、準備教具、計畫活動、整理繕寫。

等用途，依不同目的在時間分配、教學資源配適進行調整；同樣的，依不同教學內容可分為章、節、課、單元教學活動設計。

(二) 了解情境

教案編寫過程除了參考教材及資料外，並應考慮學員的程度、起始行為、教學場所來調整教學活動。

(三) 編選教材

教材以企業經常使用的教本為主，其次參考其他版本、自編教材或補充教材。除了教案撰寫內容外，亦需將自編教材或補充教材附於教案之後。例如：編寫會計教材應參照「財團法人中華民國會計研究發展基金會」的財務會計準則公報、財務會計準則解釋和商業會計法及其他相關法規之規定，該財務會計準則公報及其解釋自 2016 年 1 月 1 日起已非一般公認會計原則，以免教學資料與現實脫節。一般而言，教材編選的原則有五（李隆盛，民 85；民 86）：

1. 教材之選擇應顧及學員需要並配合科技發展，使課程內容盡量與生活相結合，以引發學員興趣，增進學員理解，使學員不但能應用所學知能於實際生活中，且能洞察實際生活之各種問題，思謀解決之道，以改進目前生活。

2. 教材之選擇應顧及學員之學習經驗並配合身心發展，一方面植基於過去的學習經驗，一方面需考慮與未來學習之銜接。

3. 教材之選擇應注意「縱」的銜接，同一科目各單位間及相關科目彼此間需加以適當的組織，使其內容與活動能由簡而繁，由易而難，由具體而抽象，使新的學習經驗均能建立於舊經驗之上，逐漸加廣加深，以減少學習困擾，提高學習效率。

4. 教材之選擇需重視「橫」的聯繫，同科目各單元間及相關科目彼此間需加以適當的組織，使其內容與活動能統合或連貫，俾使學員能獲得統整之知能，以整合運用於實際工作中，並有利於將來之自我發展。

5. 教材之選擇需具啟發性與創造性，課程內容及活動須能提供學員觀察、探索討論與創作的學習機會，使學員具有創造思考、獨立判斷、適應變遷及自我發展的能力。

(四) 決定方法

教學方法如示範教學、練習教學、講述法、討論法、角色扮演、創造教學、視聽教學等方式，均可在教學活動中穿插應用，提升教學效果。

(五) 準備教具

教具包括黑板、白板、投影機、幻燈機、單槍投影機、表格、黑板、掛圖等項，利用教具可提升教學效果。

(六) 計畫活動

活動的計畫與教學實施應注意的事項有（雷國鼎，民84）：

1. 講師應依據教學目標、教學性質、學員能力與教學資源等情況，採用適當的教學方法，以達成教學之預期目標。
2. 企業應力求充實教學設備及教學媒體，講師教學時應充分利用教材、教具及其他教學資源。
3. 講師應不斷自我進修，充實新知，以改善教學內容與教學方法，趕上科技進步和時代要求。
4. 講師在教學過程中應注意「同時學習原則」，不僅要達到本單元的認知目標和技能目標，也應培養學員的專業精神和職業道德。
5. 講師在教學過程中，應注意知識獲得的過程與方法比知識的獲得更為重要，因此需要盡量引發學員主動學習以取代知識的灌輸。
6. 講師應透過各科教學，導引學員具有獨立、客觀及批判思考能力，以適應多變的社會環境。
7. 教學時應充分利用社會資源，適時帶領學員到公司外參觀其他有關機構設施，使理論與實際相結合，提高學習興趣及效果。
8. 實習課程應視實際需要採用分組教學，以增加實作經驗提高技能水準。
9. 同一科目為因應學員個別差異，可規劃出不同深度之班次，供學員分班、分組適性學習。

(七) 整理繕寫

將有關資料彙整並編寫教案，教案的編寫若能用電腦處理，對講師而言，有利於刪改及修訂。

三、教案的格式及其內容

完整的教案內容應具備：單元名稱、地點、人數、教材來源、撰寫者、教學時間、教材研究、學習條件分析、教學方法、教學資源、教學目標、準備活動、教學活動等項目。

完整的教案內容應具備下列各項目：單元名稱、地點、人數、教材來源、撰寫者、教學時間、教材研究、學習條件分析、教學方法、教學資源、教學目標、準備活動、教學活動等項目（丁志權，民110；Tracey, 1992）。以上所列並非一成不變，項目與次序均可視使用目的予以調整，一般常見之設計表格如表 9-1 及表 9-2 所示。

表9-1・教案設計表格

單元名稱		地點		人數		
教材來源		時間	時　分	撰寫者		
教材研究						
學員學習條件分析						
教學資源						
教學目標	單元目標			具體目標		
	一、認知領域 1. 2.			1-1 1-2 2-1		
	二、技能領域 3. 4.			3-1 3-2 4-1 4-2		
	三、情意領域 5.			5-1 5-2		
時間分配	月	日	節次	教學重點		
教學目標	教學活動		教具	時間 （分鐘）	評鑑	備註

表9-2．教案設計表格

單元名稱		地點		人數	
教材來源		時間	時　分	撰寫者	
教材研究					
學員學習條件分析					

教學資源	儀器	工具設備	材料	助教

教學目標	單元目標	具體目標
	一、認知領域	
	1.	1-1 1-2
	2.	2-1
	3.	3-1 3-2
	二、技能領域	
	4.	4-1 4-2
	5.	5-1
	三、情意領域	
	6.	6-1 6-2
	7.	7-1 7-2

時間分配	月	日	節次	教學重點

教學目標	教學活動	教具	時間（分鐘）	評鑑	備註

第三節　教案編寫要領

　　前節介紹準備教案的步驟與教案的格式，以下將進一步介紹教案格式內各項內容的撰寫要領，講師可依本要領練習教案的編寫。至於各個項目是否均需撰寫則視教案的使用目的，諸如一般教學用、試教用、觀摩用、甄試教學用等，可適度調整各項目以配合使用目的。

一、單元名稱

　　單元名稱是指教授某一科目中的某一單元，每一單元可能包含數小時的課程，至於需要多少時間以完成該單元的教學，則需視該單元的複雜度而定。

二、教材來源

　　教材來源是指本單元的教材源自何處，不管是教科書、參考書還是自編的補充教材或教學單，都應將其名稱、出版單位與頁碼等明確列出，俾利日後的查考。

三、教學時間

　　教學時間可以節數或分鐘表示，若以後者表示，則以每節課 50 分鐘計之。每一教案適用的教學時間可長可短，原則上以一個完整的教學單元來編寫教案較佳。

四、教材研究

　　此一項目應就此一單元的教學內容做一簡要式的描述，俾讓使用者或讀者可一目了然該單元的主要上課重點。另外，也可就本單元教材的特點或是在整個課程中的重要性加以陳述。

五、學習條件分析

　　在進行每一單元教學前，應先了解學員學習此一單元應具有的知識、能力或背景，因此應預先針對學習本單元前，學員應具有哪些基礎詳加了解、分析、與描述。

六、教學方法

　　各科目、各單元的教學方法固然有某種程度的共通性，但也應針對該單元內容、學員背景等因素來考量適當的教學方法。

七、教學資源

　　教學資源指的是在本單元的教學過程中可能使用的教具及教助，如掛圖、模型、實物、標本、幻燈片、錄影帶等。

八、教學目標

　　教學目標包括單元目標與具體目標。「單元目標」的訂立係依據本教學單元預期之學習成果，屬於一般性目標，指導整個單元的教學方向，通常以較爲抽象、籠統的方式描述之。「具體目標」則是由單元目標分化而成，是單元目標具體化後的教學目標，具有具體、明確、可觀察的特點，也可做爲講師評量學員學習成果的依據。以下分別說明單元目標與具體目標的敘寫方式：

(一) 單元目標的敘寫

　　單元目標多以 Bloom 的學習領域來區分，包括「認知領域」（cognitive domain）、「技能領域」（psychomotor domain）以及「情意領域」（affective domain）等三大領域。敘寫單元目標時應注意下列原則：

單元目標以Bloom的學習領域來區分，包括「認知領域」、「技能領域」以及「情意領域」等三大領域。

1. 以學習成果來敘寫教學目標

   單元目標應以預期之學習效果來敘寫，不以教學過程來敘寫。例如：在認知目標中，寫成「增進學員對汽油引擎構造的了解」，或在情意目標中敘寫「灌輸學員正確的工作倫理觀念」，其中「增進」與「灌輸」都是教學過程的手段，對於學員應該學到什麼並沒有具體的交代，故應改以「了解（或認識）汽車引擎構造」、「養成正確的職業倫理觀念」。

2. 同時考量認知、技能、情意三個領域的預期成果

   單元目標是期望學員在結束教學活動後能夠達到學習效果，此時應考量同時學習原則，擬訂兼顧認知、技能、情意三方面的學習目標，其有關此三領域教學目標的內涵說明如後。

3. 單元目標的陳述應避免過分空泛或過於狹窄瑣碎

   一項適當的單元目標必須兼顧其範圍和深度。如果單元目標太過廣泛，那麼可能無法在適當的時間內完成教學，例如：「了解點火系統的作用原理」、「能夠進行汽車引擎的故障診測」等，都是過於空泛的單元目標；再如「能夠說出高壓線圈（或電容器）在點火系統的功能」的敘寫方式可能就過於狹窄了；「能說出單品咖啡的沖泡方法」應屬較爲妥適的方法。

(二) 具體目標的敘寫

通常在一個單元目標之下，可以訂定若干具體目標，因此應該使用明確、可觀察、可量測的陳述方式，而且一個具體目標只能有一個行為，也就是一個學習結果。以下依 ABCDE 的結構來說明具體目標的陳述要領（王財印、吳百祿、周新富，民 108；Brown, & Green, 2016；Finch & Crunkilton, 1989）：

1. 教學對象（A, audience）：即學習者，在學校者為學生，在訓練單位者稱為學員。

2. 行為（B, behavior）：學員在學習終點所表現的具體、可觀察的行為結果。在單元目標中通常使用「動態動詞」，如認識、了解、明白、知道、體會、領悟等，但是使用在具體目標則為「動作動詞」，如辨別、列舉、描述、指出、繪出等。有關認知、技能、情意三個領域各個層次的內容與可參考使用的動作動詞詳見表9-3所列在此三領域中各個層次依其難度高低由右至左排列，如認知領域中，「知識」層次較「理解」層次容易；「理解」層次又較「應用」層次容易。

3. 情境或條件（C, condition）：指學員行為發生時的情境背景，包含設備、規定、時間的限制等。例如：「在不參考手冊的情況下能夠……」、「在使用圖例的情況下能夠……」。

4. 標準（D, degree）：指衡量學員行為表現的標準。通常使用數據表達，以數量、時間、頻率或比例表示之。例如：「能列舉三種燃料噴射系統」、「能說出底盤組成百分之八十的內容」、「在二十秒之內能夠測量出……」。

5. 評鑑（E, evaluation）：並非所有的行為目標都必須包含ABCDE五個基本要素，依使用目的的不同，有時可採用ABD或AB的結構。在撰寫教案時，由於對象都只是以單純的學員為對象，因此又可以BCD或BD的方式陳述之。

表9-3・三大領域不同學習層次的動作動詞一覽表

領域	動作動詞內容					
認知領域	知識	理解	應用	分析	綜合	評鑑
	• 說明 • 描述 • 列舉 • 選出 • 指出	• 估計 • 解釋 • 摘要 • 區別 • 重述	• 計算 • 預測 • 運用 • 解決 • 修改	• 區辨 • 分類 • 比較 • 對照 • 圖解	• 創造 • 設計 • 籌劃 • 構成 • 建議	• 批判 • 評定 • 結論 • 決定
技能領域	知覺	準備	模仿	機械化學習	熟練	創新
	• 描述 • 使用 • 抄寫	• 準備 • 擺好姿勢	• 建立 • 連接 • 跟隨 • 嘗試	• 操作 • 拆卸	• 改正 • 調整 • 改編	• 創造 • 製造
情意領域	接受	反應	價值評定	價值組織	品格形成	
	• 發問 • 追隨 • 接收 • 聽取	• 表現 • 回答 • 討論 • 贊許 • 順從 • 喝采	• 判別 • 評價 • 描寫 • 研究	• 堅持 • 修改 • 統合 • 規劃	• 展示 • 影響 • 鑑賞	

資料來源：Brown, & Green. (2016), pp.104

九、教學活動

　　教學活動是教案的主體與重心，每一項教學活動都是為達成教學目標而設計的，換言之，教學目標能否達成，教學活動的設計最為關鍵。三階段式的教學活動設計是最被普遍採用的方式，它把整個教學活動分成「準備活動」、「發展活動」與「綜合活動」三個階段，茲就此三階段規劃教學活動的主要架構圖示，如表 9-4 所示，本章並就每一階段應注意事項說明於後。

表9-4・三階段教學活動表

教學活動階段	教學活動內容
一、準備活動	• 教學情境的準備 • 師生對前次單元的複習與學習準備
二、發展活動	• 引起動機教學 • 提示疑難 • 討論
三、綜合活動	• 總結 • 評量（測驗） • 作業

(一) 準備活動

準備活動最主要包含「教學情境的布置」與「引起學習動機」兩項。前者是指進行教學活動前教具、教材、器材或是學員分組等項目的安排準備，後者指講師事前思索如何引發學員的學習興趣或學習動機、介紹本單元的範圍與講師的期待等。其中「引發學員的動機」可參考以下之具體做法；總之，「引起動機」就是讓學員在學習之初，眼睛爲之一亮，激起學習的慾望。講師通常可從下列方向著手：

1. 說明本單元爲何重要？
2. 與工作過程當中發生的關聯爲何？
3. 可利用最近發生的時事切入。
4. 可利用問題或實例說明。
5. 可利用實物或圖片、影片。

(二) 發展活動

就理論性課程而言，教學活動主要包含考察上個單元的學習成果或預習成果、進行教學、提示疑難、進行討論等活動；實務性課程的教學活動除了「示範」、「實作」、「練習」外，其餘皆與理論性的教學活動類似。這裡特別值得注意的是，不管是理論性或實務性課程，前述的各項活動方式的安排並非直線式一成不變，有時是教學、討論、提示疑難或其中某些活動反覆進行。

(三) 綜合活動

此活動爲整個教學活動最後階段，主要目的是在協助學員對學習內容有整體性的了解，並就學員的學習方法、態度與學習成果進行檢討或評量測驗。因此，此一階段的活動方式可能包含總結、歸納、批評、應用，以及作業練習等，實務性課程則可配合工作單或操作單讓學員應用練習。

十、編寫教案時之注意事項

1. 教案設計完成後，講師必須根據教案確實教學，而非只是教學參考而已。

2. 講師應靈活運用教學方法，利用適當的時機不斷地給學員刺激，讓他們持續地發生不同的反應，並運用多向溝通的方式，使教學活動更爲活潑、生動。

3. 使用具體目標時，須注意每一目標是由學員來完成，而非講師。若一個目標是由講師來講解、說明或操作而完成的，學員根本沒有參與，那這個目標就不能算達成。

4. 教具的使用須密切配合活動，不可提前揭示，否則不但會分散學員的注意力，且會減低教具本身的效果及作用。教具用過後即取下，否則將會影響下一個教學活動的進行。

5. 時間的控制是否妥當，也是教學成功的重要因素。在教案中，時間的規劃應保有彈性，教學時更容易得心應手。

用心規劃的教學活動，能否產生最大的功效，由於涉及的變項頗多，因此仍有待企業講師隨機應變、善加運用，才能有理想中的效果。有人說：「教學是一種技術，也是一種藝術。」上述各種原則或流程，謹提供參考，並非放諸四海皆準，實際的教學仍有賴於平時的體會與研究。

第四節　教學目標分類

以 Bloom 的分類，教育目標可分爲認知領域（cognitive domain）、情意領域（affective domain）以及技能領域（psychomotor domain）三種。「認知領域」是屬於具體和抽象的知識範圍；「情意領域」是有關品德、氣質、觀念及態度方面的領域；「技能領域」則屬於肌肉和神經協調的技能方面，這三種領域皆有其不同的學習層次。一般而言，學習次序是由低層次行爲逐次提升至高層次行爲，而高層次行爲亦包含了低層次行爲。其行爲層次之畫分如下所述：

一、認知領域

「認知領域」是屬於具體和抽象的知識範圍;「情意領域」是有關品德、氣質、觀念及態度方面的領域;「技能領域」則屬於肌肉和神經協調的技能方面。

認知領域包括六個層次,即圖 9-4 所示:

圖9-4・認知領域六層次

二、情意領域

情意領域包含有下列的五個層次,如圖 9-5 所示:

圖9-5・情意領域五層次

三、技能領域

技能之形成有七個層次逐次演進,此七個層次如圖 9-6:

圖9-6・技能領域七層次

第五節　教案設計實務演練

　　本節以一位訓練課的課長禮聘一位講師教授 30 位新進的汽車銷售員所編製的單元教案為例。

表9-5・單元教學活動設計

單元名稱	銷售車種的認識	班別	新進人員	人數	30人
教材來源	營業所訓練講義	指導者	訓練課課長	時間	50分鐘
教材方法	講述法、示範法、角色扮演法	講師	張信中		
教材資源	市場調查資料、型錄、實車、講義、同行相關資料、汽車雜誌				

教學目標	單元目標	具體目標
	一、認知領域 1.認識銷售車種。 2.熟悉型錄中的各項內容。	1-1能説出銷售車種的名稱及型式。 1-2能説出同一款式各銷售車種的差異。 2-1能説出型錄中各銷售車種的內裝。 2-2能説出型錄中各銷售車種的性能。 2-3能説出型錄中各銷售車種的配備。 2-4能説出型錄中各銷售車種的售價。
	二、技能領域 3.熟練型錄的使用方法。 4.熟練銷售實車的操作方法。 三、情意領域 5.增進個人的銷售能力。	3-1能選出正確的型錄。 3-2能標示出型錄中不同車款的各項差異。 3-3能製作不同銷售車種之重點比較表。 4-1能利用展示車為顧客做示範。 5-1能將習得商品的知能，應用於銷售的過程中。 5-2個人的銷售量在一定時間內達成公司的既定目標。
	6.養成敏銳觀察的習慣。	6-1能將習得的觀察技巧，應用於日常生活與工作中。
	7.養成學員良好的學習習慣。	7-1能主動閱讀，蒐集資料。 7-2能積極參與學習活動。

（接下頁）

時間分配	節次	月	日	教學重點
	1	1	26	由公司推出的新車談起，說明公司銷售的車種與型式，並輔以型錄的說明，最後並以實車示範、操作的整個過程。
	2			
	3			

教學目標	教學活動	教具	時間	評鑑	備註
	壹、準備活動				
	(A)講師方面				
	1.確定教學單元內容，準備教材				
	2.蒐集資料，閱讀與研究單元內容。				
	3.準備教具。				
	4.擬定教學目標。				
	5.印製講義，並發給學員預習。				
	6.確定教學方法。				
	(B)學員方面				
	1.熟悉工作環境。				
	2.複習銷售車輛之規格與型式。				
	3.預習市場調查資料。				
	貳、發展活動				
	(A)引起動機				
7-2	1.學會了電話及接待客戶的應對方式後，您是否想躍躍欲試趕快將車子賣出去，但如果您對本公司銷售的車子不了解的話，恐怕對顧客的說服力不足。如果您對車子的各項性能內裝配備售價都能瞭若指掌，相信顧客必定信任你銷售產品。		2`	有積極參與的動機	
	2.學過本單元的課程之後，相信您一定是位業績No.1的銷售員。		1`		
7-1	3.考察預習結果（發問）。		1`	主動閱讀相關資料	
	(B)提示教材				
	1.說明本單元之教學內容。	投影片	2`	能說出	
	2.說明銷售車種的名稱及型式。	講義	3`	能說出	
	3.說明銷售車種的編號及代碼的意義。	型錄	5`	能辨認	
3-1、3-2	4.介紹型錄的種類。	型錄	1`	能說出	
2-1	5.說明同一款式、不同編號及代碼的車子內裝的差異。	講義	3`	能說明	

2-2	6. 說明同一款式、不同編號及代碼的車子性能的差異。	講義	3`	能說明	
2-3	7. 說明同一款式、不同編號及代碼的車子配備的差異。	講義	3`	能說明	
2-4	8. 說明同一款式、不同編號及代碼的車子售價的差異。	講義	3`	能說明	
4-1	9. 示範車子的正確操作方法與程序。	賽車	3`	能做到	
	(C)指導習作與練習				
3-3	1. 製作不同銷售車種的重點比較表。		5`	練習時均能與型錄相同	
5-1	2. 學員練習以型錄為顧客介紹。	型錄	5`	能做到	
	參、綜合活動				
	(A)整理活動				
	1. 整理本單元的要點。	投影片、	3`		
	2. 解答學員的問題。	講義	2`		
	(B)測驗（時間不宜過長）				
	1. 正確地操作及示範車子的各項功能。				
6-1	2. 辨識出型錄中不同款式的車種。	型錄	2`		
	(C)指定作業		3`		
	1. 複習				
	2. 預習（訂購契約書的撰寫方式）				

資料來源：張仁家，民90b，頁287-291。

第六節 教學實務演練

企業訓練講師在教學演練時，若礙於時間，可以以分組的方式進行。各組利用在前述所完成的教案，進行上臺實際演練，每組三十分鐘，其它各組則輪流扮演評審員，利用所附的評量表（如表9-6）進行評量，並於該組演練結束後，以組為單位，經過十分鐘的討論與回饋，上臺評述演練組的優缺點，最後由講師進行講評。講師應力求每位學員均有上臺的機會。

表9-6·教學演示評量表

日期	年　月　日	時間	時　分～　時　分
組別		成員姓名	1.＿＿＿＿＿ 2.＿＿＿＿＿ 3.＿＿＿＿＿

單元主題：

評分項目及分配	得分及說明
1. 內容正確性……………………………………………20%	
2. 過程流暢性……………………………………………20%	
3. 口語清晰性……………………………………………20%	
4. 結構系統性……………………………………………20%	
5. 目標完整性……………………………………………20%	
總合………………………………………………100%	

茲列舉在進行教學演練時，應注意的事項如下（張仁家，民90b）：

1. 請避免口頭禪，如「嗯！」、「啊！」、「然後」、「是不是！」、「這個啊！」等，如果不知道自己是否有口頭禪，請自行錄音並仔細聽取內容即可了解。

2. 儘量以具體的例子講解所要表達的主題。

3. 怯場是正常的事，請把聲音加大，自然忘記緊張了。

4. 使用投影機，請勿在螢幕上筆劃重點，應在投影機上進行指示。

5. ppt簡報製作應具有一致性，文字以簡明易懂的方式呈現，並能多輔以圖表；每張簡報文字不宜超過版面的45%，每頁文字至多7行，字型可採用中黑體或加粗標楷體，字體大小至少為28點。

6. 教學演練前，應先發給學員教學大綱。

7. 不要只坐著講，建議有時候寫黑板，有時候使用視聽器材，有時候在教室走動。

8. 可以向學員提出問題，如果沒有人回答，請再給予一些提示或再給予一分鐘時間思考。

9. 如果要讓打瞌睡者醒來，不要直接向打瞌睡的人發問，請向其周圍的人發問。

10. 報告人的雙手請勿放在口袋中。

11. 如果發音不標準或不清晰，請放慢講話速度。

12. 坐下時，不要不停地抖動大腿。

13. 不要注視特定的學員，要將視線慢慢掃視全教室的各個角落。

14. 評審組的學員提出建議時，請虛心接受。

就評審組的學員而言，應以組為單位，公正不偏私，並應具體說明演練組的優缺點，以作為其改進的參考。評審組學員應注意下列事項：

1. 請傾聽及觀察演練組的演練過程，並做重點記錄。

2. 評述演練組的優缺點時，請先提出優點；再談及其可改進的空間，並請注意講話的口氣。

3. 評分表不僅是提供了解演練組的優缺點，同時也可以作為自己在演練時自我要求的參考。

4. 在分組討論時，請儘量避免音調過高、干擾他人。

第七節 結語

培育一流企業之指導菁英，以因應瞬息萬變的挑戰，正所謂「養兵千日用在一時」、「要改變員工前，要先改變講師」、「改變一位講師，可以改變丫百位員工」等，足見企業教育訓練講師地位之重要。教育訓練欲達到最高效能，不能只偏重在講師的講授技巧；若無法針對企業需求而擬定明確的學習目標、規劃課程內容，將會使訓練成效大打折扣！因此企業講師應熟悉訓練課程的概念、理論與目標，並善用教育訓練實務教學的步驟與方法，發展出兼具理論與實務性，且適合企業或產業需求的訓練課程。此外，本章提供實徵且有效的方法，可引導準企業教育講師跨越 Knowing 到 Doing 間的落差，於爾後在進行教育訓練時發揮實用的效益。

↘ 本章摘要

- 系統化教學設計之流程：界定教學總目標、擬定教學分析、界定學習者的起點行為、編寫學習目標、發展測驗項目的準則、發展教學策略、發展及選擇教材、設計及實施形成性評量、修正教學，最後為設計及實施總結性評量。

- 教案為講師在教學前依據教學目標、單元特性、學員背景等因素，將上課時擬使用的教材、教學資源、教學方法與步驟、以及所使用的教具等，事前加以計畫並一一列舉出來，以利教學活動的進行。

- 教案的功用包括：把握目標、準備教材、了解學員、選擇方法、準備教具、建立信心、支配時間、評價改進。

- 教案編製的步驟：確立目的、了解情境、編選教材、決定方法、準備教具、計劃活動、整理繕寫。

- 教案編寫要領包括：單元名稱、教材來源、教學時間、教材研究、學習條件分析、教學方法、教學資源、教學目標。

- 教學目標包括單元目標與具體目標。單元目標的訂立係依據教學單位預期之學習成果，指導整個單元的教學方向，通常以較為抽象、籠統的方式描述之；具體目標則是由單元目標分化而成，具有具體、明確、可觀察的特點，也可作為講師評量學員學習成果的依據。

- 單元目標的敘寫應注意下列原則：以學習成果來敘寫教學目標、同時考量認知、技能、情意三個領域的預期成果、單元目標的陳述應避免過分空泛或過於狹窄瑣碎。

- 具體目標的陳述項目：教學對象、行為、情境或條件、標準、評鑑。

- 以Bloom的分類，教育目標之認知領域是屬於具體和抽象的知識範圍，情意領域是有關品德、氣質、觀念及態度方面的領域，技能領域則屬於肌肉和神經協調的技能方面。

↘ 章後習題

一、選擇題

(　) 1. 系統化教學設計的步驟為：

　　　(A) 設計、分析、發展、實施、評鑑　(B) 分析、設計、發展、實施、評鑑

　　　(C) 實施、分析、設計、發展、評鑑　(D) 分析、設計、實施、發展、評鑑

(　) 2. 教案的功用，何者為非？

　　　(A) 建立信心　(B) 支配時間　(C) 改進評價　(D) 分析進度

(　) 3. 教案編寫要領的教學目標，何者正確？

　　　(A) 單元和整體　(B) 整體和個別　(C) 單元和活動　(D) 單元和具體

(　) 4. 教學活動的三階段，依序指的是：

　　　(A) 綜合、準備、發展　(B) 準備、發展、綜合　(C) 準備、綜合、發展

　　　(D) 發展、準備、綜合

(　) 5. 教學目標中，屬於具體和抽象的知識範圍中哪個領域？

　　　(A) 技能　(B) 情意　(C) 認知　(D) 表達

(　) 6. 教學目標中，屬於肌肉和神經協調方面為：

　　　(A) 認知　(B) 情意　(C) 分析　(D) 技能

(　) 7. 教學目標中「情意」的領域，何者正確？

　　　(A) 反應　(B) 綜合　(C) 準備　(D) 以上皆是

(　) 8. 教學目標中「技能」的領域，何者正確？

　　　(A) 批判　(B) 分析　(C) 評鑑　(D) 創新

(　) 9. 教學活動中的準備活動主要包含：

　　　(A) 教學時間　(B) 示範　(C) 引起學習動機　(D) 講師遴選

(　) 10. 具體的教學目標，包含的項目，何者為非？

　　　(A) 評鑑　(B) 人數　(C) 行為　(D) 教學對象

二、問題與討論

1. 系統化教學設計的步驟為何？

2. 何謂教案？一份完整的教案應包含哪些要素？

3. 具體目標的敘寫通常包含哪些項目？試舉一例說明之。

4. 請說明Bloom的三大領域為何？各領域又有何層次？

5. 試舉一你熟悉的訓練單元為例，撰寫一份教案。

↘ 參考文獻

一、中文部分

丁志權（民110）。單元教學活動設計的原理與編寫要領。嘉大教育研究學刊，47，23-50。

王財印、吳百祿、周新富（民108）。教學原理（第三版）。臺北：心理。

吳天方（民88）。教材編製與能力本位教育。職教園地，26，40-42。

李隆盛（民85）。科技與職業教育的課題。臺北：師大書苑。

李隆盛（民86）。職校教材的撰寫要領。技職教育雙月刊，38，5-9。

張仁家（民90a）。教材發展。輯於蕭錫錡主編「企業訓練講師教學理論與實務」，頁149-170。臺北：師大書苑。

張仁家（民90b）。教案設計與教學實務演練。輯於蕭錫錡主編「企業訓練講師教學理論與實務」，頁277-296。臺北：師大書苑。

陳昭雄（民80）。工業職業技術教育。臺北：三民。

雷國鼎（民84）。教育學。臺北：五南。

簡慧茹（民92）。以ADDIE Model來探討網路化訓練方案之流程設計。品質月刊，80-83。

蕭錫錡（民85）。教師手冊功能與內涵。職教園地，13，12-13。

蕭錫錡、張仁家（民87）。配合終身學習之技職教育教材革新。載於中國工業職業教育學會主編「技職教育與終身學習」，頁30-37。臺北：中國工業職業教育學會。

二、英文部分

Brown, A. H., & Green, T. D. (2016). The essentials of instructional design: Connecting fundamental principles with process and practice (3rd ed.). New York, NY: Routledge.

Caffarella, R. S. (1992). Planning programs for adult learners: A practical guide for educators, trainers, and staff developers. San Francisco: Jossey-Bass Publishers.

Dick, W., & Carey, L. (1990). The systematic design of instruction (3rd ed.). NY: Harper Collins College Publishers.

Finch, C. R., & Crunkilton, J. R. (1989). Curriculum development in vocational and technical education: Planning, content, and implementation (3rd ed.). Boston: Allyn & Bacon. Inc.

Heinich, R., Molenda, M., Russell, J., & Smaldino, S. (2002). Instructional design and the new technology of instruction. New Jersey: Pearson Education.

Molenda, M. (2003). In search of elusive ADDIE model. Performance Improvement, 42, 34-36. (A slightly lengthier version) Retrieved June 14, 2013, from http://www.indiana.edu/~molpage/In Search of Elusive ADDIE.pdf

Tracey, W. R. (1992). Designing training and development systems (3rd ed.). NY: AMACOM.

The best predictor of a person's future behavior is his or her past behavior.
預測一個人未來績效表現的最好指標是他以往的工作表現。

Stephen P. Robbins
史帝芬・羅賓斯

資料來源：李炳林、林思伶譯（民93）。管理人的箴言，頁6。臺北：培生教育。

Chapter 10

教育訓練的成效評估

▌▌▌前言

　　企業所實施之教育訓練投資是否值得，端看教育訓練的成效（羅悅華，民 108），因此，教育訓練的成效評估（performance evaluation）為教育訓練中極重要的部分，其不僅可以得知訓練課程對員工所造成的影響，與其為公司創造的價值，並可針對訓練課程予以改善，積極地建立企業的組織文化並提升企業人力素質，增強公司的競爭力（周佳慧、李誠，民 91）。Fisher 等人（1993）認為教育訓練最後一個程序就是訓練成果的評估，其意指衡量教育訓練活動實施的效果與預定目標有無符合。

　　美國訓練與發展協會（American Society for Training and Development, ASTD）在 1996 年的一項研究報告中指出，如何衡量訓練對績效提升的影響是二十一世紀訓練與發展領域中一項重要的課題（狄家葳，民 88）。因此，本章先對教育訓練的成效評估之定義加以了解；其次，探討訓練成效評估的重要性、範圍、模式、方法；最後，說明訓練成效評估的成功要件。

第一節　訓練成效評估的意義

　　evaluation 與 assessment 常被譯為「評估」、「評量」或「評鑑」，而常將 evaluation 與 assessment 混淆使用，殊不知兩者在時間與內涵上並不相同，不可混為一談。國內學者余民寧（民 111）指出，評量「assessment」係指蒐集、統整和解釋訊息以幫助決策者作成決定的一種歷程；評鑑「evaluation」是一種主觀的價值判斷（value judgement），係指根據某些標準，針對所得的資訊進行解釋並作價值判斷。由此可知，assessment 著重在事前資料的蒐集，屬於較為客觀的層次；evaluation 則著重於事後的價值判斷，韋氏字典對該字的解釋為「判定某事物的價值或品質」（evaluation is to determine the value or worth of something），屬於主觀判斷的層面。由此顯見訓練成效評估則屬於 evaluation 的層面。

　　「訓練成效評估」可根據不同學者給予其不同之定義，Tyler（1953）將訓練成效評估定義為將學員的表現與行為目標相比較的過程，亦即評量受訓者改變的情形（陳素貞，民 88）。Goldstein（1986）的定義則為針對特定的訓練計畫，系統地蒐集資料，並給予適當的評價，作為篩選、採用或修改訓練計畫等決策判斷的基礎。而 Phillips（1991）將訓練成效評估視為一種系統性的過程，用以決定方案的意義及價值，且用來對方案的未來情況作決策之用（陳素貞，民 88）。邱吉鶴（民 89）認

為，訓練成效評估係指一個組織在辦理訓練後，試圖達成某項目標、如何達成目標與是否達成目標的系統化過程；基本上，成效評估是任何利用追蹤與評估組織績效的過程，為了解一個機關的工作項目執行的「效果」與「效率」如何的過程。

由上可知，訓練成效評估的定義係某一組織為達成某項目標，針對該目標訂定訓練計畫，而在訓練計畫結束之後有系統地蒐集資料，評量受訓者改變的情形，以作為決定方案的意義與價值，使其成為篩選、採用或修改訓練計畫等決策判斷的基礎。而其評估的目的在於提供資訊以供企業人事決策以及員工發展之參考（黃英忠等人，民 91）。

> 訓練成效評估
> 係某一機關為達成某項目標，針對該目標訂定訓練計畫，而在訓練計畫結束之後有系統地蒐集資料，評量受訓者改變的情形，以作為決定方案的意義與價值，使其成為篩選、採用或修改訓練計畫等決策判斷的基礎。

第二節　訓練成效評估的基本原則

心理學大師 Thorndike 說：「凡是存在的東西，都可以評估」，故企業之實務運作僅了解何謂績效並不具有任何實質意義，而須針對「如何實施訓練成效評估」，才具實用價值（Noe, 2020）。然實施訓練績效評估，涉及訓練成效評估的範圍、方法與模式等問題，此內容在稍後會詳細講解，在此先對於訓練成效評估之基本原則做一說明，使讀者更能掌握訓練成效評估。

一、受訓員工之總成績並不代表訓練成效之評價

教育訓練機構在結訓前對受訓員工所舉行之測驗及成績計算，主要目的在確認各受訓員工之個人成績，然個人成績只是表示各個受訓員工對學習之成就有差異而已，並不表示訓練的目的已經達到（Noe, 2020）。

二、訓練目標是否達成需從訓練成效之追蹤評價來認定

訓練之真正目標是要受訓員工將受訓期間的學習所得，在工作崗位上發揮出來，因此受訓員工回到工作崗位上之工作表現考核，即為訓練成效之追蹤，由此亦可知訓練成效追蹤之必要性（Noe, 2020）。而 Fisher 等人（1993）認為教育訓練最後一個程序就是訓練成果的評估，其意指衡量教育訓練活動實施的效果與預定目標有無符合（Noe, 2020）。由此可知，教育訓練之實施，尤須注意是否讓員工真正達到訓練的目標；而如何確保學員達到目標，則必須透過訓練成效評估。

三、訓練成效追蹤評價常被忽視導致訓練成效不彰

一般訓練機構對訓練之實施，常以受訓者成績之高低做爲教育訓練是否成功的指標，然而受訓者即使成績高，卻無法在工作崗位上發揮即爲教育訓練失敗，但是教育訓練機構並未重視該問題，因此導致教育訓練的成效不彰（Noe, 2020）。

四、訓練成效評估可以激勵員工

透過訓練績效評估可以激勵受訓者的學習動機、提高學習興趣，進而提升教育訓練的成效（Noe, 2020）。

五、訓練成效評估可以作為評等、監督與改進的依據

透過訓練成效評估可以評定訓練的好壞，是否達成教育訓練之目標，檢視訓練得失以作爲改進的依據，改進之後則可以提升訓練品質以符合期望的標準（Noe, 2020）。

Parry（1997）指出透過訓練成效評估所獲得的資訊，可得到以下利益：

1. 確認訓練是否達成預期的目標。
2. 修正課程編排以使訓練更有效果。
3. 提供訓練結果及其效益的依據。
4. 爭取管理階層對訓練支持的憑證。
5. 提供講師與課程開發者回饋改善。
6. 後續執行何種訓練的決策依據。
7. 知道如何營造有利的學習環境。
8. 界定並降低工作場所各種限制。
9. 可更專業管理訓練的各項功能。

第三節 訓練成效評估的範圍與類型

依據行政院勞工委員會職業訓練局（民 87）指出：訓練評估指的是對全盤訓練業務之運作、課程的規劃、講師的評價以及對學員的實施成效等多方面綜合地予以評估。由該定義可以看出，訓練成效評估所涵蓋的範圍包括課程、講師、學員，而由其所涵蓋的範圍可以衍生出四種訓練評估的類型，分別為學員評估、講師間的評估、訓練行政人員的評估、講師的自我評估等，各類型訓練評估之定義，以下將詳細說明（趙惠文，民 91；DeSimone et al., 2002；Noe, 2020）：

一、學員評估

學員評估是指受訓學員評估教師的教學效率，其主要透過結構性或非結構性的問卷或晤談的過程加以評估。這種方式的優點是容易施行，可在短時間內獲取資料且信度高，學員可在課堂上直接評估或是課後調查學員對訓練的感受。此內容在稍後的訓練成效評估方法裡有更詳細之講解。

二、講師間的評估

講師間的評估是指教育訓練講師透過教室觀察實地訪視，給予主觀知覺的評估。通常講師均熟悉課程且有專業經驗和豐富的學經歷，故講師以專家身分進行評估為其優點。缺點是講師經常抗拒同儕的教室觀察，因為同儕的偏見亦可能影響評估的信度。

「微型教學」及「教學視導」是晚返常用於改善教學的方法。該方法是由資深教師對於新任或初任教師的教學觀察與指導，對於初任教師教學改善有極大的幫助？

三、訓練行政人員的評估

經辦訓練業務之行政人員透過教室教學進行對講師的觀察。此種方式的優點是評估所得的結果可以佐證並解釋其他評估方式所獲得之資料；而缺點則為受既存資料、個人關係、個人價值觀、個人偏好的影響，容易產生先入為主的觀念。

四、講師的自我評估

　　講師自我評估係指講師運用不同工具去蒐集資料，以評估自己的教學是否達到自己預期的目標，此種方式的優點為容易執行，且由講師自行蒐集資料，可以較便捷做出專業的判斷，缺點為容易淪為主觀。

　　在了解訓練成效評估的類型之後，我們發現訓練成效評估若能完備，帶給企業的助益則相當多，因此，訓練成效評估所涵蓋之範圍，可依企業教育訓練的實施流程加以分析。訓練成效評估的範圍可從訓練需求分析開始，其次進行訓練規劃，之後執行訓練活動。在進行訓練成效評估時，也需要從分析、規劃、執行到成效追蹤，全面的進行分析、檢討（行政院勞工委員會職業訓練局，民87），其涵蓋範圍如圖10-1所示之。

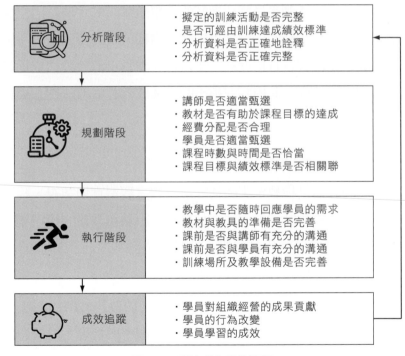

圖10-1・訓練成效評估範圍

資料來源：行政院勞工委員會職業訓練局，民87，頁84。

五、訓練成效評估的執行者

　　根據張緯良（民101）的說法，在進行績效評估時通常有五種人來進行績效評估，分別為直屬上司、同儕、部屬、自我評估、委員會；為求評估的客觀性，在進行評估之前，評估人員應對欲評估之項目與分數的級距有一個共識，以免因少數委員分數過高或過低而導致偏誤（bias）。

第四節　訓練成效評估的程序

　　教育訓練需依階段實施，然而在進行訓練成效評估時亦有程序之分，本文主要依據 Laird（1986）所提出之訓練成效評估流程，如圖10-2 所示，在尚未進行成效評估前，宜先確定是否進行成效評估，與評估的標準、依據，其次選擇評估指標，並設計表單請受訓者填寫，受訓者填寫完成後回收資料進行資料分析，最後，提出分析結果作為教育訓練改進之用。

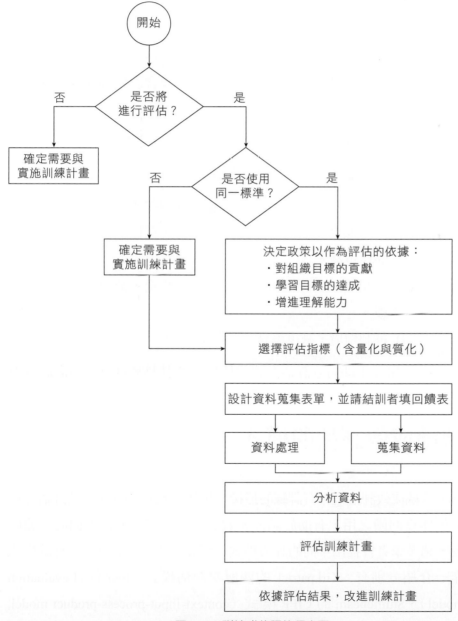

圖10-2・訓練成效評估程序圖

資料來源：Larid, D.,（1986）. Approach to training and development, p.268.

　　該程序提供教育訓練成效評估一個完整的架構，該架構主要有兩個重點分別為：(1) 是否需要進行訓練成效評估；(2) 是否使用同一標準來進行訓練成效評估，其中又以訓練成效評估的標準最為重要，以下做一詳細說明。

　　任何一種評估方法均須符合下列三項標準（Noe, 2020）：

1. 有效性：所謂有效性，係指原因與效果之間的關係而言，不單指訓練對學員造成多少改變，而是進一步指出這些改變對訓練規劃本身及其他相關因素能有多少貢獻。

　　一般來說，影響訓練成效評估有效性的影響因素有下列幾種：評估環境改變、學員就職期間長短、評估對象的身心狀況、評估方法的差異、抽樣對象的選擇等，皆會影響訓練成效評估的有效性（Parry, 1997）。

2. 可靠性：即評估工具所衡量出訓練成果的正確程度。

　　在進行測驗可靠度時應注意之事項：

(1) 利用相同的評估工具，避免結果產生差異。

(2) 利用標準差檢測可靠性，如果差異在標準差之上則表示可靠性不高。

(3) 告知受試者評估結果，使其提高警覺，減少可能發生的錯誤。

(4) 控制環境，減少差異。

3. 可用性：即力求評估方式的使用，使其易於執行、易於評分與易於了解。

第五節　訓練成效評估的模式

　　訓練成效評估是教育訓練的最後一項也是重要的程序，其評估之結果可作為回饋之用，有助於訓練成效的提升。有關於此方面的理論頗多，諸多學者曾提出不同的評估模式，因此，本文針對常見之理論模式作一介紹分別有：Kirkpatrick 的四層次評估模式（four level evaluation model）、Stufflebeam 的 CIPP 模式（context-input-process-product model, CIPP）、Brinkerhoff 的六階段模式（six-stage model）分述如下。

一、Kirkpatrick 的四層次評估模式

　　Kirkpatrick（1959a,1959b,1960）對於訓練成效評估提出四層次的評估模式，是現今最被廣為引用的理論，其四層次模式分別為：第一層次「反應層次」（reaction level），第二層次「學習層次」（learning level），第三層次「行為層次」（behavior level），第四層次「結果層次」（result level）。如表 10-1 所示，此四層次乃評估訓練成效的連續方式，每一個層次皆有其重要性，當評估從一層次移至下一層次時，評估的過程就愈顯費時與困難，但同時也愈增加評估的價值。以下分別就四個層次詳加說明：

表10-1・Kirkpatrick四層次評估模式

層次	層次構面	教育訓練成效評估的焦點
四	結果層次	藉由受訓者達成具體的組織貢獻為何？
三	行為層次	受訓者在工作上的行為改善與增進為何？
二	學習層次	受訓者吸收到的知識、技能、態度與行為為何？
一	反應層次	受訓者的滿意程度為何？

資料來源：Kirkpatrick, D. L.（1996）. Evaluation in the ASTD training and development handbook（2nd ed.）. NY: John Wiley & Sons Press.

> 四層次的評估模式，是現今最被廣為引用的理論，其四層次模式分別為：反應層次、學習層次、行為層次、結果層次。

(一) 反應層次

　　反應層次主要在於衡量學員對訓練課程的滿意程度，包含對課程內容、講師教學方式、口語表達技巧、授課教材、空間設備等的感覺；通常於訓練課程結束後，以問卷的方式進行評估。

(二) 學習層次

　　學習層次主要在於衡量學員透過訓練學得新知識與技能之程度，亦即學員是否有學習到教育訓練所講授之課程內容，與其吸收程度為何；此層次主要可藉由紙筆測驗、面談、觀察或實作測試等方式來衡量。

(三) 行為層次

　　行為層次主要在於衡量學員將所學到的知識與技能應用在工作上的程度，亦即評估受訓者的行為、能力、效率等是否有所改變，訓練是否得到轉移，因而使工作績效提高；此層次一般可藉由行為導向之績效評估量表或觀察法於學員回到工作崗位後衡量之。

(四) 結果層次

結果層次主要在於衡量學員行為上的改變對組織帶來的利益，即學員參與訓練對組織經營績效有何貢獻，例如產量的增加、銷售量的增加、品質的改善、成本的降低、利潤的增加、投資報酬率的增加等；另外，針對難以用貨幣衡量成果的訓練課程，可用士氣提升或是其他非財務性的指標加以衡量。此一層次是最不容易評估的一個層次，一般以成本效益分析（羅悅華，民108）、生產力指標、主管訪談、專家評量等方式，於訓練結束而學員回到工作崗位一段時間後進行評估。

Fisher 等人（1993）將上述 Kirkpatrick 的四層次評估準則展現如金字塔般的圖形，分為層次、所要詢問的問題及衡量方法等三部分，金字塔底部為反應層次，最高部分為結果層次，然而金字塔若以表格方式呈現，則更加清楚，因此陳德望（民90）將 Kirkpatrick 的層次評估準則以表格方式呈現，如表10-2所示。

表10-2・Kirkpatrick模式各層級與中心議題

評鑑層級	中心議題	評鑑項目及使用工具
反應（感受）層次	• 參與者是否喜歡或滿意該訓練？ • 受訓者對訓練的「喜歡」和「感覺」。	教材、講師、設施與環境、教學方法與策略、教學輔助工具、教學內容等。常用問卷、面談、觀察或座談等方式。
學習層次	• 參與者自該訓練學習哪些知識技能？ • 受訓者所了解和吸收的原理是屬於何種技術？	應用的項目、應用的熟練度、未能應用的項目、有哪些工作行為是員工要學習的。常用筆試、口試、觀察、實作測驗等方式。
行為層次	• 基於訓練所學，參與者於學習結束後有否改變其行為？ • 將「所學到的原理和技術」運用於工作中。	應用的項目、應用的熟練度、應用的精確度、應用的速度、有哪些工作行為是員工要學習的。常用問卷調查、績效考核或填寫行動方案的方式。
結果（成效）層次	• 參與者所改變的行為對其組織有否貢獻？ • 達成目的、目標或「所想得到的結果」。	單位產品產出、單位投入成本、人工成本、品質、準時交貨率、改良率等。常用人力資源的成果（如滿意度、參與度、出勤率、留任率、離職率等）或組織績效的成果（如生產力、銷售量、不良率、員工效率、顧客滿意度、客戶抱怨等）。

資料來源：改自陳德望，民90，頁14。

　　首先在反應層次所要詢問的問題為「受訓者喜歡這類的課程、講師與設備嗎？」「上課後覺得有用嗎？」「有什麼建議？」，而用來衡量這些問題的方法為問卷調查法，詢問受訓者「喜歡這類課程、講師與設備嗎？」「上課覺得有用嗎？」「有什麼建議嗎？」等問題；在學習層次所要詢問的問題為「受訓者是否自覺學到更多知識與技能？」，衡量的方式為撰寫報告、績效考核與職務模擬；另外在行為層次所要詢問的問題為「受訓者的工作行為有改善嗎？」「是否有將學到的技能與知識運用在工作之上？」，衡量的方式由上司、同事、顧客與部署共同來考評；最後在結果層次所要問的問題為「組織或部門單位是否因訓練後變得更好？」，衡量的方式為偶發事件的處理能力如何？以及品質、生產力、流動率、士氣、成本與利潤是否有所提升。此外，Phillips（1996）曾將 Kirkpatrick 的四階層上加入第五個層級—投資報酬率（ROI, return on investment）的衡量（Werner & DeSimone, 2009），受到許多企業的重視。

二、Stufflebeam的CIPP模式

<aside>CIPP模式主要架構：背景評鑑、投入評鑑、歷程評鑑、成果評鑑。</aside>

　　Stufflebeam 的 CIPP 模式從 1965 年發展出第一期的 CIPP 模式，持續對 CIPP 模式不斷的修正，到 2003 年已經為第五期的 CIPP 模式，但主要架構是背景評鑑（context evaluation），投入評鑑（input evaluation），歷程評鑑（process evaluation），成果評鑑（product evaluation）（曾淑惠，民 93）。

　　「CIPP 模式」是廣被職業教育界接受的評鑑模式，主要對象為行政人員，但是包含學生的學習反應情形，通常以調查問卷、訪問、晤談及自然隨機方式為評鑑方法（戴淑媛，民 90）。李隆盛（民 83）認為訓練方案成效的評估並不侷限於結果面向，尚應從背景、輸入與過程等層面檢視方案的目標、資源的使用、方案實施過程的成效。評鑑的對象則包括機構人員、受訓人員、結訓人員與雇主等，蒐集其對訓練方案的看法與滿意情形。茲將四類評鑑細部內涵說明如下（曾淑惠，民 93）：

(一) 背景評鑑

背景又譯為「脈絡」、「情境」，背景評鑑是用在一個已經定義的環境中，評估其需求、問題、資產與機會。背景評鑑的主要目標有：

1. 描述想要達成服務的背景。
2. 定義預設好的受益者，並評估其需求。
3. 定義符合需求時，會遭遇的問題與阻礙。
4. 定義可能用以強調目標群需求的領域資產與獲得基金的機會。
5. 評估方案、計畫或其他服務目標的清晰度與適切性。

(二) 投入評鑑

旨在藉由尋求並檢視切合需要的相關途徑，評估所提的方案、計畫或服務策略及其執行的預算。

(三) 歷程評鑑

歷程評鑑在於決策和預測流程設計的缺失，偵測作業潛在的困難以及保持實際記錄以作為作業改進的依據。歷程評鑑是在訓練計畫的進行中監督實施的過程，以確保實施的品質。

(四) 成果評鑑

成果評鑑的目的在於界定並診斷訓練的成果是否達成預定目標，以作為未來繼續實施、修正實施或停止該方案的參考，而主要目標是確認課程的結果與目標之間的差異性。

三、Brinkerhoff 的六階段模式

Brinkerhoff（1988）指出 Kirkpatrick 的模式是以訓練結果為導向，然而教育訓練在執行時其前置作業及訓練過程，皆會直接影響訓練的成效。若將焦點放在訓練後的成效評估，即無法真正了解成效好壞的成因，只能在不斷的嘗試錯誤中來改進訓練。因此，Brinkerhoff 依據訓練流程提出了六階段模式的觀念，主張除了訓練後的成效評估外，對訓練流程應加以評估，才能使訓練評估更臻完整。此模式的內容分成目標設定、課程設計、課程執行、立即結果、運用成果，以及影響和價值等六個評估階段。其詳細內容如表 10-3 所示。

表10-3・Brinkerhoff的六階段模式

評估階段	主要評估的問題	有用的方法
1. 目標設定 訓練需求為何？	• 訓練需求，問題與機會的程度為何？ • 是否可以透過訓練解決？ • 這問題是否值得解決？ • 訓練是否是最有效的解決方法？ • 是否有指標可以判斷訓練是最有效的解決方法？ • 是否透過訓練去解決問題比其他方法為佳？	• 組織的稽核 • 績效的分析 • 記錄的分析 • 觀察 • 調查 • 研究 • 回顧文件
2. 課程設計 哪些內容會有用？	• 怎樣的訓練最有效？ • A的課程設計會比B的設計有效嗎？ • 課程的設計有什麼問題？ • 所選擇的課程設計足夠、有效嗎？	• 教材的評估 • 專家的評估 • 測驗性的試辦 • 參與者的評估
3. 課程執行 這些課程可行嗎？	• 課程的傳授有達到預期成效嗎？ • 課程的傳授有按進度進行嗎？ • 課程的傳授有發生問題嗎？ • 實際的傳授狀況為何？ • 課程的成本為何？	• 觀察 • 查核表 • 講師與學員的回饋 • 記錄分析
4. 立即結果 學員有學到東西嗎？	• 學員有學到東西嗎？ • 學員的學習成效為何？ • 學員學到什麼？	• 知識與績效的測驗 • 觀察 • 模擬測驗 • 心得報告 • 工作樣本的分析
5. 運用成果 學員有運用所學嗎？	• 學員如何運用所學的內容？ • 學員運用了哪些內容？	• 學員、同事、主管的報告 • 個案研究 • 調查 • 實際工作觀察 • 工作樣本分析
6. 影響和價值 結果的改變是否值得？	• 訓練後有何影響？ • 訓練需求有被滿足嗎？ • 訓練是否值得？	• 組織的稽核 • 績效的分析 • 記錄的分析 • 調查／觀察 • 成本效益分析

資料來源：Brinkeroff, 1988, p.67.

第六節　訓練成效評估的方法

　　在了解了教育訓練的模式之後，即開始利用教育訓練的評估方法著手進行教育訓練的評估，而訓練評估的方法有很多種，各學者提出不同的評估方法分述如次：

一、Holcomb七個訓練成效評估方法

Holcomb（1993）曾提出訓練成效評估有問卷調查（questionnaire survey）、面談（interview）、觀察（observation）、測驗（test）、文件分析（documents）、情境模擬（simulations）及行動計畫（action plans）等七個方法（陳德望，民 90；蔡錫濤，民 89），茲分述如下：

(一) 問卷調查法

問卷調查法可分為對研習參加者本人，或第三者進行等兩種（陳鐘文，民 85）。其將有關訓練課程評估的問題，以封閉式量表或開放式問題列於紙張上，交由填答者進行回答的方法。此方法可在短時間內獲得較多數的資料。且其運用的範圍最為廣泛，主要包括：課程內容是否適當、講師授課的方式是否有效、課程的計畫是否得體、每堂課的時間是否妥當，其他如上課地點、餐飲、住宿等，皆可為問卷調查的項目之一。

(二) 面談法

面談法是在教育訓練結束之後，與參與的學員進行面談，透過一邊面談一邊進行評估的方法，較適合評估參與教育訓練者的學習意願、熱忱、人格或狀態（陳鐘文，民 85）。面談執行可以透過面對面、電話或視訊等進行。

O'Connor, Bronner 及 Delaney（1996）等人提出面談法實施的步驟，說明如下：

1. 釐清面談的目的以及所欲探討的問題。
2. 選擇面談的對象。
3. 設計面談大綱，以決定要探討的問題及訪談順序。
4. 透過預試（pilot interview）來了解面談大綱可否能達成所預期的效果，並適當的加以修正。
5. 從預試所獲得的資料，決定資料整理的方式。
6. 按預計的進度進行正式的面談。
7. 分析與解釋從面談中所蒐集到的資料。

(三) 觀察法

　　觀察法是觀察學員在教育訓練課程進行中的活動實態，主要觀察其對訓練課程的理解度、上課情形及態度、各項能力的表現程度等進行評估。通常執行觀察者往往是一份講師或訓練承辦人員，藉由實際的觀察了解學員狀況。應用觀察研究法時爲了提高觀察者的客觀性，須由多數人事先設定觀察項目，詳細觀察研習活動（陳鐘文，民85），並紀錄所欲觀察項目發生的頻率及程度高低。常用的人事考核法、訪視法均屬觀察法的應用。

(四) 測驗法

　　測驗法是從訓練課程的內容中選擇重點，於課程進行前做成測驗問題，並於課程結束後測驗學員，以評估其對課程的理解能力及學習的結果是否達成課程所預定的目標。測驗問題在訓練課程進行前即已編好，其目的在讓訓練講師在教學時能掌握教學的目標與內容，以達成「目標－教學－測驗」三者的連貫點一致。測驗法能了解學員對特定事務的了解程度以及在執行一項任務的能力。測驗可用於訓練前、中、後，訓練前的測驗可以了解學員對訓練內容的了解程度；訓練過程的測驗可以了解學員的學習進展並發掘學習所遇到的問題；訓練後的測驗可了解學員的學習成效爲何。常用的測試法、技能檢定法、目標比較法均屬之。

　　一份測驗命題完成後，可運用雙向細目表（two-way specification table）加以檢核。雙向細目表是一份測驗的架構藍圖，包括教學目標與教材內容兩個向度。它描述了一份測驗中所應該包含的內容以及所評量到的能力（或程度）。我們可以把它想像成一個座標，分別以教學目標和學習內容爲兩個軸，這兩個軸上有不同的教學目標與學習內容，任何一個試題均應落在這個座標上，因爲它一定可以歸屬於特定的教學目標與學習內容，再從各個教學目標與學習內容分別加總題數，便可看出這份測驗的試題是否偏重於哪個目標或是側重哪個教學內容。建立雙向細目表可以幫助命題者釐清教學目標和學習內容的關係，以確保測驗能反映教材的內容，並能夠眞正評量到預期之學習結果。

雙向細目表
是測驗的架構藍圖，包括教學目標與教材內容兩個向度。它描述了一份測驗中所應該包含的內容以及所評量到的能力（或程度）。建立雙向細目表可以幫助命題者釐清教學目標和學習內容的關係，以確保測驗能反映教材的內容，並能夠眞正評量到預期之學習結果。

(五) 文件分析法

文件分析法是指於訓練後，基於假設學員實際的工作表現，將反映於某些報表文件，因此可用組織內許多現成的文件做為評估的資訊來源，例如：非生產工時的統計表、生產績效評核表、財務損益表、客戶抱怨表、以及意外報告表、改善提案表等。根據不同的表件資料又可衍生出工作查核表法、成本效益分析法、綜合比較法、目標比較法、績效查核法等。

(六) 情境模擬法

情境模擬法是指模擬出近似實際工作的情境進行觀察評估。情境模擬法的使用，主要是因為有些狀況無法隨時在實際工作場所中發生，例如：危機事件的處理、防火逃生、工安意外、急救措施、緊急應變措施等情境時，就有賴於情境模擬法來評估訓練成效。最常用的情境模擬法有示教板練習法、教具模擬法、角色扮演法。

(七) 行動計畫法

行動計畫法學員在訓練結束後，以書面化的方式描述，如何將其訓練所學運用到實際的工作職場，再依據學員自己的承諾（計畫書）做事後的追蹤。市場分析法、成果發表法均屬之。

二、企業訓練成效評估方法之運用

(一) 依訓練項目劃分

依據教育訓練評估的項目不同，將評估的方法做不同的分類，其主要的評估項目有：訓練規劃設計的可行性與準確性、訓練的學習成果、訓練的執行效果、結訓員工的調適改善、結訓員工的企業績效，以及訓練配合措施的成效等（戴淑媛，民 90），其理論可以整理如表 10-4。

(二) 依訓練階段劃分

戴幼農（民 83）將訓練評核的方法以訓練期間、訓練期滿及工作期中三階段提出不同之評估方法，詳如表 10-5 所示：

表10-4・訓練成效評估方法分析表

評估項目	評估的方法
訓練規劃設計的可行性與準確性	決策形成分析法、調查法、自我評量法、訪視法、比較分析法及蒐集比較分析法
訓練的學習成果	問卷法、面談法、觀察法、測試法，技能檢定法，競賽法、心得報告分析法、團體活動法、記錄表法、模擬法及角色扮演法
訓練的執行成果	問卷法、面談法、觀察法及座談法
結訓員工的調適改善	目標比較法、現場測定法、記錄表法、面談法、觀察法及測試法
結訓員工的企業績效	綜合比較法、記錄比較法、目標比較法、績效查核表法、成本效益分析法、工作查核表法、人事考評法、面談法、觀察法、訪視法、市場分析法及成果發表法
訓練配合措施的成效	人事考評法

資料來源：戴淑媛，民90，頁32。

表10-5・訓練評核方法

評核時機	評核方法
訓練期間	學科測驗、技能考驗、問卷調查、個別談話、教師會議
訓練期滿	學科測驗、技能檢定、模擬練習、角色扮演、問卷調查、結業座談
工作期中	問卷調查、訪問會談、訓練會議檢討

資料來源：戴幼農，民83，頁22。

　　根據張火燦（民 87）對於績效評估的目的、效標及評估方式之間的相互關係，可利用圖 10-3 來表示。由上述訓練成效評估的方法分類，即可了解訓練成效的評估必須視評估的目的而訂，俟目的確立後，配合訓練的時間，選擇適當的評估指標及評估方法，方可進行訓練績效評估。建議可將訓練成效評估與訓練規劃辦理的需求考量或問題點作連結，以瞭解學員經由訓練所得回饋至相關問題解決的情形，同時也較能設計更具體明確的行為或結果層次的指標，多元且明確地展現實質的訓練績效與單一訓練活動辦理的價值，不受財務或經濟等效益迷思的限宥（陳姿伶等人，民 101），亦誠如 Sackett 和 Mullen（1993）所指，雖企業或組織漸對 ROI 評鑑的需求日趨迫切且重視，但並非所有的訓練皆適合進行 ROI 的分析，而適用於 ROI 評鑑的訓練必須具有相當明確的成果，意即於訓練後產生的成果事件，在企業或公部門組織中是顯而易見並為策略性焦點，且擁有可加以隔離或區辨的效果時方較適宜。

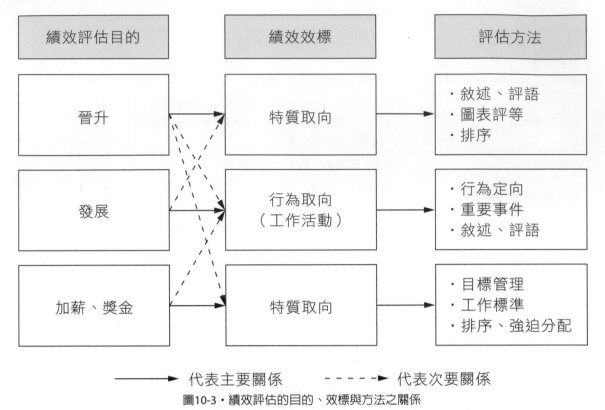

圖10-3‧績效評估的目的、效標與方法之關係

資料來源：張火燦，民87，頁188。

第七節 訓練成效評估的要件

在了解了訓練成效評估的定義、範圍、方法與模式之後，茲歸納欲有效達成訓練成效評估所需掌握的五項要件：

一、適時提供清晰的訓練成效資料

通常訓練成效的資料需要對外公布時，企業的領導者大都抱持疑慮。如果該成效資訊與資源的配置有相當關係時，則提供資訊對於他（她）爭取預算有所障礙的話，往往較不願意提供正確資訊（邱吉鶴，民89）。

二、接受正規的教育訓練成效評估訓練

從事教育訓練成效評估的人員，有接受過正規的教育訓練成效評估的教育，則在實施上較容易成功。

三、選用良好的評估工具

所謂「工欲善其事，必先利其器」，評估工具的好壞牽涉到訓練成效信度（reliability）與效度（validity）的高低，因此，評估工具的選用不可不慎。

四、建立完整的回饋系統

訓練評估的實施並不是只將結果呈現給主管人員而已，最重要的是要主動協助或要求講師能改善缺失、增進自我省思能力，而對於表現優良者給予肯定與鼓勵，因此，完整的回饋系統之建立有其必要性（Noe, 2020）。

五、獲得最高決策者高度認同與支持

訓練成效評估如果沒有最高決策者的支持與認同，無論執行者如何努力，都將不會有明顯的成效（Parry, 1997）。

第八節　結語

訓練成效評估不論由定義、範圍、模式來看皆可看出其重要性，但是評估的實施應該是長期的、連續的工作，才可能發揮其考核、改善、激勵等功能，且相關人員也才能真正看出教育訓練之成效與效益，望各界善用訓練評估方法實際應用於訓練成效評估上，回饋並改進教育訓練的缺失所在，用以提升組織整體經營績效，創造出企業最大的利益。

信度
指評估工具的穩定性、一致性，也就是說一位員工在不同的時間接受同樣的績效評估，其評估結果是否趨向一致的情形。

效度
指評估工具的有效性、真實性，也就是說效度代表了績效評估的工具能否真正反映出員工實際表現的程度。如欲評估員工的技能水準，其評估工具僅能測量員工的態度（或採用訪談或問卷方式），則可宣稱此評估工具不具效度。

↘ 本章摘要

- 訓練成效評估的定義係某一機關為達成某項目標,針對該目標訂定訓練計畫,而在訓練計畫結束之後有系統地蒐集資料,評量受訓者改變的情形,以作為決定方案的意義與價值,使其成為篩選、採用或修改訓練計畫等決策判斷的基礎。

- 訓練成效評估之基本原則:受訓員工之總成績並不代表訓練成效之評價、訓練目標是否達成須從訓練成效之追蹤評價來認定、訓練成效追蹤評價常被忽視導致訓練成效不彰、訓練成效評估可以激勵員工、訓練成效評估可以作為評等、監督與改進的依據。

- 訓練成效評估的類型包括:學員評估、講師間的評估、訓練行政人員的評估、講師的自我評估。

- Laird提出之訓練成效評估流程:首先,在尚未進行成效評估前,宜先確定是否進行成效評估,與評估的標準、依據;其次,選擇評估指標,並設計表單請評估者填寫,受訓者填寫完後回收資料進行分析;最後,提出分析結果做為教育訓練改進之用。

- Kirkpatrick對於訓練成效評估提出四層次的評估模式分別為:反應層次、學習層次、行為層次、結果層次。

- Holcomb提出訓練成效評估有以下七種方法:問卷調查法、面談法、觀察法、測驗法、文件分析法、情境模擬法、行動計畫法。

- 訓練成效評估須掌握的五項要件:適時提供清晰的訓練成效資料、接受正規的教育訓練成效評估訓練、選用良好的評估工具、建立完整的回饋系統、獲得最高決策者高度認同與支持。

↘ 章後習題

一、選擇題

( ) 1. 訓練成效的評估較屬於哪一項的層面？

    (A)Assessment   (B)Judge   (C)Determine   (D)Evaluation

( ) 2. 訓練成效評估的執行者，何者正確？

    (A) 籌備會   (B) 間接上司   (C) 部屬   (D) 他人評估

( ) 3. 哪一種評鑑模式是廣被職業教育接受的？

    (A)ADDIE   (B)CIPP   (C)PDCA   (D)ASTD

( ) 4. 訓練成效評估的範圍，何者為非？

    (A) 學員   (B) 講師   (C) 課程   (D) 主管

( ) 5. 企業訓練成效評估方法的運用，依據哪些分類？

    (A) 訓練項目和階段   (B) 訓練人數和階段   (C) 訓練預算和階段   (D) 以上皆非

( ) 6. Kirkpatrick 訓練成效評估的第三層次評估模式為：

    (A) 反應   (B) 結果   (C) 學習   (D) 行為

( ) 7. Kirkpatrick 訓練成效評估的第一層次評估模式為：

    (A) 結果   (B) 反應   (C) 行為   (D) 學習

( ) 8. 訓練成效評估法中，「市場分析法」屬於哪一種方法？

    (A) 觀察法   (B) 問卷調查法   (C) 行動計劃法   (D) 情境模擬法

( ) 9. 訓練的評核方法，在評核期間的訓練期間，何者正確？

    (A) 結業座談   (B) 個別談話   (C) 角色扮演   (D) 模擬練習

( ) 10. 訓練成效評估須掌握要件，何者為非？

    (A) 建立完整回饋系統   (B) 選用良好評估工具   (C) 接受全面的訓練成效評估訓練   (D) 獲得決策者支持

二、問題與討論

1. 何謂教育訓練成效評估？其適用的時機為何？

2. 常見的教育訓練績效評估有哪些？各包含哪些階段？

3. 試說明Kirkpatrick的四層次評估模式之內涵為何？

4. 訓練成效評估通常有哪些方法？

5. 試說明訓練成效評估的要件為何？

↘ 參考文獻

一、中文部分

行政院勞工委員會職業訓練局（民87）。企業員工訓練的需求與規劃（頁83-86）。臺北：行政院勞委會職業訓練局編印。

余明寧（民111）。教育測驗與評量：成就測驗與教學評量（第四版）臺北：心理。

李隆盛（民83）。大專畢業青年第二專長補充訓練成效之評估。行政院青年輔導委員會。

狄家葳（民88）。訓練成效評估之研究—以臺灣跨國企業為例。國立臺灣大學商學研究所碩士論文。臺北：未出版。

周佳慧、李誠（民91）。訓練成效評估之探討—以V公司團隊建立課程為例。第八屆企業人力資源管理實務專題研究成果發表會。中壢：國立中央大學。

邱吉鶴（民89）。行政機關績效評估制度之研究。國立臺北大學企業管理學系碩士論文。臺北：未出版。

張火燦（民87）。策略性人力資源管理。臺北：揚智文化。

張緯良（民101）。人力資源管理（第四版）。臺北：雙葉書廊。

陳姿伶、蔣憲國、劉伊霖（民101）。運用Kirkpatrick四層次模式推行公部門訓練成效評估之研究。農業推廣學報，29，24-44。

陳素貞（民88）。企業訓練績效評估研究—國內外標竿企業之比較。國立中央大學企業管理研究所碩士論文。中壢：未出版。

陳德望（民90）。管理課程（MTP）訓練績效評估之研究—以科技與機械公司為例。靜宜大學企業管理學系碩士論文。臺中：未出版。

陳鐘文（民85）。企業員工教育訓練技術。臺北：清華管理科學圖書中心。

曾淑惠（民93）。教育評鑑模式。臺北：心理出版社。

黃英忠、曹國雄、黃同圳、張火燦、王秉鈞（民91）。人力資源管理（第二版）。臺北：華泰。

趙惠文（民91）。團隊建立訓練評估。國立中央大學人力資源管理研究所碩士論文。中壢：未出版。

蔡錫濤（民89）。訓練的評鑑。載於李隆盛、黃同圳主編，人力資源發展。臺北：師大書苑

羅悅華（民108）。「投資」人才有賺有賠：如何評估訓練成效，降低影響變數。https://ehr.104.com.tw/edm/Events201905/newsletter/NL19May.html?utm_source=201905NL_article1

戴幼農（民83）。訓練評核的原則與方法。就業與訓練，12(4)，22。

戴淑媛（民90）。中高齡者職業訓練成效評估之研究。國立中山大學公共事務管理研究所碩士論文。高雄：未出版。

二、英文部分

Brinkerhoff, R. O. (1988). An integrated evaluation model for HRD. Training & Development, 42(2), 66-68.

DeSimone, R. L., Werner, J. M., & Harris, D. M. (2002). Human resource development (3rd ed.). NY: Harcourt College Publishers.

Goldstein, L. L. (1986), Training in organization: Needs assessment, development, and evaluation (2nd ed.). Monterey, CA: Brooks/Cole.

Kirkpatrick, D. L. (1959a). Techniques for evaluating training programs. Journal of the American Society of Training Directors, 13(11), 3-9.

Kirkpatrick, D. L. (1959b). Techniques for evaluating training programs. Journal of the American Society of Training Directors, 13(12), 21-26.

Kirkpatrick, D. L. (1960). Techniques for evaluating training programs. Journal of the American Society of Training

Directors, 14(11), 13-32.

Kirkpatrick, D. L. (1996). Evaluation in the ASTD training and development handbook (2nd ed.). NY: John Wiley & Sons Press.

Larid, D. (1986). Approach to training and development. MA: Addision Wesley, Inc.

Noe, R. A. (2020). Employee training and development (8th Ed.). New York, NY: McGraw-Hill Education.

O'Connor, B.N., Bronner, M., & Delaney, C. (1996). Training for organization. Cincinnati, OH: South-Western Educational Publishing.

Parry, S. B. (1997). Evaluating the impact of training (1st ed.). American Society for Training & Development.

Sackett, P. R. & Mullen, E. J. (1993). Beyond formal experimental design: Toward an expanded view of training evaluation process. Personnel Psychology, 46, 613-627.

Werner, J. M., & DeSimone, R. L. (2009). Human Resource Development (5th ed.). Mason, OH: South-Western Cengage Learning.

Quality is more important than quantity. One home run is much better than two doubles.
品質比量重要，一支全壘打比兩支二壘安打好許多。

Steve Jobs
史帝芬・賈伯斯

資料來源：http://www.dailyenglishquote.com/2011/10/steve-jobs-6/。

Chapter 11

企業人才發展系統

▓▓▓ 前言

　　面對全球化知識競爭激烈，生產技術快速變革，企業需求與人才品質供給之缺口亟需教育訓練介入平衡。有效的訓練繫於完整的需求評估、週延可行的訓練計畫及監測修正之效益評估機制。因此，先進國家為發揮企業訓練最大效益，無不積極發展訓練品質管理系統。

第一節 訓練品質的定義

　　市場上普遍概念咸認為品質是消費者或使用者滿意的代名詞，陳善德（民 97）指出，組織的品質保證模式之運用原則，建立在以「持續改善」的技術與方法，提升組織績效，以達到客戶滿意的最終目標。教育訓練係透過訓練的方法，提升組織成員知能以滿足組織需求，有效的訓練則需要品質之提升以為確保（黃書楷，民 97）。

　　Seyfried, Kohlmeyer 及 Futh-Riedesser（1999）建議訓練品質之定位應取決於三面向，分別為訓練結構（包括區域性條件、地點、時機、動機等）、訓練過程（所有關於訓練活動之直接影響因素與觀點）、訓練產出與成效（產品與期望結果），為追求訓練品質，應從訓練需求、規劃執行、成效檢核角度分析。組織在施行訓練之前應依組織發展目標與組織成員職能之落差分析，辨識訓練之必要性，進而決定訓練內涵及施訓方式。其次，訓練的實際操作仍應以經營策略為導向發展訓練方案（Leonard & McAdam, 2002）。

　　綜上，品質觀念於訓練管理之應用，是指訓練產品以顧客導向符合顧客要求標準，且透過評估檢核不斷改善管理系統程序的過程。

第二節 我國訓練品質系統

一、TTQS發展背景

　　行政院「服務業發展綱領及行動方案（2004 年 -2008 年）」針對「人才培訓服務產業發展措施」，明列建立人才培訓產業品質認證制度，由勞委會負責規劃推動訓練品質規範，提出可行策略方案。因此我國勞動部勞動力發展署於 2006 年綜合 ISO10015、英國 IIP 人才投資方案、澳洲積極性職業訓練政策（詳見本章第三節）等，以及我國面對全球化知

識經濟社會之挑戰狀況研擬出一套臺灣的訓練品質計分卡——「臺灣訓
練品質系統」（Taiwan TrainQuali System, 也就是我們慣稱的 TTQS）。由
於人力資本是企業最重要的資產，訓練品質的觀念也轉換為人才發展品
質。因此，勞動力發展署於 2014 年對 TTQS 重新詮釋與定位為「人才
發展品質管理系統」（Talent Quality-management System, TTQS），以確保
人才發展的可靠性與正確性。TTQS 做為評量及管理工具，是政府輔導
措施的重要標尺，藉以促進有效的國家人力資本投資、提升人力品質競
爭力，厚實職業訓練品質績效（林文燦、孔慶瑜、林麗玲，民 98）。

推動國家訓練品質計畫係為提升臺灣整體競爭力，使我國人才培訓
服務業成為具經濟價值的知識密集型產業，訓練品質系統的推動歷程如
表 11-1。

表11-1・我國訓練品質系統推動歷程

年代	歷程
2005年	建構訓練品質計分卡：為建構與推動訓練品質系統，透過引進國際ISO 10015驗證標準的要求，並與國際專業訓練機構建立策略合作夥伴關係，實施國內10家標竿人力培訓機構之檢測及其與ISO 10015驗證標準要求之差距評估，據以訂定臺灣訓練品質計分卡，透過計畫（Plan）、設計（Design）、執行（Do）、查核（Review）、成果（Outcome）等五大培訓流程要素之規範與要求，提昇培訓機構辦訓之品質。
2006年	推動訓練品質系統法制化：為確保公、私立培訓機構之辦訓品質，以有助於人力技術得以確實提升，於2006年修正「職業訓練機構設立及管理辦法」（Regulation of Management and Application for Vocational Training Institution），明定職訓機構應通過訓練品質系統，方得設立。
2006~2007年	推動「提升培訓機構訓練品質實施計畫」：為進一步建構臺灣訓練品質政策與人力資本發展體系，自2006年下半年起，規劃推動「提升培訓機構訓練品質實施計畫」。以研訂國內訓練品質計分卡為參考架構，除將制訂國內培訓品質績效保證系統的基礎理論外，更將強化政策分析，規劃設計建構高績效的人才資本開發管理體系藍圖及策略規劃，深入瞭解國內培訓機構之供需狀況與優弱勢，以利開發建立臺灣訓練品質保證系統，以適行於國內企業、組織之訓練管理流程，促進訓練品質與國際接軌，提升人才培訓專業能力與服務產業發展，強化勞動生產力與臺灣競爭力。
2007年起	落實訓練品質系統作業：為確保勞動部勞動力發展署相關委外訓練課程之辦訓品質，自2007年起，將符合訓練品質系統列為委訓單位之基本資格（如產業人才投資方案），以逐步改善與提升企業及辦訓團體之辦訓品質與深度。
2014年起	「人力資本」已成為組織最重要的生產力要素之一，人才培訓是各產業升級發展基礎，在倡導事業機構投資所屬員工人力資本時，重視訓練品質與績效，以強化事業機構及訓練單位辦訓意願與能力，進而協助勞工有效提升職場競爭力。據此，勞動力發展署特就訓練內涵的計畫、設計、執行、查核、成果評估等階段擬訂人才發展品質管理系統（TTQS），以確保訓練流程的可靠性與正確性。為擴大TTQS於事業單位及訓練機構之應用範疇，強化訓練品質系統資訊化平台，以使TTQS更趨完備，分別由勞動部勞動力發展署擬定TTQS策略及制度規劃、督導管理TTQS彙管單位及各分區服務中心各項業務、管控計畫成效；而由TTQS分區服務中心接受勞動部勞動力發展署委託辦理TTQS評核服務、輔導服務、教育訓練服務及行銷推廣，並依據TTQS相關作業規範辦理業務。

資料來源：整理自陳世昌（民97），頁2；勞動部勞動力發展署（民112），人才發展品質管理系統。

二、TTQS之內涵

TTQS 分為五個階段依序分別是：計畫（Plan）、設計（Design）、執行（Do）、查核（Review）及成果（Outcome），簡稱 PDDRO。TTQS 訓練品質計分卡訓練流程的原則，為強調每一個訓練組織在進行任何職業訓練規劃（P）時，務必能有妥適的完形計畫型態（planned format），其執行程序與內涵皆須依循既定的系統設計（D），予以徹底執行（D），過程中均能採取量化的資料做為查核（R），最後的成果（O）能以多元且完整方式評估，並續為轉供下一回或下一階段訓練時之參考改進之方案，以制定完形計畫型態的基礎性價值。TTQS 訓練品質計分卡的基準評量架構，由「PDDRO」五構面組成，五個構面環環相扣、週而復始運行，成為一個循環系統。以下為五個構面內容說明（如圖 11-1 及表 11-2 所示）。

(一) 計畫（Plan）

關注訓練規劃與企業營運發展目標之關連性，以及訓練體系之操作能力，它涵蓋培訓的明確性、系統性、連接性及能力等四大項目。1. 明確性包括組織願景、使命及策略的揭露；目標與需求的訂定；明確的訓練政策與核心訓練類別或領域；2. 系統性包括訓練品質管理制度與文書手冊、訓練流程相關的職能分析之應用；3. 連接性著重訓練規劃與經營目標達成的連接性；4. 能力著眼於訓練單位的行政管理與訓練相關職能的配合狀況。

(二) 設計（Design）

訓練方案之系統設計，聚焦在利益關係人的過程參與、訓練與目標需求的結合、訓練方案的系統設計及培訓產品與服務購買程序的規格化等項目。

(三) 執行（Do）

訓練執行之落實度、訓練紀錄與管理之系統化程度，包含有「訓練內涵依設計及執行的落實度」與「訓練紀錄與管理之系統化（資訊化）程度」兩大項目。前者包括學員的遴選、師資的遴選、教材的選擇、學習成果移轉的工作環境（返回工作崗位），後者包括訓練資料的分類與建檔、管理資訊系統化的程度。

(四) 查核（Review）

訓練的定期性執行分析、全程監控與異常處理，包含「評估報告與定期性綜合分析」、「執行過程的監控」，以及「異常矯正處理」等項目。

(五) 成果（Outcome）

評估訓練成果之等級、完整性及訓練之持續改善，針對訓練成果評估的多元性和完整性（以反應、學習、行為及成果等四個層次評估）、受訓員工的工作成就、訓練的組織擴散效果及特殊訓練績效等工作項目來評估。

圖11-1．訓練品質系統訓練迴圈

資料來源：林建山（民98），頁2。

表11-2．TTQS之PDDRO五構面內涵說明

	構面	說明
訓練品質計分卡	計畫（Plan）	• 明確性、連接性、系統性、能力
	設計（Design）	• 訓練方案的系統設計 • 利益關係人的過程參與 • 訓練需求的導向 • 培訓產品與服務購買程序的規格化
	執行（Do）	• 訓練內涵依設計執行的落實程度 • 訓練紀錄與管理之系統化（資訊化）程度
	查核（Review）	• 定期性執行評估與綜合分析 • 全程監控與異常處理
	成果（Outcome）	• 訓練成果評估的等級（多元化）和完整性 • 訓練系統的一般性功能（多元回饋，以利訓練之持續改善）

資料來源：林文燦等人（民98），頁52-56。

TTQS 依 PPDRO 要求之重要文件如表 11-3 所列，代表訓練單位施訓過程中應側重之關鍵。

表11-3‧TTQS依PDDRO要求之重要文件

培訓要素	檢核重要文件（以企業機構版為例）
計畫 Plan	1.組織願景/使命/策略的揭露，及目標與需求的訂定 2.明確的訓練政策與目標，以及高階主管對訓練的承諾與參與 3.明確的PDDRO訓練體系與明確的核心訓練類別 4.訓練品質管理的系統化文件資料 5.訓練規劃與經營目標達成的連結性 6.訓練單位與部門主管訓練發展能力與責任
設計 Design	7.訓練需求相關的職能分析與應用 8.訓練方案的系統設計 9.利益關係人的參與過程 10.訓練產品或服務的採購程序及甄選標準 11.訓練與目標需求的結合
執行 Do	12.訓練內涵按計畫執行的程度 13.學習成果的移轉與運用 14.訓練資料分類及建檔與管理資訊系統化
查核 Review	15.評估報告與定期性綜合分析 16.監控與異常矯正處理
成果 Outcome	17.訓練成果評估的多元性和完整性（含17a反應評估、17b學習評估、17c行為評估、17d成果評估） 18.高階主管對於訓練發展的認知與感受 19.訓練成果

資料來源：作者自行整理。

三、TTQS應用現況

根據經濟部中小企業處於 2022 年 5 月 31 日的統計，臺灣在 2021 年有 1,613,281 家企業，其中 1,595,828 家為中小企業，占了 97.64%，所有企業的受僱人數為 8,615,000 人（經濟部中小企業處，民 111）。勞動部勞動力發展署為逐步提升人力培訓體系之運作效能，使其提升訓練品質，與國際訓練品保標準接軌，參考 ISO 10015 系列及英國企業人投資方案 IIP 精神制訂訓練品質系統，採輔導策略協助企業與訓練機構參與訓練品質評管系統，並考量組織能量及特質，分別開發適用於企業與訓練機構之評核計分卡。

TTQS 係我國第一套訓練品質保證系統，勞動部勞動力發展署特別建立一套嚴謹且公平、客觀之評核標準制度，而為積極應用並激勵訓練機構導入該系統，則結合企業訓練補助計畫，明定民間企業訓練機構要

申請勞動部勞動力發展署推動輔導的「在職勞工訓練計畫」、「產學訓人才投資方案計畫」、「立即充電計畫」等計畫，必須通過訓練品質計分卡的評核，提升企業或訓練機構人力培訓之品質。除了輔導企業及訓練機構重視訓練品質，素以辦理公共職業訓練為任務的勞動部勞動力發展署所屬各地職訓中心，近年亦導入 TTQS 制度，檢視各項辦訓機制是否符合標準，以期樹立高規格之訓練體系做為國家訓練品質之典範（勞動部勞動力發展署，民 111a）。

該制度執行方式係由遴聘之評核委員，依據上述核定之計分卡評定標準，為申請評核單位現場進行評核服務作業。依據前述 PDDRO 各項評核標準及權重，核予分數，而決定出對應包括未通過、通過門檻、銅牌、銀牌、金牌 5 種等級之評核結果。評核結果代表訓練品質之優劣，也將影響訓練單位參與勞動部勞動力發展署訓練計畫獲得政府補助款額度之多寡。除了嚴謹的評核流程，勞動部勞動力發展署更重視輔導工作，每年遴選訓練品質系統輔導顧問，分區提供到場諮詢服務，為企業及訓練機構解決人力資源發展所遭遇的問題，降低導入 TTQS 之障礙，提升辦訓能量（魏姿琦，民 102）。

目前 TTQS 有四種版本：(1) 企業機構版：適用所有單位內部辦訓使用；(2) 訓練機構版：適用訓練機構（含職業工會團體）對外辦訓使用；(3) 外訓版：僅適用符合工會法之職業工會團體對外辦訓使用；(4) 辦訓能力檢核表：僅適用經濟部頒布「中小企業認定標準」且尚未導入 TTQS 之中小企業，作為對內辦訓能力初次檢核使用。

評核的計分標準（以是否有無紀錄或書面文字評定），各指標除成果（Outcome）之評核指標項目，17、18 及 19 項未執行為 0 分，惟 1 分後始具 0.5 分之調整，其他則依內涵說明給分。項目 1-16，從 1 分到 5 分評分。1 分：具本項目基礎認知。2 分：對本項目僅具認知且部分執行，但無明確紀錄或文件證明。3 分：有執行本項目及作業流程，但無完整文書紀錄及手冊。4 分：有執行本項目，且有一致性的作業流程、完整過程紀錄及文書手冊；即具有「說、做、寫」及「流程上下連結」的一致性。5 分：有執行本項目及完整文書手冊與紀錄，分析相關資料並持續改善達到標竿水準。最小的計分單位為 0.5 分，以整數 1-5 或加上 0.5 為評分標準，詳細評核指標與評分標準，可以參照勞動部最新修訂的人才發展品質管理系統標準作業手冊（勞動部，民 111）。

企業機構版與訓練機構版，滿分為 100 分；外訓版與辦訓能力檢核合格分數為 50，不另分等級，通過外訓版評核與辦訓能力檢核表評（檢）核之單位，由勞動部勞動力 發展署發函證明，不另核發證書或獎牌。企業機構版與訓練機構版的分數與等級說明如下表所示：

表11-4．TTQS企業機構版與訓練機構版的分數與等級

等級	等級分數標準
金牌	85.5以上
銀牌	85-74.5
銅牌	74-63.5
通過門檻	63-53.5
未通過門檻	53以下

資料來源：勞動部勞動力發展署（民111b），頁100。

依據訓練品質規範作業要點，另有幾項須特別留意的地方：

1. TTQS評核效期均明載於評核結果證書上。

2. 如為2010年以前接受TTQS評核的單位，依據訓練品質規範作業要點之規定，TTQS評核結果證書效期為自通過評核之日起2年，期限屆滿失其效力。

3. 倘其它法令或規章、辦法等另訂有關前項效期之規定，則其效期依他法之規定辦理。

4. 依據評核服務標準作業規範（SOP）規定，一次評核時間為3小時，評核服務次數1年內以2次為限，且第1次評核與第2次間應相隔至少1個月，受理申請時間依當年度相關規定辦理。

5. 依據輔導服務作業標準規範（SOP）規定，受輔導單位之輔導服務時數至多不超過18小時（每次輔導以3小時為限），受理申請時間依當年度相關規定辦理。

自 2007 年推動 TTQS 以來，到 2022 年參加評核的家次已超過 14,986 家次。勞動部勞動力發展署為擴散導入 TTQS 績優單位之經驗，除過去按年辦理訓練品質標竿表揚活動外，亦透過各種型態之說明會及觀摩分享建置以訓練品質系統為基礎架構之資源體系，擴散及傳承訓練品質經驗。幾年來，TTQS 從無到有經營有成，為讓企業及訓練市場更

加重視，勞動部勞動力發展署更於 2011 年轉型標竿表揚活動，首辦「國家訓練品質獎」，宣示政府投資人力資本之決心。

　　從訓練品質系統的相關文獻及發展歷程探討，可知其價值在於建立標準化的企業及機構發展人力資源訓練品質管控系統，其範疇涵蓋訓練的規劃、設計、執行、查核及成果五層面。政府企圖透過 TTQS 結合補助款核配比例實為一種鼓勵手段，長期目標乃在實現有效能的人力資本投資，期能誘發公私部門的訓練單位主動積極檢核辦訓體質，提升辦訓知能及效益，以促進訓練產業發展，整體提升人才競爭力。TTQS 訓練課程報名、輔導與評核服務之申請均可在 TTQS 官方網站：http://ttqs.evta.gov.tw/，線上服務申辦。

第三節　國際訓練品質管理系統

一、ISO 10015國際訓練品質指南

(一) ISO 10015之背景及發展

　　ISO 10015 是國際標準組織 ISO（International Organization for Standardization）於 1999 年 12 月所頒布，ISO 是一個追求「持續改善」的品質系統，藉由明確的計畫與程序、確實的執行與紀錄、判斷的檢討與修正。在國際標準 ISO 9000 系列中，ISO 10015 是唯一對組織內人力資源訓練進行規範標準，其為建立訓練流程及決定制定標準的依循準則（林建山，民 95），目的在檢視如何運用訓練而對組織願景及營運目標有所貢獻。余德成（民 97）指出，ISO 10015 品質管理訓練指南是一套國際標準，檢視如何透過培訓為組織願景及營運計畫目標有所貢獻，並藉此標準改善組織培訓流程，經過訓練提升組織產品及服務品質，增進營運績效。

(二) ISO 10015之理念與應用

　　ISO 10015 為一套國際訓練品質管理指南，目的在確保組織投入訓練的資源符合成本效益，改善營運績效，針對訓練管理系統、功能或訓練課程，深入檢測及調整企業實施訓練之流程管理（Sannar-Yiu et al,

2005），提供了企業辦好教育訓練的品質準則。廖仁傑（民93）指出，ISO 9000 系列標準一向強調人力資源管理以及合適訓練之重要性。ISO 10015 既可以支援 ISO 9000 之中 6.2.2 節人力資源的部分，也可以作為獨立而完整的體系來實行，從訓練需求分析、訓練方式設計及規劃、資源提供、以及成效評量等階段，讓企業有標準程序可循，以瞭解投入教育訓練對組織產生的效益，並透過管理訓練流程達到提升企業營運績效的目的。

ISO 10015 之設計在於深信教育訓練是持續改善企業績效之有效工具（廖仁傑，民93），其功能是確保組織內訓練系統及課程安排的績效。ISO10015 標準驗證的採用來自組織之事業計畫、績效的診斷，乃至建立在戴明迴圈（the Deming Circle）PDCA（Plan、Do、Check、Act）基礎上之訓練需求的滿足。因此，藉由組織績效產生之原因分析確定是否與人力資源有關，進而決策是否需實施訓練，是連結訓練投資與組織績效之系統化方法；再者，採用戴明 PDCA 循環，具體記錄每一流程資訊，考量相關因子，並針對問題進行檢討修正，即成為 ISO 10015 之系統架構，亦被稱之為 ISO 10015 之二個核心觀念（王柏權，民95）。無論是企業組織自辦訓練或向外購買職業訓練，以及提供職業訓練產品與服務的機構，訓練供給方都應該了解需求方的訓練需求並與訓練需求方進行溝通與對談，以促使其訓練供給的內容符合需求方（顧客）的要求與其要求的背景與目的，需求方亦應將訓練需求資訊透明化，俾利供需雙方之間雙贏目標的達成。

根據 ISO 10015 標準的條文與制定緣起，該標準相當適用於追求人力資源卓越績效目標之大中型企業集團，或是專門的職業訓練機構。ISO 10015 標準能促使企業界訂出現有員工之目前的職能、現有的職能與工作職能要求之間的差距，俾利於適合於企業的策略、目標。企業得以透過訓練彌補員工現有的職能差距，從而培育出具備職能要求的員工，以體現企業產出品質合格的產品，提昇客戶對該企業組織的忠誠度。因此，職業訓練相較於一般教育更符合了企業發展人力的特定化訓練需求。雖然許多全球性的企業組織已了解員工為企業最具價值的資產，但卻疏於連結事業計畫與員工的職能發展，ISO 10015 標準即在實現此價值。ISO 10015 培訓輸出輸入流程圖，如圖 11-2 所示。

圖11-2．ISO 10015培訓輸出輸入流程圖

資料來源：勞動部勞動力發展署（民111a）。

二、英國人力投資方案 Investors in People（IIP）

(一) IIP之背景及發展

　　IIP 人力資本投資驗證制度源自 1990 年英國歐市整合時期，當時是為提升英國競爭力而建立（林文燦，民 97）。該制度是一套以國家級的標準資格所執行的驗證，以激勵組織透過系統化方式連結員工發展與企業營運為目標（汪雅康、黃世忠，民 94）。換言之，IIP 的主要目的在於鼓勵組織將員工視為能完成目標並持續不斷提昇卓越績效之關鍵，企業必須展現辨別員工訓練發展需求，並據此發展訓練系統與配套措施，方能通過驗證，獲得 IIP 認證之後，公司必須定期接受複查與評鑑，最長的複查週期不可超過三年。而透過 IIP 的推動，英國政府獲得更多高度專業與高生產力的勞動力，進而提升整體國家經濟成長與國際競爭力（Stuart Fraser, 2003）。由於 IIP 在個人及組織發展上的實用性，IIP 已成為英國國家訓練政策中重要的一環，同時也被視為英國推動以終身學習來促進經濟成長的重要功臣。

　　IIP 的適用對象不限於特定產業或是特定公司規模，約每隔五年，IIP 驗證制度的發起單位英國 IIP 公司（IIP UK. Corp.）重新檢視 IIP 標準，以確保標準本身仍具有代表性、可用性、以及是否對不同產業及規模的公司仍具有效益（DfES, 2008）。自從 1991 年 IIP 標準公布之後，

經歷許多次的改革，大量減化繁複的評鑑指標，評鑑的標準也重新聚焦到企業人力投資的成果，而非在實行的過程上（Hoque, 2008）。IIP透過一個預先規劃的制度來設定與連結企業目標與制定相關人力發展計畫，提供一個全國性的架構，使用各種途徑與方法來促使組織與個人表現出符合國家標準要求的產出，以改善企業績效與競爭力。

(二) IIP標準之推廣單位

IIP UK在英國教育及技職部的充分授權與支持下運作。IIP UK的主要任務在於持續發展企業改善工具，協助英國的企業改善人員管理與發展，持續透過研究、諮詢、評鑑，以維護、檢核與發展IIP的標準，監督及確保IIP標準的品質。

雖然IIP UK扮演著IIP標準推動的主要角色，但實際執行IIP認證工作的單位，卻是IIP UK所授權之IIP區域性品質驗證中心。其主要任務是，提供負責區域內之公司，IIP評估與認證的服務。此外，也必須負責培訓當地的IIP顧問與評核員。

(三) IIP標準之內涵

IIP標準主要包含三項原則及十項指標（如圖11-3所示），說明如下。

圖11-3 · IIP三大認證原則

資料來源：魏姿琦（民102），頁26。

IIP的三項主要原則，又可細分為十項指標，而這十項指標也正是企業在接受IIP驗證時所依據的基礎。每個指標中IIP也詳列出企業在接受驗證時所應提出的具體證據。以下將詳述各項指標及其對應之具體證據，以說明IIP標準之內涵（范揚祝，民97）。

1. 計畫（Plan）－發展提升企業績效之策略

   一個符合 IIP 標準的企業必須能發展有效的策略來透過人力發展提升其組織績效。指標 1：策略在於組織績效改善是清楚定義及被了解。指標 2：學習與發展是計畫來達成組織目標。指標 3：人員管理策略是設計為促進組織人員發展機會的均等。

2. 行動（Do）－採取行動提升績效

   一個符合 IIP 標準的企業必須能採取有效的行動來透過人力發展提升其組織績效。指標 4：主管所需領導、管理和發展員工能力有被清楚定義和了解。指標 5：主管能有效領導、管理和發展員工。指標 6：員工對組織的貢獻是被肯定及重視的。指標 7：企業鼓勵員工參與決策制定的過程，進而提升其歸屬感與責任心。指標 8：員工有效地學習與發展。

3. 檢視（Review）－評鑑人力資本投資對企業績效的影響

   一個符合 IIP 標準的企業能展現其人力資本投資對企業績效所造成的影響。指標 9：人力資本投資改善了企業績效。指標 10：持續地改善人員管理與發展的方式。

綜上，IIP 驗證可為企業帶來人員招募與留任的改善、改善後與重新發展的人力資源系統、管理變革及組織發展與團隊建立的能力、與組織及企業目標相符之技術、訓練、與發展等正向回饋，係有助全體員工更有效率地朝向組織共同目標邁進的重要管理策略。

三、澳洲品質訓練架構（Australian Quality Training Framework, AQTF）

(一) AQTF之背景及發展

　　AQTF 的主要目標在於提供一致性與高品質的全國性職業教育與訓練系統之基礎，建立一組全國性的教育訓練服務之品質保證協定，用以規範所有提供訓練服務之機構，以確保其所提供教育訓練之品質。

　　AQTF 透過數次的修正改版以改善其在技職訓練部份的品質評鑑。分別由 AQTF 2007 基本認證標準（AQTF 2007 Essential Standards for Registration）、AQTF 2007 各州或領土區域內訓練單位標準（AQTF

2007 Standards for State and Territory Registering Bodies）與 AQTF 2007 卓越標準（AQTF 2007 Excellence Criteria）三部分所組成，茲分述如下：

1. AQTF 2007基本認證標準

   基本認證標準主要由三個標準、三個品質指標、以及九個認證條款所組成。三個標準為認證訓練機構須提供所有單位內關於訓練與評鑑品質的資料、認證訓練機構應遵循公平取得之原則致力於為顧客提升訓練的成效、認證訓練機構的管理系統必須依據利害關係人及所處產業環境來進行回應；三項品質指標為雇主滿意度、學習者滿意度、競爭力模組完成度；至於九項認證條款則包含機構管理、認證訓練機構與認證評核機構間的互動、法令遵守、保險、財務管理、訓練合格證書的頒發、其它認證訓練機構所頒發的品質認證、行銷策略的完整性與正確性、訓練組合與過期認證課程的轉換。

   綜上所述，AQTF 2007 基本認證標準著重於訓練服務的品質，與認證訓練機構能為顧客達成的成效，認證訓練機構可以彈性地使用不同的方式，務求在不同的情境下滿足顧客的需求，而非著重於流程上的問題。

2. AQTF 2007各州或領土區域內認證機構標準

   此標準之目的在於規範 AQTF 所屬的認證機構專責機構，用以確保其 AQTF 認證的品質，以及其所提供的訓練課程的品質。

3. AQTF 2007卓越標準

   AQTF 2007 卓越標準提供已獲認證之訓練機構更上一層樓的機會，用以鼓勵這些機構持續性的提升訓練與評鑑的品質，以獲得此項卓越認證。

（二）AQTF之基本原則

茲就 AQTF 的基本原則與特色說明如下（勞動部勞動力發展署，民111a）：

1. 結果導向

   AQTF 標準的本身明訂了每個認證訓練機構所應符合的條件，著重於服務的品質與替顧客達成的成效，而非達成目的的過程。

標準的本身並沒有詳細解釋任何流程，而是著重在認證訓練機構滿足各項標準所需達成的結果。

2. 系統化取向

系統化的管理與執行訓練課程能協助每一個認證訓練機構在認證的過程中滿足認證標準。所謂的系統化取向就是有計劃的、有目標的、重覆性的行動，以改善產品與顧客服務。

3. 持續性的改善

持續性的改善一直是 AQTF 2007 重要的一環。一個有效的品質系統，包含了促進與達成持續改善的流程。對認證訓練機構來說，這代表了他們必須發展一個有計劃、持續性、與系統化的檢核流程，並透過相關資料分析與收集來自於顧客或是員工的意見，以改善其政策、程序、產品、以及服務。因此，此標準所提出的品質指標正好提供了一個持續改善的參考依據。

4. 公平取得

國家技能架構所強調的重點之一就是「提供每個人都有獲取與參與學習及達成學習結果的機會」。合格認證訓練機構必須確保其課程與各項活動的開放性，盡量避免不合理的使用服務資格限制。

第四節　國家人才發展獎的設置

一、簡介

近年來，國際人力資源發展趨勢逐漸由重視訓練（Training）轉化為強調學習（Learning），並且關注績效的連結與呈現（Performing）。勞動部勞動力發展署於 2015 年為了延續推動 TTQS 績優單位之標竿典範產出與引導效果，並擴大參與範疇、交流效益及績效展現，故以國家訓練品質獎為基礎核心，加入國家人力創新獎之精神與做法等，以及參考國際人資獎項評審指標，整合成我國人力資源領域首屈一指的尊榮獎項「國家人才發展獎」（National Talent Development Awards, NTDA），期藉

此達到鼓勵國內各機關團體及企業循序推動人力資源發展品質持續改善機制，產生外顯的示範效益，帶動人才投資風潮與學習風範，扎實我國人才發展品質，堅實企業人力資本，有效激勵企業團體投入人力資本投資活動，提升國家整體競爭力（勞動部，民 111a）。

國家人才發展獎主要以綜觀整體人力資源發展績效及與國際人力資源相關獎項精神接軌為其目的，強調「重視全方位人才發展」。總獎額以 12 名為原則，獎項設有大型企業、中小企業、機關（構）團體及非營利團體，每一家單位皆需於受理報名截止日前曾獲得 TTQS 銅牌以上，或為政府機關主（合）辦相關獎項得主。110 年增設傑出個案獎，藉此擴大吸引具人才發展創新及效益擴散性之傑出個案單位（勞動部，民 112）。

為促進國際人力資源發展趨勢接軌，並與國際知名人資組織之獎項有所鏈結，參考納入其審核之關鍵要素，該獎項之構面評分標準包含：「人才發展體系運作」、「人才發展績效連結」與「人才發展創新性及效益擴散」，評分項目配分重點以人才發展之績效連結性與創新為主。此獎項的設置，無異展現政府協助企業提升人力資本之決心，同時達成擴散人力資源發展領域卓越觀點及創新方法之外溢效果。

二、評分要項

國家人才發展獎的評選分為三階段，第一階段為資格初審，第二階段為複審（含書面審查及實地審查），第三階段為決審。申請單位須符合報名資格的要件初審之後，才能進入書面審查及實地審查；第二階段其評分要項均包括：1. 人才發展體系運作、2. 人才發展績效連結、3. 人才發展創新性及效益擴散等三個構面。書面評分時，在配分比例上略有不同，無論申請何種獎項，尤其重視人才發展與績效的聯結，故在人才發展績效連結的比重佔 45%，人才發展創新性及效益擴散佔了 40%，人才發展體系運作僅有 15%；經由各類組評審小組討論書面審查的結果後，才推薦進入實地審查名單，進行實地審查。在複審綜合討論會議中，再由各類組評審小組討論除傑出個案獎之外，各類組入圍決審建議名單，建議入圍件數至多十六件。最後，再提到決審會議中進行決議，

決審評審小組由相關政府機關代表、勞資關係或人力資源發展相關領域專家學者與全國工商團體專家共同組成。由以上過程中,我們不難看出勞動部對此獎項的重視,希望透過勞動部獎勵推行人才發展績效卓著的單位,樹立學習楷模,提升整體人才發展水準及強化我國人力資源發展(勞動部,民 111a)。以機關(構)團體獎與非營利團體獎的書面審查為例,此評分構面之項目內涵,如表 11-5 所示。

表11-5 · 機關(構)團體獎與非營利團體獎評選評分表

構面	建議評分項目	配分
人才發展體系運作	評審重點:審查報名單位之人才發展體系架構建置的完整性與適切性,及中高階主管參與的情形,並呈現運作成果及改善作法。 1.在組織願景/使命與對內外部人才發展未來經營方向與目標之訂定 2.明確的人才發展政策與目標,以及高階主管對人才發展的承諾與參與 3.明確的人才發展體系及運作成果,包含國內外相關人才發展獎項、人才需求相關的職能分析或相關職能資源應用及利害關係人的參與等項目 4.人才發展架構體系之建置及維運	15
人才發展績效連結	評審重點:審查報名單位之人才發展架構運作、具體執行情形、員工職涯發展及組織績效連結情形。如為外訓單位時,另需呈現人才發展對目標客群之促進作為與具體績效。 5. 因應組織、員工與目標客戶及學員需求,以自主投資、創新課程等積極作為,促進個人職能成長及人力資本厚實之具體績效連結 6.人才發展規劃與經營目標達成的連結性 7.人才發展體系各環節之連結性 8.學習系統的一般性功能連接性—目標客戶及學員的評價 9.學習系統的市場功能連接性-目標市場及顧客的價值創造	45
人才發展創新性及效益擴散	評審重點:審查報名單位之人才發展方案需具備創新性,且其成效可以作為業界學習楷模。 10.因應全球化或產業發展變化,針對訓練發展、人才管理、組織學習、學習科技、職能應用等之創新性或創造性問題解決方案與具體成果 11.人才發展持續改善之具體措施及實踐成果 12.足為業界學習楷模之人才發展行動方案,並具體展現成果推廣運用或是否投入勞動力發展相關政策或特定社會議題、並發揮積極影響力	40

資料來源:勞動部(民111b)。

第五節 結語

　　臺灣訓練品質系統參照 ISO 10015 與英國人才認證制度（IIP），成為具有特色的人才培育與發展訓練系統，也期望能與世界接軌。在企業導入訓練品質系統，仍須留意下列幾項重要的事情：1. 組織內部必須具備推動共識：組織內部成員的支持與推動共識，高階層必須制定明確訓練政策每年宣示訓練的承諾與推動決心，親自參與訓練活動及訓練成效的表揚等。高階可以宣示爭取 TTQS 更高的評核等第，如金牌或銀牌，甚至能獲得國家人才發展獎為目標，以激勵組織全體對推動 TTQS 訓練品質系統的共識與參與。管理階層體現部屬能力養成對職務上的幫助，善用訓練品質系統進行有計畫性持續性的部屬貢獻價值的開發，支持 TTQS 在企業內落實執行；2. 改善 TTQS 的評核方式：目前 TTQS 針對系統文件的評核為主，所參與者以 HRD 人員為主，評核過程無法深入檢核訓練的成效與對學習者的影響，建議增加類似英國人才認證制度（IIP）對學習者及管理者的訪談，落實全員參與，使訓練品質系統由點到面由高階到基層等縱橫延伸，促使管理階層及學習者對參與訓練的重視。3. 持續提升 HRD 人員職能：江增常（民 102）的研究發現 HRD 人員能力對企業推動訓練品質系統成功因素影響最大，未來 HRD 人員應加強訓練需求評估（training needs assessment, TNA）及課程設計能力，提高學習者參與意願。HRD 人員應該從課程承辦者提升為績效促進者，協助學習者訓練遷移，應用所學於工作上，並制定相關獎勵制度，營造訓用合一的要求。最後建議，企業應建構完整訓練體系：TTQS 訓練品質系統強調訓練與組織目標策略的連結，課程符合學習者職務要求，企業應該從組織架構建立單位執掌，完成每位從業人員職務說明書，並以此為基礎，建立職能模型、職務別與階層別訓練體系，發展成學習地圖，結合晉升與接班人計劃，激勵從業人員參與訓練的動機（江增常，民 102）。如此，才能擺脫為辦訓而訓練的舊框，HRD 人員及各層級管理人員，方能達成以訓練解決人員能力落差並提高績效的神聖使命。

↘ 本章摘要

- 訓練品質之定位應取決訓練結構（包括區域性條件、地點、時機、動機等）、訓練過程（所有關於訓練活動之直接影響因素與觀點）及訓練產出與成效（產品與期望結果）。

- TTQS是由我國勞動部勞動力發展署綜合ISO10015、英國IIP人才投資方案、澳洲積極性職業訓練政策等，以及我國面對全球化知識經濟社會之挑戰狀況研擬出一套臺灣的訓練品質計分卡。

- TTQS分為五個階段依序分別是：計畫（Plan）、設計（Design）、執行（Do）、查核（Review）及成果（Outcome），簡稱PDDRO。

- 在TTQS中，計畫（Plan）是指關注訓練規劃與企業營運發展目標之關連性以及訓練體系之操作能力，它涵蓋培訓的明確性、系統性、連接性及能力等四大項目。

- 在TTQS中，設計（Design）是指訓練方案之系統設計，聚焦在利益關係人的過程參與、訓練與目標需求的結合、訓練方案的系統設計及培訓產品與服務購買程序的規格化等項目。

- 在TTQS中，執行（Do）是指訓練執行之落實度、訓練紀錄與管理之系統化程度，包含有「訓練內涵依設計及執行的落實度」與「訓練紀錄與管理之系統化（資訊化）程度」兩大項目。前者包括學員的遴選、師資的遴選、教材的選擇、學習成果移轉的工作環境（返回工作崗位），後者包括訓練資料的分類與建檔、管理資訊系統化的程度。

- 在TTQS中，查核（Review）是指訓練的定期性執行分析、全程監控與異常處理，包含「評估報告與定期性綜合分析」、「執行過程的監控」，以及「異常矯正處理」等項目。

- 在TTQS中，成果（Outcome）是指訓練成果評估之等級與完整性及訓練之持續改善，針對訓練成果評估的多元性和完整性（按反應、學習、行為及成果等四個層次評估）、受訓員工的工作成就、訓練的組織擴散效果及特殊訓練績效等工作項目來評估。

- 目前TTQS有四種版本：(1)企業機構版：適用所有單位內部辦訓使用；(2)訓練機構版：適用訓練機構（含職業工會團體）對外辦訓使用；(3)外訓版：僅適用符合工會法之職業工會團體對外辦訓使用；(4)辦訓能力檢核表：僅適用經濟部頒布「中小企業認定標準」且尚未導入TTQS之中小企業，作為對內辦訓能力初次檢核使用。

- TTQS企業機構版與訓練機構版，以53.5分為門檻，85.5分才能得到金牌的等級。

- TTQS評核結果證書效期為自通過評核之日起2年，期限屆滿失其效力。

- TTQS訓練課程報名、輔導與評核服務之申請均可在TTQS官方網站：http://ttqs.evta. gov.tw/，線上服務申辦。

- ISO 10015為一套國際訓練品質管理指南，目的在確保組織投入訓練的資源符合成本效益，改善營運績效，針對訓練管理系統、功能或訓練課程，深入檢測及調整企業實施訓練之流程管理。

- IIP人力資本投資驗證制度是英國為提升競爭力而建立的，該制度是一套以國家級的標準資格所執行的驗證，以激勵組織透過系統化方式連結員工發展與企業營運為目標，其主要目的在於鼓勵組織將員工視為能完成目標並持續不斷提昇卓越績效之關鍵，企業必須展現辨別員工訓練發展需求，並據此發展訓練系統與配套措施，方能通過驗證。

- IIP有計畫（Plan）、行動（Do）、檢視（Review）三項主要原則，又可細分為十項指標。

- 在IIP中，計畫是指發展提升企業績效之策略。一個符合IIP標準的企業必需能發展有效的策略來透過人力發展提升其組織績效。指標1：策略在於組織績效改善是清楚定義及被了解。指標2：學習與發展是計畫來達成組織目標。指標3：人員管理策略是設計為促進組織人員發展機會的均等。

- 在IIP中，行動是指採取行動提升績效。一個符合IIP標準的企業必需能採取有效的行動來透過人力發展提升其組織績效。指標4：主管所需領導、管理和發展員工能力有被清楚定義和了解。指標5：主管能有效領導、管理和發展員工。指標6：員工對組織的貢獻是被肯定及重視的。指標7：企業鼓勵員工參與決策制定的過程，進而提升其歸屬感與責任心。指標8：員工有效地學習與發展。

- 在IIP中，檢視是指評鑑人力資本投資對企業績效的影響。一個符合IIP標準的企業能展現其人力資本投資對企業績效所造成的影響。指標9：人力資本投資改善了企業績效。指標10：持續地改善人員管理與發展的方式。

- AQTF的主要目標在於提供一致性與高品質的全國性職業教育與訓練系統之基礎，建立一組全國性的教育訓練服務之品質保證協定，用以規範所有提供訓練服務之機構，以確保其所提供教育訓練之品質。

- AQTF的基本原則有：1.結果導向、2.系統化取向、3.持續性的改善、4.公平取得。

↘ 章後習題

一、選擇題

(　) 1. TTQS 是政府哪一單位研擬的訓練品質系統？

　　　　(A) 交通部　(B) 勞動部　(C) 教育部　(D) 經濟部

(　) 2. TTQS 分為 5 個階段依序為：

　　　　(A) 計畫、查核、設計、執行、結果　(B) 計畫、執行、設計、結果、查核

　　　　(C) 設計、計畫、執行、查核、結果　(D) 計畫、設計、執行、查核、結果

(　) 3. 哪一項國際訓練管理指南，是我國政府參考而設計 TTQS ？

　　　　(A)ISO10005　(B)ISO20015　(C)ISO10015　(D)ISO10025

(　) 4. 在 TTQS 中，哪一項是指教育訓練的定期性執行分析？

　　　　(A) 查核　(B) 計畫　(C) 執行　(D) 以上皆非

(　) 5. 在 TTQS 中，哪一項是聚焦在利益關係人的過程參與？

　　　　(A) 計畫　(B) 設計　(C) 查核　(D) 執行

(　) 6. 某民間訓練機構如要申請 TTQS 評核，應申請何種版本？

　　　　(A) 檢核版　(B) 企業訓練版　(C) 訓練機構版　(D) 外部訓練版

(　) 7. TTQS 評核結果證書效期為評核日期起算多久？

　　　　(A)1 年　(B)2 年　(C)3 年　(D)4 年

(　) 8. 英國人力投資方案 IIP 的指標有幾項？

　　　　(A)8　(B)9　(C)10　(D)11

(　) 9. 英國人力投資方案 IIP 的 3 項主要原則的程序為：

　　　　(A) 檢視、計畫、行動　(B) 計畫、行動、檢視　(C) 計畫、檢視、行動

　　　　(D) 行動、檢視、計畫

(　) 10. 澳洲的品質訓練架構 AQTF 的基本原則，何者為非？

　　　　(A) 系統化取向　(B) 結果導向　(C) 一次性全面改善　(D) 公平取得

二、問題與討論

　1. 何謂TTQS？主要的內涵為何？

　2. TTQS評核的結果有哪些等級？

　3. 英國的IIP有哪些指標？

　4. 澳洲的AQTF有哪些基本原則？

↘ 參考文獻

一、中文部分

江增常（民102）。訓練品質系統對訓練績效之影響-以訓練遷移與學習動機為中介變項。國立臺北科技大學技術及職業教育研究所博士論文，未出版，臺北市。

行政院勞工委員會職業訓練局（民99）。TTQS導入成效評估成果報告。臺北：作者。

余德成（民97）。訓練課程評鑑。TTQS評核委員訓練班課程講義，臺北市：中華民國全國工業總會。

汪雅康、黃世忠（民94）。英國人力資本投資（IIP）計畫與我國人力培訓機構驗證評鑑制度之規劃，行政院勞工委員會職業訓練局中彰投區就業服務中心，2005中臺灣人力資源研討會。

林文燦（民97）。IIP、ISO10015、TTQS差異比較。臺北市：中華民國全國工業總會。

林文燦、孔慶瑜、林麗玲（2009）。IIP、ISO 10015與TTQS差異分析。品質月刊，45(4)，52-56。

林建山（民95）。人力資本開發與國家訓練品質保證機制。臺北市：勞動部勞動力發展署。

范揚祝（民97）。荷商TNT天遞公司導入英國IIP實務經驗分享。臺北市：中華民國全國工業總會。

陳世昌（民97）。國家訓練品質政策實施歷程與說明。臺北市：勞動部勞動力發展署。

陳玉琳（民97）。導入策略性訓練體系關鍵成功因素之研究-以TTQS標竿企業為例。國立臺灣科技大學企業管理系碩士論文，未出版，臺北市。

陳善德（民87）。良性互動機制下的基礎教育改革，教育資料集刊，23，313-340。

勞動部（民111a）。國家人才發展獎。https://ntda.wda.gov.tw/

勞動部（民111b）。國家人才發展獎選拔表揚計畫發布令及行政規則修正（1110425核定）。https://pse.is/4x8999

勞動部勞動力發展署（民111a）。人才發展品質管理系統指引手冊（智庫全書）。https://pse.is/4x3fdc

勞動部勞動力發展署（民111b）。人才發展品質管理系統標準作業手冊。https://pse.is/4ww44j

勞動部勞動力發展署（民112）。TTQS人才發展品質管理系統。https://ttqs.wda.gov.tw/ ttqs/menu_001.php

黃書楷（民97）。應用資料包絡分析法探討我國企業訓練品質績效。國立彰化師範大學工業教育與技術學研究所碩士論文，未出版，嘉義。

黃詩宜（民98）企業導入TTQS訓練品質系統之關鍵成功因素研究。國立中正大學企業管理學系研究所碩士論文，未出版，嘉義。

經濟部中小企業處（民106）。2016中小企業白皮書，頁109。

廖仁傑（民93）。由ISO 10015與IIP二個國際標準來談教育訓練與人力資源品質的提升。品質月刊，40(10)，28-31。

魏姿琦（民102）。大專校院推廣教育單位導入TTQS關鍵成功因素之研究。國立臺北科技大學技術及職業教育研究所碩士論文，未出版，臺北市。

二、英文部分

Department of Education & Skill (DfES) (2008). Good practice-investors in people. Retrieved from: http://www.standards.dfes.gov.uk/sie/si/SfCC/goodpractice/IIP/

Hoque, K. (2008). The impact of investors in people on employer-provided training, the equality of training provision and the 'training apartheid' phenomenon. Industrial Relations Journal, 39(1), 43-62.

Leonard, D., & McAdam, R. (2002). The strategic impact and application of the business excellent model: implications for quality training development. Journal of European industrial training, 26(1), 4-13.

Lepak, D., & Snell, S. (1999). The human resource architecture: Toward a theory of human capital allocation and development. Academy of management review, 24(1), 31-48.

Sanar-Yin, L., Ziegler, K., & Sannar, R. (2005). AdeQuaTE ISO10015+. Lead Auditor's Training, 3(1), 1-45.

Stuart, F., (2003). The impact of investors in people on small business growth: Who benefits? Centre for small and Medium-Sized Enterprises (CSME), Warwick Business School, University of Warwick, Coventry CV4 7 AL, England.

Not employees for the company, but the company for employees.
不要問員工能為公司做什麼，要問公司能為員工做什麼。

SHINDO 公司的經營理念

資料來源：https://www.shindo.com/en/company/philosophy/

Chapter **12**

企業訓練與發展實例

第一節 裕隆汽車製造股份有限公司

資料來源：裕隆汽車，https://www.yulon-motor.com.tw/join.aspx

裕隆的人力資源管理體系以能力發展與績效管理為主軸，串連各項人力資源功能，透過績效管理及持續不斷的雙向溝通，以確保作業績效及達到人才發展目的；並且依照個人績效與能力決定人員未來的發展與報償，積極提供員工學習與發展的環境與協助，以促使員工不斷的成長並貢獻於組織。

裕隆向來秉持「終身學習、多元發展、深耕精神、人本取向」四大指導方針來進行人才培育及發展。

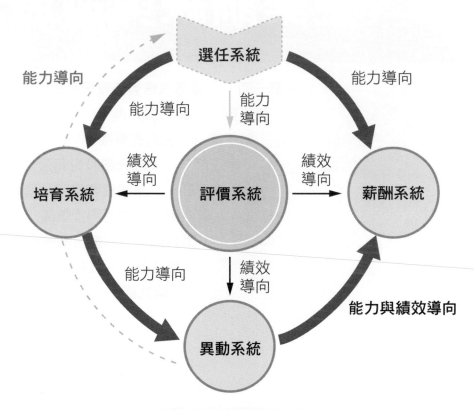

圖12-1‧人力資源發展平臺

一、人才培育

1. 新人保母計畫。
2. 階層別學分制訓練。
3. 線上學習。
4. 海外研修。
5. 鼓勵在職進修。

二、途程發展

工作輪調制度：同仁可在裕隆汽車內部、海外轉投資事業（中國大陸、菲律賓）及汽車周邊水平與垂直轉投資事業間輪調。

第二節　保德信人壽

保德信人壽提供多元且完整的訓練課程，從員工加入的第一天起，即開始人才培育發展的訓練計畫。他們提供一系列課程，全力協助所有同仁提升各項專業能力。

資料來源：保德信人壽，http://www.prulife.com.tw/page/about/a7_1_3.htm

一、NETP新進人員訓練

1. 新人引導訓練（new employee orientation）：透過本訓練，協助新進人員儘速熟悉工作環境與各項公司規定。
2. 新人在職訓練（on-the-job training）：分為一般科目與專業科目兩部分，且在工作崗位上訓練。
3. 新人業務訓練（first month training）：全體內勤人員均須全程參加專為外勤人員設計之業務訓練課程，以了解外勤作業。

二、OFF-JT計畫（集中訓練計畫）

依不同目標職能可區分為三大類：管理職能訓練、專業職能訓練及共通職能訓練：

1. 管理職能訓練：分為高階主管、中階主管、基層主管、儲備主管等四類訓練，透過讀書會、workshop、內外部長短期訓練課程、外部研討會、發表會、國外論壇及機構參訪等多元進修管道進行。
2. 專業職能訓練：依據各單位與個人職務之專業職能需求，規劃相關訓練，並依職級區分為基礎、進階等不同訓練內容，以部門訓練或個人外派受訓方式執行。
3. 共通職能訓練：規劃全體員工皆適用之共通性課程，以協助同仁全方位發展與進步。訓練內容包括：法令遵循、語文訓練、通識項目、專題講座及電腦軟體應用等課程。

三、OJT計畫（在職訓練計畫）

1. 目標：使員工熟悉職務內容及擁有必要專業知識與技能。
2. 方式：工作指導、部門會議、簡報舉行、專案參與、職務授權、經驗傳承等。

四、IDP計畫（個人發展計畫）

由員工訂定個人年度發展計畫，透過自我進修、專業期刊閱讀、線上或廣播課程、參加專業考試、修習與工作相關之大學在職進修學分或學位課程等方式積極成長，提升自我競爭力，以符合未來工作之需求與發展。

第三節 日月光集團

一、人力資源發展

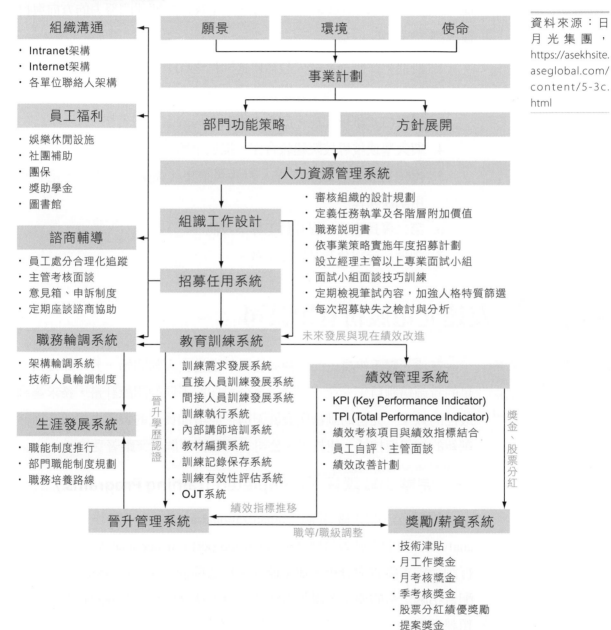

資料來源：日月光集團，https://asekhsite.aseglobal.com/content/5-3c.html

圖12-2・人力資源發展系統

二、教育訓練與發展

　　培育員工使其成為各領域的專業菁英，為日月光教育訓練與發展的理念，在此理念之下，持續性的人員訓練，並以高素質的人力強化組織能力，為日月光之發展策略，亦為日月光教育訓練部門努力的方向與目標。訓練特色如下：

1. 新進人員訓練系統（包括新進同仁之OJT）與激勵制度的結合。
2. 員工生涯發展與績效評估系統的整合。
3. 提供CQE訓練課程，鼓勵工程師取得國家認證資格。
4. 與大學或技專校院建教合作，提供全體員工進修機會。
5. 提供自我啟發訓練課程，如外國語文（英文、日語）、電腦應用訓練課程。
6. 第二專長訓練，提升員工專業技能。
7. 訓練系統與晉升制度之結合。

第四節 友達光電股份有限公司

資料來源：友達光電，http://auo.com/?sn=88&lang=zh-TWphp?sec= auoLd System&ls=tc

　　友達光電重視員工的訓練與發展，從員工入職開始，公司即投入充足的資源培訓員工。在不同階段，公司採取不同的訓練計畫，務求達到最佳的效果。完善的訓練與發展架構，能增加員工的競爭力，同時回饋創新的知識與技能，使員工、公司，乃至於整個產業跟著受益。

一、完整訓練課程（Completed Training Programs）

　　依據公司組織策略（organizational analysis），工作需求（task analysis）與個人績效發展（personal job performance analysis）等面向進行訓練需求調查與分析，並依據友達核心職能（core competency）以及配合相關法令的要求，規劃出整體公司訓練課程，主要共計有下列六大類課程：

1. 新進人員系列：為讓新進夥伴能順利融入工作環境中，在新人到職時都會舉辦新進人員導引相關課程，且針對每位新進同仁分派較資深的部門同仁作為輔導員（mentor），以隨時指導與協助新人度過適應階段。

2. 領導發展系列：根據不同階層的管理職能設計，規劃出管理者的領導發展計畫（leadership development program, LDP），並依此規劃出相關的管理課程。

3. 工程研發系列：確認友達核心工程技術及研發能力，整合專業知識，並建立系統化實體與線上培育課程，以強化及傳承工程與研發人員之專業技術能力，並創造知識分享與管理之效用。

4. 品質管理系列：為建立友達同仁的品質觀念，除了推動品質相關活動外，還配合規劃相關品質管理訓練課程，以追求友達卓越的品質工安環保標準－遵守政府環保法令，順應國際環保趨勢，以「零災害」、「零污染」為目標的工安環保要求，並且規劃及演練相關教育訓練項目，提升員工環保意識，確保工業安全知識與技能。

5. 工作技能系列：為協助友達同仁加強工作技能以提升工作效率，規劃一般管理課程，並舉辦英語、日語與電腦應用軟體等相關課程。

6. 教育訓練執行委員會（training execution committee, TEC）：負責友達各功能組織專業訓練規劃與執行，各部門委員依據部門的特性與專業，負責年度教育訓練課程的執行與成效評估，並且增進各部門間的學習交流，以達成部門的績效指標，期使學員能有效運用訓練資源強化專業競爭能力。

二、多元學習管道（Diversified Learning Sources）

1. 在職訓練（on-the-job training）：工作崗位上的專業學習，包括參加工作會議、規劃並執行任務等。

2. 內部訓練（in-house training）：參加由AULC統籌規劃的公司性（company-wide）年度訓練課程，以及由教委會所執行的部門內（departmental）專業訓練課程。

3. 派外訓練（outside training）：參加外部所舉辦與工作有密切相關的訓練課程、研討會，或是參加國內外考察進修。

4. 網路學習（web-based learning）：利用網路環境與多媒體資源來進行學習，此種學習方式將不受時間與空間的限制，如新進同仁訓練線上課程即是採取此種學習方式。

5. 自我學習（self-learning）：藉由自我的閱讀或是參加在職進修課程（如EMBA），來進行個人的學習。目前在公司內有友達書城、讀書會等自我學習機制。

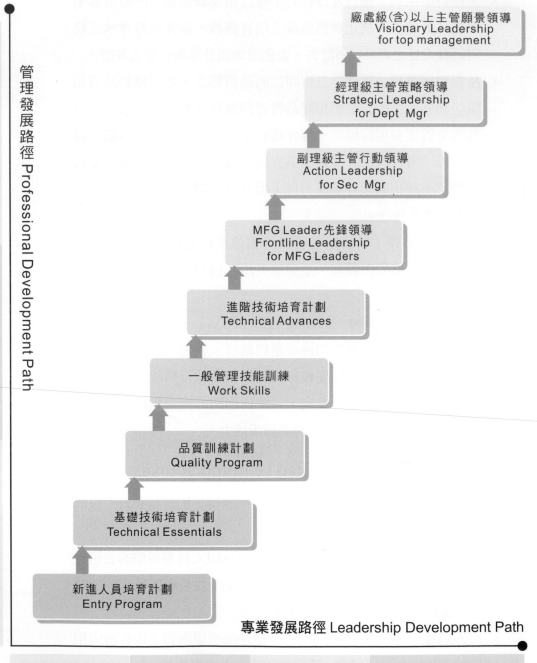

圖12-3．友達人學習發展架構

三、友達學院

依據友達核心專長，規劃出理學院、工學一院、工學二院、管理學院、品質學院、工業管理學院、法商暨語言學院、領導學院及創新學院等九大學院，共同建構組織內部教學資源，並針對各學院的核心專長陸續推出高品質的課程，期許成為友達同仁學習發展的夥伴。友達學院定期提供九大專業領域的訓練，以職能導向的學習發展體系，配合實體、線上等方式進行訓練活動，深耕同仁專業能力。此外，更結合個人發展計畫與進修、外部訓練管道，激發同仁潛能，打造優質人才，讓同仁獲得完善的學習與發展。

第五節　臺灣積體電路製造股份有限公司

從進入臺積公司的第一天開始，立刻能體驗到臺積公司提供的全方位學習環境與訓練課程。員工並可規劃自己的個人發展計畫，臺積電將全力協助員工個人的學習與成長，讓員工成為未來職場的頂尖好手。

資料來源：臺灣積體電路，http://www.tsmc.com/chinese/careers/training_development.htm

一、學習計畫─完善的個人發展計畫書

臺積每一位同仁都有一份與直屬主管，共同依據個人學經歷背景、工作需求、績效評核結果與職涯發展需要，量身訂作的「個人發展計畫書」（individual development plan, IDP），規劃同仁在公司不同期間最佳的進修課程組合。幫助同仁有目標、有計畫、有紀律地學習與成長，循序漸進充實各項專業知識及技能。

二、培訓課程─活潑多樣的訓練規劃

提供全方位人才所需要的培訓課程（如下圖），除了透過內部自製，並引進國內外優質的訓練課程，以提升同仁素質及整體競爭力。課程進行方式多元，在課程講授之外，並根據課程的屬性設計活動、進行個案研討或小組討論，讓學習更加生動、活潑，也更有成效；而線上的1,000多堂 e-Learning 課程，更可讓同仁隨時隨地有效的進行學習活動。

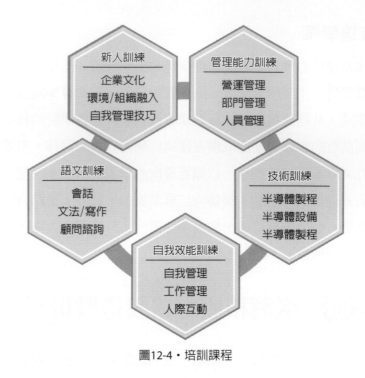

圖12-4‧培訓課程

三、進修管道—多元化的進修管道

在臺積公司同仁可以透過多元化的進修管道，隨時隨地豐富學習生活，這些管道包括：

1. 臺積數位圖書館。
2. 知識管理系統。
3. 公司內教育訓練課程座談會演講。
4. 線上學習。
5. 工作場所的現場教育。
6. 外訓課程。
7. 主管及同儕指導。
8. 網路社群。

四、學習環境—創新的學習中心

臺積公司學習中心為同仁提供一個世界級的學習環境。俐落典雅的空間規劃、專業完備的學習設施，營造一個舒適自在優質的學習樂園，讓每位參與學習的同仁，都可以充分放空自己，專心學習與成長。學習中心擁有：

1. 設備俱全的教室區。
2. 高雅潔淨的討論區。
3. 貼心舒適的上網區。
4. 蔚藍海灘的休息區。

五、職涯發展—多元學習管道的職涯發展機會

臺積公司對同仁的訓練與發展不遺餘力，全力支持同仁充實新知與提升技能。透過訓練課程、線上資源與導師制度強化個人發展的計畫，協助同仁規劃個人化的職涯發展，提供同仁豐富多樣化的成長機會。

1. 工作輪調：鼓勵同仁多方嘗試與學習，在不同單位學習與歷練，拓展視野與專業能力的範圍。
2. 海外派任：臺積拓展國際化的同時，也提供同仁海外派任的機會，此一獨特機會是同仁經驗與能力發揮的另一個舞臺，並可豐富國際視野，增加公司與個人的競爭力。
3. 專案指派：專案指派制度提供機會與不同領域的同仁合作，豐富同仁工作經驗，增加團隊績效貢獻。

第六節　鴻海科技集團

一、一般訓練

資料來源：鴻海科技集團，https://sites.google.com/site/honghaiqiye/e

1. 技術發展委員會：透過技術發展委員會的橫向整合，每位同仁都依個人工作屬性及專業領域分屬不同技委會。技委會為各專業領域引進最新知識技術，促進技術交流，並為同仁規劃完整的專業技術人才培訓架構。
2. 先進製造生產力學會：配合集團產業轉型，藉由啟動IE學院之機會，整合員工專業技術類、IE類、管理類、通識類及語文類教育資源。運用訓練管理系統及線上學習平臺，使教育訓練流程化、簡單化、合理化、標準化、系統化、資訊化、網路化。
3. 管理才能發展：依照不同管理階層的管理需求，並參考同仁需求及人格特質評估，為不同管理階層同仁量身訂作屬於自己的管理才能發展訓練。培育方式多元活潑，讓管理課程不再「講光抄」。

4. 名人講座：在設備新穎的員工活動中心裡，每個月都會有許多同仁蜂擁而至，因為公司會邀請各領域的知名成功人士蒞臨公司演講。

5. 英語互動式自學教室：為忙碌的員工建置了英語課程隨選教室，並搜羅多種最新的互動式英語教材；員工可以隨時點選喜歡的英語教材，戴上耳機，開始一趟影音互動的奇幻英語學習旅程。

6. 圖書館：在智慧資源部門下，擁有一個「專業圖書館」，藏書豐富，完善的閱讀室及視聽設備。

二、新世紀儲訓幹部訓練

每年進行年度「新世紀儲備幹部訓練班」招募，培育國內外大學以上優秀、有潛力的役畢知識青年，施以基礎通識教育及製造基地基層實作訓練半年，使其了解集團公司發展全貌並體悟生產製造機能及系統，讓所有新幹班同仁均能快速學習成長，擁有精實的專業技術與國際化的運籌能力。

第七節 永豐金融控股股份有限公司

資料來源：永豐金控，
http://www.sinopac.
com/hr/sinopac_index.
asp

一、基礎課程

每年度均安排數十門基礎課程供全體同仁自由選課學習。課程範圍包括自我發展、管理技能、法令遵循、團隊共識、財務分析等。

二、專業培訓

面對金融商品的多變性，各產品單位不定時會舉行專業訓練，或安排同仁參予外部專業機構舉辦之訓練課程，使同仁的金融專業知識不斷更新。

三、管理培訓

為增進同仁管理能力，不定期舉行相關課程研習，以專題講授、小組討論等分式進行。另定期開辦基層主管與主管培訓班，以儲備管理人才。

四、進修補助

　　每年提供同仁一定金額進行語言或電腦的進修，同仁可自行接洽相關機構進行研習。另為協助同仁取得證照，同仁可參加各項考照相關課程，或由公司補助通過考試之報名費用。

五、新員培訓

　　針對無工作經驗的新進同仁，均提供扎實的訓練課程，包括一週營隊式訓練，介紹永豐企業文化及相關規範，後續並安排數週的專業課程，讓同仁可在最短的時間內建立專業職能。

六、永豐e學院

　　透過線上學習系統，同仁們無時無刻都可上線學習各類課程，包括金融專業、管理技能、法令遵循等，並藉由線上測驗即時了解學習成效。此外，透過虛擬圖書館和文章中心的佳文推薦，讓學習變得更加豐富有趣。

第八節　宏碁集團

一、人才培育與職涯發展

　　配合公司在 2011 年的策略轉型，訓練重點亦同步調整，我們更加重視同仁的成長，並藉強化同仁的核心能力，以確保策略有效地執行。2011 年訓練重點包括如何透過創新為顧客創造價值、如何強化流程管理以提高執行效率、如何提升產品品質以增進品牌實力、以及如何從推銷的模式（push）轉變成吸引式的銷售模式（pull）等。

資料來源：宏碁集團，https://www.acer-group.com/sustainability/zh/continuous-learning-growth.html

　　所規劃之訓練重點，皆透過新進人員訓練、通識課程、職類別專業訓練體系、主管管理才能訓練體系及線上學習等訓練體系傳達。為確保訓練之執行品質，所有訓練皆依照「內外部訓練管理程序」辦理。在 2011 年，以臺灣區為例，共開辦 186 班訓練課程，受訓員工達 4,865 人次，總受訓時數達 19,574 人時，訓練費用計新臺幣 667 萬元；而在歐美與亞太地區, 共有 3,056 受訓人次, 總訓練人時達 42,940 人時。

二、訓練架構與成效

(一) 新進人員訓練

新進人員在入職第一天，便會安排導覽訓練，使其在入職之初，能迅速瞭解基本作業流程。 新人在入職後一個月內，由訓練單位辦理新進人員訓練，使其瞭解公司制度、規章、核心價值、行為守則及企業文化等，以期能完全融入團隊運作。於 2011 年，臺灣區有 469 位新進同仁參訓。

針對電腦產品全球運籌中心的新進同仁，另舉辦為期三階段（包括基礎訓練、功能別專業訓練、與主管跟催輔導）之新進人員訓練，協助新進人員迅速融入組織，發揮績效。

(二) 通識課程

通識課程主要依 2011 年訓練重點規劃，典型的代表課程，如品質機能展開（QFD）實務、運用系統化創新工具提升績效—Triz InnoWorkBench 軟體應用、專案風險管理與應對計劃、站在客戶立場的行銷等，共有 2,906 位同仁參加。

(三) 職類別專業訓練體系

提供各部門所需要的專業技術及訓練，並辦理專業演講讓同仁瞭解產品發展趨勢。如 Android 新興裝置與服務商機探索、Tablet Device 產品發展應用、雲端產業發展商機、觸控面板技術趨勢等等課程。

(四) 主管管理才能訓練體系

在宏碁轉型的過程中，有關各層級主管管理訓練的重點，著重於強化主管的領導變革、提振的團隊士氣的能力、與選用留才的技巧。典型的主管訓練課程，在高階主管訓練方面，代表性課程如領導變革與溝通；中階主管訓練以加強教練式領導、建立高績效團隊為主；基層主管訓練則著眼於整體核心管理能力的提升。

三、員工業務行為準則

宏碁暨全體同仁除恪遵全球各地區國家相關之法規外，並要求同仁堅守誠信，以超越社會大眾對宏碁公司之期待。為此，宏碁於 2009 年

訂定「員工業務行為準則」，包含遵守公平競爭、禁止員工收受不當的餽贈與招待、嚴禁員工收受不當利潤、反貪腐、禁止歧視及騷擾等，如有任何違反該規範之情形，將視情節輕重予以處置，情節嚴重者將受到必要之紀律處分甚至解僱。本規範為宏碁所有員工進行業務活動之最高行為準則，於每位新進人員加入時，均施以教育訓練提醒員工務必遵守。

四、多元化的學習發展

每位員工皆可透過多元發展途徑提升其專業能力，如：在公司內部，包括在職訓練、工作輔導、工作調動、講座、線上學習、讀書會等；於公司外部，可參加專業研習、國外知名大學及訓練機構之短期訓練課程等。此外，為鼓勵同仁取得專業認證，以提昇其專業能力，也訂定「原廠專業認證獎勵辦法」，提供專業認證測驗費補助及獎金。

五、個人學習發展

以績效管理制度為基礎所規劃出的個人發展計畫。

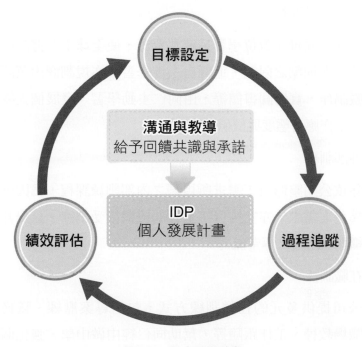

圖12-5・個人發展計畫

第九節 | 華碩電腦股份有限公司

一、人才培訓重點

資料來源：華碩電腦，https://csr.asus.com/chinese/article.aspx?id=1705

1. 管理及核心價值訓練

   公司針對各階層同仁，規劃完善的學習成長藍圖，以利於儲備未來職涯發展之實力，於每年定期辦理管理訓練，包括新晉升主管訓練、各階層管理職能訓練、管理講座、菁英主管課程等，系統化協助主管提升管理能力，以發揮最佳管理效能；另規劃核心價值訓練，協助同仁修煉華碩人應具備之 DNA，進一步提升同仁工作技能與工作績效。

2. 專業職能訓練

   公司透過各類專業實務課程，系統化增進員工專業知識與技能之深度與廣度，使同仁得快速適應工作文化及累積實做專業技能。

3. 自我發展資源

   公司全面推廣數位學習系統及資源，使全球主要據點同仁不受時間與地點之限制，進行自主性學習；亦規劃商用英語班、心靈講座、實體圖書館等，由同仁主動學習，發展個人能力及建立工作應有態度與價值觀。

4. 外部訓練

   除依公司整體員工需求所規劃之內部訓練課程，為因應個體差異化之需求，亦安排員工至外部機構接受訓練，以提升達成組織任務所需之專業能力。

5. 在職訓練

   公司提供多元的在職訓練方式，包括專案歷練、職務代理、職場教練、工作跟隨等，幫助同仁經由做中學，強化個人的知識及技能。為協助同仁更有計畫地進行在職訓練，提升訓練效益，公司鼓勵主管於學習成長計畫中為員工規劃年度在職訓練方案。

二、多元的學習資源

表12-1·華碩電腦公司的訓練項目、內容與目標

類別	項目	訓練內容	訓練目標
工作外訓練	通識、管理訓練	• 新人訓練 • 核心職能訓練 • 新晉升主管訓練 • 管理職能訓練 • 菁英主管學程	針對各階層員工，提供系統性之成長學習與發展藍圖，有利於儲備未來職涯發展之實力。
	專業訓練	• 新人專業訓練 • 專業職能訓練 • 海外研習 • 海外人才返臺研習	提供系統性之課程，增進員工專業知識與技能之深度與廣度。
	自我發展	• 數位學習 • 商用英語班 • 品書小館 • 藝文講座 • 華碩社團	透過主動與自主性之學習，發展個人能力，並兼顧個人志趣。
工作中訓練	在職訓練	• 職務代理 • 工作跟隨 • 職場訓練 • 專案指派	主管協助規劃員工的成長計畫，讓同仁邊做邊學，強化個人的知識及技能。

三、才能發展

公司之經營理念即揭櫫「珍惜、培育、關懷員工」。基於此，公司規劃職涯發展課程及個人能力評鑑工具，能協助公司主管及員工之專業職涯發展，提供符合組織與個人發展之可行方案。「人生有夢、築夢踏實！」在建立同仁事業職涯夢想之過程中，主管會參與協助及擔任指導之角色，以讓同仁充分發揮潛能與專業志趣。「華碩舞臺、全球視野」，公司不僅在全球有眾多業務據點，在企業內部亦有多元之專業單位，可讓身懷絕技之各類專業之人才盡情參與職務歷練與晉升。

秉持「因材施教」的理念，根據重要職能項目為主要依據，找出個人最需加強與對工作重要性的能力，系統化規劃出一整年度的學習發展計畫，讓學習更有效率，如圖 12-6 所示。

圖12-6・才能發展計畫

第十節 ｜ 誠品股份有限公司

資料來源：誠品，
http://www.eslitecorp.
com/TW/content.
aspx?no=8.4.0

「創意臻於終身學習」。在誠品，每位同仁都被視為珍貴的資產，因此我們相當重視人才的培育與發展。誠品的訓練體系以職能為核心，並以適才且多元的教育訓練模組建構出「誠品學苑」，提供同仁適當的訓練資源，以促進個人在工作績效的展現。期使同仁能在學習型組織中不斷進修成長。為同仁規劃的學習發展包括：

一、誠品學苑

依據同仁專業職能、核心職能與管理職能，建構誠品六大學苑，並發展各學苑課程，使同仁能清楚掌握個人學習路徑。

二、派外訓練

誠品訂有派外訓練辦法，同仁可依不同職等、職務，向公司提出專業訓練之補助申請。

三、自我啟發

誠品希望同仁能在專業與個人生活間取得平衡。所以鼓勵同仁成立讀書會、舉辦心靈成長講座，期使透過心得交流分享進而共同成長。

圖12-7 · 誠品員工職涯發展路徑

　　誠品擁有完整的訓練體系，組織培育優秀人才，同時規劃健全的晉升制度與職務輪調系統，使同仁有多元的職涯發展路徑，以及明確的職涯發展方向。同仁透過工作輪調、專案參與，及主管的教練輔導，除提升個人專業技能與職能外，公司亦可依據同仁績效結果與發展潛力，建立誠品菁英人才庫，為公司未來發展奠定穩固基石。

第十節　中國人壽保險股份有限公司

　　中國人壽的教育訓練課程，有：**1. 嚴謹安排職前培育**：提供新人「夢想起飛考照學習網」平臺進行職前學習；協助學習者考取人身保險業務員資格學習套卡，提供各項職前準備及公司理念、核心價值、了解壽險產業，以及目前市場走向。**2. 運用翻轉學習模式**：以業訓 e 學堂為基礎之混成學習，搭配中壽大學各職級實體培訓課程及運用數位科技與多媒體，量身打造專屬的訓練課程。**3. 設計情境模擬教案**：提供情境模擬式教材（如：向客戶解說商品、壽險商品規劃、異議問題處理等），以最貼近實境的訓練方式培養同仁問題解決與實務能力。

資料來源：中國人壽保險股份有限公司，http://www.chinalife.com.tw/wps/portal/chinalife/CSR/social-inclusion/csr-human-resources-policy/training

　　若以內外勤同仁所實施的教育訓練來分，則有：

(一)內勤同仁教育訓練

　　內勤同仁的培訓主要著重「新人培育」、「一般技巧／知識」、「專業能力」及「管理能力」四大區塊，每個區塊皆透過實體課程、數位學習、在職訓練、外派訓練及員工園地電子月刊等管道落實培訓目的與內容。

另為鼓勵同仁多面向學習，亦補助國內、外舉辦之專業訓練課程、講座、研討會等，協助同仁專業領域之發展，以掌握即時產業趨勢及新知。2015 年並修訂專業證照考試獎勵辦法，除了原有提供同仁考試假、補助考試報名費、發給獎勵金外，新增專業證照類別之補助獎勵範圍，並鼓勵同仁於職位轉調後得追求新職能領域之專業證照，以利同仁第二專業職能之養成。

(二)外勤同仁教育訓練

在外勤同仁培訓部分，除了藉由「中壽大學」五大領域系統化的人才培訓外，2015 年亦舉辦為期一年的「準處經理養成（Core-Team）專班」，協助學員擴大壽險產業的格局與視野、學習組織發展及培育人才相關能力。於本年度，也配合主管機關法令規範及風險控管原則的最新要求，即時修訂《業務招攬處理制度及程序》，並透過教育訓練強化同仁行銷溝通能力和服務品質。2016 年引進美國壽險行銷協會（LIMRA）所舉辦之國際 CIAM 認證課程，透過課程導入大幅提升業務主管的經營和管理技能、提升專案新人晉升機會、倍增基層主管產能與強化處經理在人才留存與組織擴展。

行銷學院
著重於行銷知識的傳授與實務技巧演練

經營學院
著重於組織發展與晉升至該職級必備的專業知識

管理學院
提供業務同仁持續精進管理能力的培育與訓練

綜合學院
提供正面心態、個人成長、專業授課與業務輔助技能的培養

財金學院
提供金融領域的專業知識及業務同仁所需具備的理財職能

圖12-8・中壽大學五大領域人才培訓系統

(三)業訓e學堂數位平臺

在智慧型行動裝置的數位化時代，中國人壽建立專屬的「業訓 e 學堂」數位平臺，針對不同學習對象量身訂做專屬的課程、並運用多種教學策略（如：問題導向學習、個案研討學習等），以及應用不同的載具（如：智慧型手機、平板電腦、筆記型電腦）進行學習，並針對六大類課程所建構出「混成學習」的模式。

表12-2．混成學習六大類課程

類別	說明
商品知識	在新商品上市前一週，提供新商品培訓課程，以利同仁了解商品內容，順利銜接零時差。
行銷技巧	包含商品行銷話術課程、新人銜接培訓36堂課及新人專案系列課程，厚實基礎專業能力。
經營管理	包含中壽財富管理大學介紹、增選六大流程等公司組織方面的資訊，以及六大管理技巧。
財金資訊	每季與投信公司合作錄製財金趨勢論壇，提供同仁最新財金資訊，以及投資型商品類課程相關資訊。
證照考試	提供人身保險業務員資格、投資型保單業務員資格及銷售外幣收付非投資型保險商品資格等三類證照輔導課程。
法令培訓	依主管機關規定，提供年度基金、法令、洗錢防制等培訓課程，以使業務同仁具備法令知識，符合相關規範。

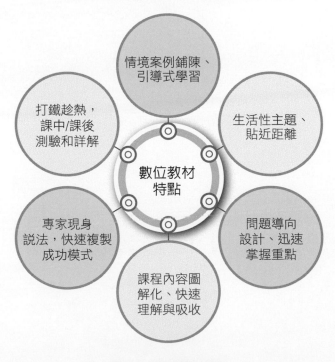

圖12-9．數位教材特點

I have always observed that to succeed in the world one should seem a fool, but be wise.
我總是發現，要成功於世，就必須大智若愚。

Montesquieu
孟德斯鳩

資料來源：http://www.hgjh.hlc.edu.tw/assist1/assist/spc/culver/sayings.htm

Appendix

附錄

附錄一　教育訓練課程十大熱門網站

104人資學院
整合專業顧問諮詢與資訊科技，開發一系列人資單位暨企業專屬的e化資訊系統、管理諮詢工具、人才評鑑工具及職能發展系列課程，同時並提供專業諮詢顧問團隊的服務。
http://ehr.104.com.tw/index.htm

CPC中國生產力中心
塑造出合理化、團隊畫、價值化、家庭化、卓越之事雲端化的五化文化，致力成為經營管理的人才庫，乃為華人企業最具信賴價值的經營管理顧問機構。
https://www.cpc.org.tw/zh-tw

財團法人自強工業科學基金會
掌握趨勢與時並進，不斷變革創新，專精於高科技人才培育、工業技術研發與合作，成為國內重要的產官學研整合平臺。
https://edu.tcfst.org.tw/web/index.asp

汎亞人力資源集團培訓事業部
提供企業專業管理諮詢與教育訓練服務的人力資源管理顧問公司。
http://www.hitraining.com.tw/

恆逸教育訓練中心
深耕IT與多媒體教育訓練領域，是各國際大廠授權於臺灣首選的技術教育訓練中心。
https://www.uuu.com.tw/default.aspx

亞太教育訓練網
全球第一個中文的培訓學習網站,提供教育訓練課程規劃、行銷等服務。
http://www.asia-learning.com/

財團法人中華工商研究院
藉由教育訓練課程,增進企業員工之核心能力,有效強化企業整體經營策略與發展,達到企業與員工雙贏境界。
http://www.cicr.org.tw/edu/

IMC菁英人力資源
致力於滿足人力資源服務產業的動態平衡,為人才規劃生涯各階段最適宜的發展舞臺,為企業提供合適人才更同時兼顧時效性與質/量的要求。
http://www.jobnet.com.tw/

巨思文化股份有限公司
關注四大重點社群,包括創業社群、傳產創新/新零售社群、開發者社群、數位行銷社群,為新商業的發掘者與促成者。提供最新創業、商業經營、數據分析、數位行銷知識、職場必備的創意、社群、行銷等課程。
https://eventgo.bnextmedia.com.tw/

地球村美日語
提供最優良的全天候學習時間及全方位學習方式,創造有如置身國外的學習環境,培養學員外語專長、奠定升學、就業、考照順利成功基石。
http://www.gvo.com.tw/index.html

附錄二　就業服務法

民國 81 年 05 月 08 日公布
民國 107 年 11 月 28 日修正

▶ 第一章　總則

第　1　條 為促進國民就業,以增進社會及經濟發展,特制定本法;本法未規定者,適用其他法律之規定。

第　2　條 本法用詞定義如下:

一、就業服務:指協助國民就業及雇主徵求員工所提供之服務。

二、就業服務機構:指提供就業服務之機構;其由政府機關設置者,為公立就業服務機構;其由政府以外之私人或團體所設置者,為私立就業服務機構。

三、雇主:指聘、僱用員工從事工作者。

四、中高齡者:指年滿四十五歲至六十五歲之國民。

五、長期失業者:指連續失業期間達一年以上,且辦理勞工保險退保當日前三年內,保險年資合計滿六個月以上,並於最近一個月內有向公立就業服務機構辦理求職登記者。

第　3　條 國民有選擇職業之自由。但為法律所禁止或限制者,不在此限。

第　4　條 國民具有工作能力者,接受就業服務一律平等。

第　5　條 1.為保障國民就業機會平等,雇主對求職人或所僱用員工,不得以種族、階級、語言、思想、宗教、黨派、籍貫、出生地、性別、性傾向、年齡、婚姻、容貌、五官、身心障礙、星座、血型或以往工會會員身分為由,予以歧視;其他法律有明文規定者,從其規定。

2.雇主招募或僱用員工,不得有下列情事:

一、為不實之廣告或揭示。

二、違反求職人或員工之意思,留置其國民身分證、工作憑證或其他證明文件,或要求提供非屬就業所需之隱私資料。

三、扣留求職人或員工財物或收取保證金。

四、指派求職人或員工從事違背公共秩序或善良風俗之工作。

五、辦理聘僱外國人之申請許可、招募、引進或管理事項,提供不實資料或健康檢查檢體。

六、提供職缺之經常性薪資未達新臺幣四萬元而未公開揭示或告知其薪資範圍。

第　6　條 1.本法所稱主管機關:在中央為勞動部;在直轄市為直轄市政府;在縣(市)為縣(市)政府。

2.中央主管機關應會同原住民族委員會辦理相關原住民就業服務事項。

3.中央主管機關掌理事項如下:

一、全國性國民就業政策、法令、計畫及方案之訂定。

二、全國性就業市場資訊之提供。

三、就業服務作業基準之訂定。

四、全國就業服務業務之督導、協調及考核。

五、雇主申請聘僱外國人之許可及管理。

六、辦理下列仲介業務之私立就業服務機構之許可、停業及廢止許可：

（一）仲介外國人至中華民國境內工作。

（二）仲介香港或澳門居民、大陸地區人民至臺灣地區工作。

（三）仲介本國人至臺灣地區以外之地區工作。

七、其他有關全國性之國民就業服務及促進就業事項。

4 直轄市、縣（市）主管機關掌理事項如下：

一、就業歧視之認定。

二、外國人在中華民國境內工作之管理及檢查。

三、仲介本國人在國內工作之私立就業服務機構之許可、停業及廢止許可。

四、前項第六款及前款以外私立就業服務機構之管理。

五、其他有關國民就業服務之配合事項。

第 8 條 主管機關為增進就業服務工作人員之專業知識及工作效能，應定期舉辦在職訓練。

第 9 條 就業服務機構及其人員，對雇主與求職人之資料，除推介就業之必要外，不得對外公開。

第 10 條 1.在依法罷工期間，或因終止勞動契約涉及勞方多數人權利之勞資爭議在調解期間，就業服務機構不得推介求職人至該罷工或有勞資爭議之場所工作。

2.前項所稱勞方多數人，係指事業單位勞工涉及勞資爭議達十人以上，或雖未達十人而占該勞資爭議場所員工人數三分之一以上者。

第 11 條 1.主管機關對推動國民就業有卓越貢獻者，應予獎勵及表揚。

2.前項獎勵及表揚之資格條件、項目、方式及其他應遵行事項之辦法，由中央主管機關定之。

▶ 第二章　政府就業服務

第 12 條 1.主管機關得視業務需要，在各地設置公立就業服務機構。

2.直轄市、縣（市）轄區內原住民人口達二萬人以上者，得設立因應原住民族特殊文化之原住民公立就業服務機構。

3.前兩項公立就業服務機構設置準則，由中央主管機關定之。

第 13 條 公立就業服務機構辦理就業服務，以免費為原則。但接受雇主委託招考人才所需之費用，得向雇主收取之。

第 14 條 公立就業服務機構對於求職人及雇主申請求職、求才登記，不得拒絕。但其申請有違反法令或拒絕提供為推介就業所需之資料者，不在此限。

第 15 條 （刪除）

第 16 條 公立就業服務機構應蒐集、整理、分析其業務區域內之薪資變動、人力供需及未來展望等資料，提供就業市場資訊。

第 17 條 1.公立就業服務機構對求職人應先提供就業諮詢，再依就業諮詢結果或職業輔導評量，推介就業、職業訓練、技能檢定、創業輔導、進行轉介或失業認定及轉請核發失業給付。

2.前項服務項目及內容，應作成紀錄。

3.第一項就業諮詢、職業輔導及其他相關事項之辦法，由中央主管機關定之。

第 18 條 公立就業服務機構與其業務區域內之學校應密切聯繫，協助學校辦理學生職業輔導工作，並協同推介畢業學生就業或參加職業訓練及就業後輔導工作。

第 19 條 公立就業服務機構爲輔導缺乏工作知能之求職人就業，得推介其參加職業訓練；對職業訓練結訓者，應協助推介其就業。

第 20 條 公立就業服務機構對申請就業保險失業給付者，應推介其就業或參加職業訓練。

▶ 第三章 促進就業

第 20 條 公立就業服務機構對申請就業保險失業給付者，應推介其就業或參加職業訓練。

第 21 條 政府應依就業與失業狀況相關調查資料，策訂人力供需調節措施，促進人力資源有效運用及國民就業。

第 22 條 中央主管機關爲促進地區間人力供需平衡並配合就業保險失業給付之實施，應建立全國性之就業資訊網。

第 23 條 1.中央主管機關於經濟不景氣致大量失業時，得鼓勵雇主協商工會或勞工，循縮減工作時間、調整薪資、辦理教育訓練等方式，以避免裁減員工；並得視實際需要，加強實施職業訓練或採取創造臨時就業機會、辦理創業貸款利息補貼等輔導措施；必要時，應發給相關津貼或補助金，促進其就業。

2.前項利息補貼、津貼與補助金之申請資格條件、項目、方式、期間、經費來源及其他應遵行事項之辦法，由中央主管機關定之。

第 24 條 1.主管機關對下列自願就業人員，應訂定計畫，致力促進其就業；必要時，得發給相關津貼或補助金：

一、獨力負擔家計者。

二、中高齡者。

三、身心障礙者。

四、原住民。

五、低收入戶或中低收入戶中有工作能力者。

六、長期失業者。

七、二度就業婦女。

八、家庭暴力被害人。

九、更生受保護人。

十、其他經中央主管機關認爲有必要者。

2.前項計畫應定期檢討，落實其成效。

3.主管機關對具照顧服務員資格且自願就業者，應提供相關協助措施。

4.第一項津貼或補助金之申請資格、金額、期間、經費來源及其他相關事項之辦法，由主管機關定之。

第 25 條 公立就業服務機構應主動爭取適合身心障礙者及中高齡者之就業機會，並定期公告。

第 26 條 主管機關為輔導獨力負擔家計者就業，或因妊娠、分娩或育兒而離職之婦女再就業，應視實際需要，辦理職業訓練。

第 27 條 主管機關為協助身心障礙者及原住民適應工作環境，應視實際需要，實施適應訓練。

第 28 條 公立就業服務機構推介身心障礙者及原住民就業後，應辦理追蹤訪問，協助其工作適應。

第 29 條 1.直轄市及縣（市）主管機關應將轄區內低收入戶及中低收入戶中有工作能力者，列冊送當地公立就業服務機構，推介就業或參加職業訓練。

2.公立就業服務機構推介之求職人為低收入戶、中低收入戶或家庭暴力被害人中有工作能力者，其應徵工作所需旅費，得酌予補助。

第 30 條 公立就業服務機構應與當地役政機關密切聯繫，協助推介退伍者就業或參加職業訓練。

第 31 條 公立就業服務機構應與更生保護會密切聯繫，協助推介受保護人就業或參加職業訓練。

第 32 條 1.主管機關為促進國民就業，應按年編列預算，依權責執行本法規定措施。

2.中央主管機關得視直轄市、縣（市）主管機關實際財務狀況，予以補助。

第 33 條 1.雇主資遣員工時，應於員工離職之十日前，將被資遣員工之姓名、性別、年齡、住址、電話、擔任工作、資遣事由及需否就業輔導等事項，列冊通報當地主管機關及公立就業服務機構。但其資遣係因天災、事變或其他不可抗力之情事所致者，應自被資遣員工離職之日起三日內為之。

2.公立就業服務機構接獲前項通報資料後，應依被資遣人員之志願、工作能力，協助其再就業。

第 33-1 條 中央主管機關得將其於本法所定之就業服務及促進就業掌理事項，委任所屬就業服務機構或職業訓練機構、委辦直轄市、縣（市）主管機關或委託相關機關（構）、團體辦理之。

▶ 第四章　民間就業服務

第 34 條 1.私立就業服務機構及其分支機構，應向主管機關申請設立許可，經發給許可證後，始得從事就業服務業務；其許可證並應定期更新之。

2.未經許可，不得從事就業服務業務。但依法設立之學校、職業訓練機構或接受政府機關委託辦理訓練、就業服務之機關（構），為其畢業生、結訓學員或求職人免費辦理就業服務者，不在此限。

3.第一項私立就業服務機構及其分支機構之設立許可條件、期間、廢止許可、許可證更新及其他管理事項之辦法，由中央主管機關定之。

第 35 條 1.私立就業服務機構得經營下列就業服務業務：

一、職業介紹或人力仲介業務。

二、接受委任招募員工。

三、協助國民釐定生涯發展計畫之就業諮詢或職業心理測驗。

四、其他經中央主管機關指定之就業服務事項。

2.私立就業服務機構經營前項就業服務業務得收取費用；其收費項目及金額，由中央主管機關定之。

第 36 條 1.私立就業服務機構應置符合規定資格及數額之就業服務專業人員。

2.前項就業服務專業人員之資格及數額，於私立就業服務機構許可及管理辦法中規定之。

第 37 條 就業服務專業人員不得有下列情事：

一、 允許他人假藉本人名義從事就業服務業務。

二、 違反法令執行業務。

第 38 條 辦理下列仲介業務之私立就業服務機構，應以公司型態組織之。但由中央主管機關設立，或經中央主管機關許可設立、指定或委任之非營利性機構或團體，不在此限：

一、 仲介外國人至中華民國境內工作。

二、 仲介香港或澳門居民、大陸地區人民至臺灣地區工作。

三、 仲介本國人至臺灣地區以外之地區工作。

第 39 條 私立就業服務機構應依規定備置及保存各項文件資料，於主管機關檢查時，不得規避、妨礙或拒絕。

第 40 條 1.私立就業服務機構及其從業人員從事就業服務業務，不得有下列情事：

一、 辦理仲介業務，未依規定與雇主或求職人簽訂書面契約。

二、 為不實或違反第五條第一項規定之廣告或揭示。

三、 違反求職人意思，留置其國民身分證、工作憑證或其他證明文件。

四、 扣留求職人財物或收取推介就業保證金。

五、 要求、期約或收受規定標準以外之費用，或其他不正利益。

六、 行求、期約或交付不正利益。

七、 仲介求職人從事違背公共秩序或善良風俗之工作。

八、 接受委任辦理聘僱外國人之申請許可、招募、引進或管理事項，提供不實資料或健康檢查檢體。

九、 辦理就業服務業務有恐嚇、詐欺、侵占或背信情事。

十、 違反雇主或勞工之意思，留置許可文件、身分證件或其他相關文件。

十一、 對主管機關規定之報表，未依規定填寫或填寫不實。

十二、 未依規定辦理變更登記、停業申報或換發、補發證照。

十三、 未依規定揭示私立就業服務機構許可證、收費項目及金額明細表、就業服務專業人員證書。

十四、 經主管機關處分停止營業，其期限尚未屆滿即自行繼續營業。

十五、 辦理就業服務業務，未善盡受任事務，致雇主違反本法或依本法所發布之命令，或致勞工權益受損。

十六、 租借或轉租私立就業服務機構許可證或就業服務專業人員證書。

十七、 接受委任引進之外國人入國三個月內發生行蹤不明之情事，並於一年內達一定之人數及比率者。

十八、 對求職人或受聘僱外國人有性侵害、人口販運、妨害自由、重傷害或殺人行為。

十九、 知悉受聘僱外國人疑似遭受雇主、被看護者或其他共同生活之家屬、雇主之代表人、負責人或代表雇主處理有關勞工事務之人為性侵害、人口

販運、妨害自由、重傷害或殺人行為，而未於二十四小時內向主管機關、入出國管理機關、警察機關或其他司法機關通報。

二十、其他違反本法或依本法所發布之命令。

2.前項第十七款之人數、比率及查核方式等事項，由中央主管機關定之。

第 41 條 接受委託登載或傳播求才廣告者，應自廣告之日起，保存委託者之姓名或名稱、住所、電話、國民身分證統一編號或事業登記字號等資料二個月，於主管機關檢查時，不得規避、妨礙或拒絕。

▶ 第五章 外國人之聘僱與管理

第 42 條 為保障國民工作權，聘僱外國人工作，不得妨礙本國人之就業機會、勞動條件、國民經濟發展及社會安定。

第 43 條 除本法另有規定外，外國人未經雇主申請許可，不得在中華民國境內工作。

第 44 條 任何人不得非法容留外國人從事工作。

第 45 條 任何人不得媒介外國人非法為他人工作。

第 46 條 1.雇主聘僱外國人在中華民國境內從事之工作，除本法另有規定外，以下列各款為限：

一、專門性或技術性之工作。

二、華僑或外國人經政府核准投資或設立事業之主管。

三、下列學校教師：

（一）公立或經立案之私立大專以上校院或外國僑民學校之教師。

（二）公立或已立案之私立高級中等以下學校之合格外國語文課程教師。

（三）公立或已立案私立實驗高級中等學校雙語部或雙語學校之學科教師。

四、依補習及進修教育法立案之短期補習班之專任教師。

五、運動教練及運動員。

六、宗教、藝術及演藝工作。

七、商船、工作船及其他經交通部特許船舶之船員。

八、海洋漁撈工作。

九、家庭幫傭及看護工作。

十、為因應國家重要建設工程或經濟社會發展需要，經中央主管機關指定之工作。

十一、其他因工作性質特殊，國內缺乏該項人才，在業務上確有聘僱外國人從事工作之必要，經中央主管機關專案核定者。

2.從事前項工作之外國人，其工作資格及審查標準，除其他法律另有規定外，由中央主管機關會商中央目的事業主管機關定之。

3.雇主依第一項第八款至第十款規定聘僱外國人，須訂立書面勞動契約，並以定期契約為限；其未定期限者，以聘僱許可之期限為勞動契約之期限。續約時，亦同。

第 47 條 1.雇主聘僱外國人從事前條第一項第八款至第十一款規定之工作，應先以合理勞動條件在國內辦理招募，經招募無法滿足其需要時，始得就該不足人數提出申請，並應於招募時，將招募全部內容通知其事業單位之工會或勞工，並於外國人預定工作之場所公告之。

　　　　　2.雇主依前項規定在國內辦理招募時，對於公立就業服務機構所推介之求職人，非有正當理由，不得拒絕。

第 48 條 1.雇主聘僱外國人工作，應檢具有關文件，向中央主管機關申請許可。但有下列情形之一，不須申請許可：

　　　　　一、各級政府及其所屬學術研究機構聘請外國人擔任顧問或研究工作者。

　　　　　二、外國人與在中華民國境內設有戶籍之國民結婚，且獲准居留者。

　　　　　三、受聘僱於公立或經立案之私立大學進行講座、學術研究經教育部認可者。

　　　　　2.前項申請許可、廢止許可及其他有關聘僱管理之辦法，由中央主管機關會商中央目的事業主管機關定之。

　　　　　3.第一項受聘僱外國人入境前後之健康檢查管理辦法，由中央衛生主管機關會商中央主管機關定之。

　　　　　4.前項受聘僱外國人入境後之健康檢查，由中央衛生主管機關指定醫院辦理之；其受指定之資格條件、指定、廢止指定及其他管理事項之辦法，由中央衛生主管機關定之。

　　　　　5.受聘僱之外國人健康檢查不合格經限令出國者，雇主應即督促其出國。

　　　　　6.中央主管機關對從事第四十六條第一項第八款至第十一款規定工作之外國人，得規定其國別及數額。

第 48-1 條 1.本國雇主於第一次聘僱外國人從事家庭看護工作或家庭幫傭前，應參加主管機關或其委託非營利組織辦理之聘前講習，並於申請許可時檢附已參加講習之證明文件。

　　　　　2.前項講習之對象、內容、實施方式、受委託辦理之資格、條件及其他應遵行事項之辦法，由中央主管機關定之。

第 49 條 各國駐華使領館、駐華外國機構、駐華各國際組織及其人員聘僱外國人工作，應向外交部申請許可；其申請許可、廢止許可及其他有關聘僱管理之辦法，由外交部會商中央主管機關定之。

第 50 條 雇主聘僱下列學生從事工作，得不受第四十六條第一項規定之限制；其工作時間除寒暑假外，每星期最長為二十小時：

　　　　　一、就讀於公立或已立案私立大專校院之外國留學生。

　　　　　二、就讀於公立或已立案私立高級中等以上學校之僑生及其他華裔學生。

第 51 條 1.雇主聘僱下列外國人從事工作，得不受第四十六條第一項、第三項、第四十七條、第五十二條、第五十三條第三項、第四項、第五十七條第五款、第七十二條第四款及第七十四條規定之限制，並免依第五十五條規定繳納就業安定費：

一、獲准居留之難民。

二、獲准在中華民國境內連續受聘僱從事工作，連續居留滿五年，品行端正，且有住所者。

三、經獲准與其在中華民國境內設有戶籍之直系血親共同生活者。

四、經取得永久居留者。

2.前項第一款、第三款及第四款之外國人得不經雇主申請，逕向中央主管機關申請許可。

3.外國法人為履行承攬、買賣、技術合作等契約之需要，須指派外國人在中華民國境內從事第四十六條第一項第一款或第二款契約範圍內之工作，於中華民國境內未設立分公司或代表人辦事處者，應由訂約之事業機構或授權之代理人，依第四十八條第二項及第三項所發布之命令規定申請許可。

第 52 條 1.聘僱外國人從事第四十六條第一項第一款至第七款及第十一款規定之工作，許可期間最長為三年，期滿有繼續聘僱之需要者，雇主得申請展延。

2.聘僱外國人從事第四十六條第一項第八款至第十款規定之工作，許可期間最長為三年。有重大特殊情形者，雇主得申請展延，其情形及期間由行政院以命令定之。但屬重大工程者，其展延期間，最長以六個月為限。

3.前項每年得引進總人數，依外籍勞工聘僱警戒指標，由中央主管機關邀集相關機關、勞工、雇主、學者代表協商之。

4.受聘僱之外國人於聘僱許可期間無違反法令規定情事而因聘僱關係終止、聘僱許可期間屆滿出國或因健康檢查不合格經返國治療再檢查合格者，得再入國工作。但從事第四十六條第一項第八款至第十款規定工作之外國人，其在中華民國境內工作期間，累計不得逾十二年，且不適用前條第一項第二款之規定。

5.前項但書所定之外國人於聘僱許可期間，得請假返國，雇主應予同意；其請假方式、日數、程序及其他相關事項之辦法，由中央主管機關定之。

6.從事第四十六條第一項第九款規定家庭看護工作之外國人，且經專業訓練或自力學習，而有特殊表現，符合中央主管機關所定之資格、條件者，其在中華民國境內工作期間累計不得逾十四年。

7.前項資格、條件、認定方式及其他相關事項之標準，由中央主管機關會商中央目的事業主管機關定之。

第 53 條 1.雇主聘僱之外國人於聘僱許可有效期間內，如需轉換雇主或受聘僱於二以上之雇主者，應由新雇主申請許可。申請轉換雇主時，新雇主應檢附受聘僱外國人之離職證明文件。

2.第五十一條第一項第一款、第三款及第四款規定之外國人已取得中央主管機關許可者，不適用前項之規定。

3.受聘僱從事第四十六條第一項第一款至第七款規定工作之外國人轉換雇主或工作者，不得從事同條項第八款至第十一款規定之工作。

4.受聘僱從事第四十六條第一項第八款至第十一款規定工作之外國人，不得轉換雇主或工作。但有第五十九條第一項各款規定之情事，經中央主管機關核准者，不在此限。

5.前項受聘僱之外國人經許可轉換雇主或工作者，其受聘僱期間應合併計算之，並受第五十二條規定之限制。

第 54 條 1.雇主聘僱外國人從事第四十六條第一項第八款至第十一款規定之工作，有下列情事之一者，中央主管機關應不予核發招募許可、聘僱許可或展延聘僱許可之一部或全部；其已核發招募許可者，得中止引進：

一、於外國人預定工作之場所有第十條規定之罷工或勞資爭議情事。

二、於國內招募時，無正當理由拒絕聘僱公立就業服務機構所推介之人員或自行前往求職者。

三、聘僱之外國人行蹤不明或藏匿外國人達一定人數或比率。

四、曾非法僱用外國人工作。

五、曾非法解僱本國勞工。

六、因聘僱外國人而降低本國勞工勞動條件，經當地主管機關查證屬實。

七、聘僱之外國人妨害社區安寧秩序，經依社會秩序維護法裁處。

八、曾非法扣留或侵占所聘僱外國人之護照、居留證件或財物。

九、所聘僱外國人遣送出國所需旅費及收容期間之必要費用，經限期繳納屆期不繳納。

十、於委任招募外國人時，向私立就業服務機構要求、期約或收受不正利益。

十一、於辦理聘僱外國人之申請許可、招募、引進或管理事項，提供不實或失效資料。

十二、刊登不實之求才廣告。

十三、不符申請規定經限期補正，屆期未補正。

十四、違反本法或依第四十八條第二項、第三項、第四十九條所發布之命令。

十五、違反職業安全衛生法規定，致所聘僱外國人發生死亡、喪失部分或全部工作能力，且未依法補償或賠償。

十六、其他違反保護勞工之法令情節重大者。

2.前項第三款至第十六款規定情事，以申請之日前二年內發生者為限。

3.第一項第三款之人數、比率，由中央主管機關公告之。

第 55 條 1.雇主聘僱外國人從事第四十六條第一項第八款至第十款規定之工作，應向中央主管機關設置之就業安定基金專戶繳納就業安定費，作為加強辦理有關促進國民就業、提升勞工福祉及處理有關外國人聘僱管理事務之用。

2.前項就業安定費之數額，由中央主管機關考量國家經濟發展、勞動供需及相關勞動條件，並依其行業別及工作性質會商相關機關定之。

3.雇主或被看護者符合社會救助法規定之低收入戶或中低收入戶、依身心障礙者權益保障法領取生活補助費，或依老人福利法領取中低收入生活津貼者，其聘僱外國人從事第四十六條第一項第九款規定之家庭看護工作，免繳納第一項之就業安定費。

4.第一項受聘僱之外國人有連續曠職三日失去聯繫或聘僱關係終止之情事，經雇主依規定通知而廢止聘僱許可者，雇主無須再繳納就業安定費。

5.雇主未依規定期限繳納就業安定費者，得寬限三十日；於寬限期滿仍未繳納者，自寬限期滿之翌日起至完納前一日止，每逾一日加徵其未繳就業安定費百分之零點三滯納金。但以其未繳之就業安定費百分之三十為限。

6.加徵前項滯納金三十日後，雇主仍未繳納者，由中央主管機關就其未繳納之就業安定費及滯納金移送強制執行，並得廢止其聘僱許可之一部或全部。

7.主管機關並應定期上網公告基金運用之情形及相關會議紀錄。

第 56 條 1.受聘僱之外國人有連續曠職三日失去聯繫或聘僱關係終止之情事，雇主應於三日內以書面載明相關事項通知當地主管機關、入出國管理機關及警察機關。但受聘僱之外國人有曠職失去聯繫之情事，雇主得以書面通知入出國管理機關及警察機關執行查察。

2.受聘僱外國人有遭受雇主不實之連續曠職三日失去聯繫通知情事者，得向當地主管機關申訴。經查證確有不實者，中央主管機關應撤銷原廢止聘僱許可及限令出國之行政處分。

第 57 條 雇主聘僱外國人不得有下列情事：

一、聘僱未經許可、許可失效或他人所申請聘僱之外國人。

二、以本人名義聘僱外國人為他人工作。

三、指派所聘僱之外國人從事許可以外之工作。

四、未經許可，指派所聘僱從事第四十六條第一項第八款至第十款規定工作之外國人變更工作場所。

五、未依規定安排所聘僱之外國人接受健康檢查或未依規定將健康檢查結果函報衛生主管機關。

六、因聘僱外國人致生解僱或資遣本國勞工之結果。

七、對所聘僱之外國人以強暴脅迫或其他非法之方法，強制其從事勞動。

八、非法扣留或侵占所聘僱外國人之護照、居留證件或財物。

九、其他違反本法或依本法所發布之命令。

第 58 條 1.外國人於聘僱許可有效期間內，因不可歸責於雇主之原因出國、死亡或發生行蹤不明之情事經依規定通知入出國管理機關及警察機關滿六個月仍未查獲者，雇主得向中央主管機關申請遞補。

2.雇主聘僱外國人從事第四十六條第一項第九款規定之家庭看護工作，因不可歸責之原因，並有下列情事之一者，亦得向中央主管機關申請遞補：

一、外國人於入出國機場或收容單位發生行蹤不明之情事，依規定通知入出國管理機關及警察機關。

二、外國人於雇主處所發生行蹤不明之情事，依規定通知入出國管理機關及警察機關滿三個月仍未查獲。

三、外國人於聘僱許可有效期間內經雇主同意轉換雇主或工作，並由新雇主接續聘僱或出國者。

3.前二項遞補之聘僱許可期間，以補足原聘僱許可期間為限；原聘僱許可所餘期間不足六個月者，不予遞補。

第 59 條 1.外國人受聘僱從事第四十六條第一項第八款至第十一款規定之工作,有下列情事之一者,經中央主管機關核准,得轉換雇主或工作:

一、雇主或被看護者死亡或移民者。

二、船舶被扣押、沈沒或修繕而無法繼續作業者。

三、雇主關廠、歇業或不依勞動契約給付工作報酬經終止勞動契約者。

四、其他不可歸責於受聘僱外國人之事由者。

2.前項轉換雇主或工作之程序,由中央主管機關另定之。

第 60 條 1.雇主所聘僱之外國人,經入出國管理機關依規定遣送出國者,其遣送所需之旅費及收容期間之必要費用,應由下列順序之人負擔:

一、非法容留、聘僱或媒介外國人從事工作者。

二、遣送事由可歸責之雇主。

三、被遣送之外國人。

2.前項第一款有數人者,應負連帶責任。

3.第一項費用,由就業安定基金先行墊付,並於墊付後,由該基金主管機關通知應負擔者限期繳納;屆期不繳納者,移送強制執行。

4.雇主所繳納之保證金,得檢具繳納保證金款項等相關證明文件,向中央主管機關申請返還。

第 61 條 外國人在受聘僱期間死亡,應由雇主代為處理其有關喪葬事務。

第 62 條 1.主管機關、入出國管理機關、警察機關、海岸巡防機關或其他司法警察機關得指派人員攜帶證明文件,至外國人工作之場所或可疑有外國人違法工作之場所,實施檢查。

2.對前項之檢查,雇主、雇主代理人、外國人及其他有關人員不得規避、妨礙或拒絕。

▶ 第六章 罰則

第 63 條 1.違反第四十四條或第五十七條第一款、第二款規定者,處新臺幣十五萬元以上七十五萬元以下罰鍰。五年內再違反者,處三年以下有期徒刑、拘役或科或併科新臺幣一百二十萬元以下罰金。

2.法人之代表人、法人或自然人之代理人、受僱人或其他從業人員,因執行業務違反第四十四條或第五十七條第一款、第二款規定者,除依前項規定處罰其行為人外,對該法人或自然人亦科處前項之罰鍰或罰金。

第 64 條 1.違反第四十五條規定者,處新臺幣十萬元以上五十萬元以下罰鍰。五年內再違反者,處一年以下有期徒刑、拘役或科或併科新臺幣六十萬元以下罰金。

2.意圖營利而違反第四十五條規定者,處三年以下有期徒刑、拘役或科或併科新臺幣一百二十萬元以下罰金。

3.法人之代表人、法人或自然人之代理人、受僱人或其他從業人員,因執行業務違反第四十五條規定者,除依前二項規定處罰其行為人外,對該法人或自然人亦科處各該項之罰鍰或罰金。

第 65 條 1.違反第五條第一項、第二項第一款、第四款、第五款、第三十四條第二項、第四十條第一項第二款、第七款至第九款、第十八款規定者,處新臺幣三十萬元以上一百五十萬元以下罰鍰。

2.未經許可從事就業服務業務違反第四十條第一項第二款、第七款至第九款、第十八款規定者,依前項規定處罰之。

3.違反第五條第一項規定經處以罰鍰者,直轄市、縣(市)主管機關應公布其姓名或名稱、負責人姓名,並限期令其改善;屆期未改善者,應按次處罰。

第 66 條 1.違反第四十條第一項第五款規定者,按其要求、期約或收受超過規定標準之費用或其他不正利益相當之金額,處十倍至二十倍罰鍰。

2.未經許可從事就業服務業務違反第四十條第一項第五款規定者,依前項規定處罰之。

第 67 條 1.違反第五條第二項第二款、第三款、第六款、第十條、第三十六條第一項、第三十七條、第三十九條、第四十條第一項第一款、第三款、第四款、第六款、第十款至第十七款、第十九款、第二十款、第五十七條第五款、第八款、第九款或第六十二條第二項規定,處新臺幣六萬元以上三十萬元以下罰鍰。

2.未經許可從事就業服務業務違反第四十條第一項第一款、第三款、第四款、第六款或第十款規定者,依前項規定處罰之。

第 68 條 1.違反第九條、第三十三條第一項、第四十一條、第四十三條、第五十六條第一項、第五十七條第三款、第四款或第六十一條規定者,處新臺幣三萬元以上十五萬元以下罰鍰。

2.違反第五十七條第六款規定者,按被解僱或資遣之人數,每人處新臺幣二萬元以上十萬元以下罰鍰。

3.違反第四十三條規定之外國人,應即令其出國,不得再於中華民國境內工作。

4.違反第四十三條規定或有第七十四條第一項、第二項規定情事之外國人,經限期令其出國,屆期不出國者,入出國管理機關得強制出國,於未出國前,入出國管理機關得收容之。

第 69 條 私立就業服務機構有下列情事之一者,由主管機關處一年以下停業處分:

一、 違反第四十條第一項第四款至第六款、第八款或第四十五條規定。

二、 同一事由,受罰鍰處分三次,仍未改善。

三、 一年內受罰鍰處分四次以上。

第 70 條 1.私立就業服務機構有下列情事之一者,主管機關得廢止其設立許可:

一、 違反第三十八條、第四十條第一項第二款、第七款、第九款、第十四款、第十八款規定。

二、 一年內受停業處分二次以上。

2.私立就業服務機構經廢止設立許可者,其負責人或代表人於五年內再行申請設立私立就業服務機構,主管機關應不予受理。

第 71 條 就業服務專業人員違反第三十七條規定者，中央主管機關得廢止其就業服務專業人員證書。

第 72 條 雇主有下列情事之一者，應廢止其招募許可及聘僱許可之一部或全部：

一、有第五十四條第一項各款所定情事之一。

二、有第五十七條第一款、第二款、第六款至第九款規定情事之一。

三、有第五十七條第三款、第四款規定情事之一，經限期改善，屆期未改善。

四、有第五十七條第五款規定情事，經衛生主管機關通知辦理仍未辦理。

五、違反第六十條規定。

第 73 條 雇主聘僱之外國人，有下列情事之一者，廢止其聘僱許可：

一、為申請許可以外之雇主工作。

二、非依雇主指派即自行從事許可以外之工作。

三、連續曠職三日失去聯繫或聘僱關係終止。

四、拒絕接受健康檢查、提供不實檢體、檢查不合格、身心狀況無法勝任所指派之工作或罹患經中央衛生主管機關指定之傳染病。

五、違反依第四十八條第二項、第三項、第四十九條所發布之命令，情節重大。

六、違反其他中華民國法令，情節重大。

七、依規定應提供資料，拒絕提供或提供不實。

第 74 條 1.聘僱許可期間屆滿或經依前條規定廢止聘僱許可之外國人，除本法另有規定者外，應即令其出國，不得再於中華民國境內工作。

2.受聘僱之外國人有連續曠職三日失去聯繫情事者，於廢止聘僱許可前，入出國業務之主管機關得即令其出國。

3.有下列情事之一者，不適用第一項關於即令出國之規定：

一、依本法規定受聘僱從事工作之外國留學生、僑生或華裔學生，聘僱許可期間屆滿或有前條第一款至第五款規定情事之一。

二、受聘僱之外國人於受聘僱期間，未依規定接受定期健康檢查或健康檢查不合格，經衛生主管機關同意其再檢查，而再檢查合格。

第 75 條 本法所定罰鍰，由直轄市及縣（市）主管機關處罰之。

第 76 條 依本法所處之罰鍰，經限期繳納，屆期未繳納者，移送強制執行。

▶ 第七章　附則

第 77 條　本法修正施行前，已依有關法令申請核准受聘僱在中華民國境內從事工作之外國人，本法修正施行後，其原核准工作期間尚未屆滿者，在屆滿前，得免依本法之規定申請許可。

第 78 條　1. 各國駐華使領館、駐華外國機構及駐華各國際組織人員之眷屬或其他經外交部專案彙報中央主管機關之外國人，其在中華民國境內有從事工作之必要者，由該外國人向外交部申請許可。

2. 前項外國人在中華民國境內從事工作，不適用第四十六條至第四十八條、第五十條、第五十二條至第五十六條、第五十八條至第六十一條及第七十四條規定。

3. 第一項之申請許可、廢止許可及其他應遵行事項之辦法，由外交部會同中央主管機關定之。

第 79 條　無國籍人、中華民國國民兼具外國國籍而未在國內設籍者，其受聘僱從事工作，依本法有關外國人之規定辦理。

第 80 條　大陸地區人民受聘僱於臺灣地區從事工作，其聘僱及管理，除法律另有規定外，準用第五章相關之規定。

第 81 條　主管機關依本法規定受理申請許可及核發證照，應收取審查費及證照費；其費額，由中央主管機關定之。

第 82 條　本法施行細則，由中央主管機關定之。

第 83 條　本法施行日期，除中華民國九十一年一月二十一日修正公布之第四十八條第一項至第三項規定由行政院以命令定之，及中華民國九十五年五月五日修正之條文自中華民國九十五年七月一日施行外，自公布日施行。

附錄三　勞動基準法

民國 73 年 07 月 30 日公布
民國 109 年 06 月 10 日修正

▶ 第一章　總則

第　1　條　1.為規定勞動條件最低標準，保障勞工權益，加強勞雇關係，促進社會與經濟發展，特制定本法；本法未規定者，適用其他法律之規定。

2.雇主與勞工所訂勞動條件，不得低於本法所定之最低標準。

第　2　條　本法用詞，定義如下：

一、勞工：指受雇主僱用從事工作獲致工資者。

二、雇主：指僱用勞工之事業主、事業經營之負責人或代表事業主處理有關勞工事務之人。

三、工資：指勞工因工作而獲得之報酬；包括工資、薪金及按計時、計日、計月、計件以現金或實物等方式給付之獎金、津貼及其他任何名義之經常性給與均屬之。

四、平均工資：指計算事由發生之當日前六個月內所得工資總額除以該期間之總日數所得之金額。工作未滿六個月者，指工作期間所得工資總額除以工作期間之總日數所得之金額。工資按工作日數、時數或論件計算者，其依上述方式計算之平均工資，如少於該期內工資總額除以實際工作日數所得金額百分之六十者，以百分之六十計。

五、事業單位：指適用本法各業僱用勞工從事工作之機構。

六、勞動契約：指約定勞雇關係而具有從屬性之契約。

七、派遣事業單位：指從事勞動派遣業務之事業單位。

八、要派單位：指依據要派契約，實際指揮監督管理派遣勞工從事工作者。

九、派遣勞工：指受派遣事業單位僱用，並向要派單位提供勞務者。

十、要派契約：指要派單位與派遣事業單位就勞動派遣事項所訂立之契約。

第　3　條　1.本法於左列各業適用之：

一、農、林、漁、牧業。

二、礦業及土石採取業。

三、製造業。

四、營造業。

五、水電、煤氣業。

六、運輸、倉儲及通信業。

七、大眾傳播業。

八、其他經中央主管機關指定之事業。

2.依前項第八款指定時，得就事業之部分工作場所或工作者指定適用。

3.本法適用於一切勞雇關係。但因經營型態、管理制度及工作特性等因素適用本法確有窒礙難行者，並經中央主管機關指定公告之行業或工作者，不適用之。

4.前項因窒礙難行而不適用本法者，不得逾第一項第一款至第七款以外勞工總數五分之一。

第 4 條 本法所稱主管機關：在中央為勞動部；在直轄市為直轄市政府；在縣（市）為縣（市）政府。

第 5 條 雇主不得以強暴、脅迫、拘禁或其他非法之方法，強制勞工從事勞動。

第 6 條 任何人不得介入他人之勞動契約，抽取不法利益。

第 7 條 1.雇主應置備勞工名卡，登記勞工之姓名、性別、出生年月日、本籍、教育程度、住址、身分證統一號碼、到職年月日、工資、勞工保險投保日期、獎懲、傷病及其他必要事項。 2.前項勞工名卡，應保管至勞工離職後五年。

第 8 條 雇主對於僱用之勞工，應預防職業上災害，建立適當之工作環境及福利設施。其有關安全衛生及福利事項，依有關法律之規定。

▶ 第二章　勞動契約

第 9 條 1.勞動契約，分為定期契約及不定期契約。臨時性、短期性、季節性及特定性工作得為定期契約；有繼續性工作應為不定期契約。派遣事業單位與派遣勞工訂定之勞動契約，應為不定期契約。

2.定期契約屆滿後，有下列情形之一，視為不定期契約：

一、勞工繼續工作而雇主不即表示反對意思者。

二、雖經另訂新約，惟其前後勞動契約之工作期間超過九十日，前後契約間斷期間未超過三十日者。

3.前項規定於特定性或季節性之定期工作不適用之。

第 9-1 條 1.未符合下列規定者，雇主不得與勞工為離職後競業禁止之約定：

一、雇主有應受保護之正當營業利益。

二、勞工擔任之職位或職務，能接觸或使用雇主之營業秘密。

三、競業禁止之期間、區域、職業活動之範圍及就業對象，未逾合理範疇。

四、雇主對勞工因不從事競業行為所受損失有合理補償。

2.前項第四款所定合理補償，不包括勞工於工作期間所受領之給付。

3.違反第一項各款規定之一者，其約定無效。

4.離職後競業禁止之期間，最長不得逾二年。逾二年者，縮短為二年。

第 10 條 定期契約屆滿後或不定期契約因故停止履行後，未滿三個月而訂定新約或繼續履行原約時，勞工前後工作年資，應合併計算。

第 10-1 條 雇主調動勞工工作，不得違反勞動契約之約定，並應符合下列原則：

一、基於企業經營上所必須，且不得有不當動機及目的。但法律另有規定者，從其規定。

二、對勞工之工資及其他勞動條件，未作不利之變更。

三、調動後工作為勞工體能及技術可勝任。

四、調動工作地點過遠，雇主應予以必要之協助。

五、考量勞工及其家庭之生活利益。

第 11 條 非有左列情事之一者，雇主不得預告勞工終止勞動契約：

一、歇業或轉讓時。

二、虧損或業務緊縮時。

三、不可抗力暫停工作在一個月以上時。

四、業務性質變更，有減少勞工之必要，又無適當工作可供安置時。

五、勞工對於所擔任之工作確不能勝任時。

第 12 條 1.勞工有左列情形之一者，雇主得不經預告終止契約：

一、於訂立勞動契約時為虛偽意思表示，使雇主誤信而有受損害之虞者。

二、對於雇主、雇主家屬、雇主代理人或其他共同工作之勞工，實施暴行或有重大侮辱之行為者。

三、受有期徒刑以上刑之宣告確定，而未諭知緩刑或未准易科罰金者。

四、違反勞動契約或工作規則，情節重大者。

五、故意損耗機器、工具、原料、產品，或其他雇主所有物品，或故意洩漏雇主技術上、營業上之秘密，致雇主受有損害者。

六、無正當理由繼續曠工三日，或一個月內曠工達六日者。

2.雇主依前項第一款、第二款及第四款至第六款規定終止契約者，應自知悉其情形之日起，三十日內為之。

第 13 條 勞工在第五十條規定之停止工作期間或第五十九條規定之醫療期間，雇主不得終止契約。但雇主因天災、事變或其他不可抗力致事業不能繼續，經報主管機關核定者，不在此限。

第 14 條 1.有下列情形之一者，勞工得不經預告終止契約：

一、雇主於訂立勞動契約時為虛偽之意思表示，使勞工誤信而有受損害之虞者。

二、雇主、雇主家屬、雇主代理人對於勞工，實施暴行或有重大侮辱之行為者。

三、契約所訂之工作，對於勞工健康有危害之虞，經通知雇主改善而無效果者。

四、雇主、雇主代理人或其他勞工患有法定傳染病，對共同工作之勞工有傳染之虞，且重大危害其健康者。

五、雇主不依勞動契約給付工作報酬，或對於按件計酬之勞工不供給充分之工作者。

六、雇主違反勞動契約或勞工法令，致有損害勞工權益之虞者。

2.勞工依前項第一款、第六款規定終止契約者，應自知悉其情形之日起，三十日內為之。但雇主有前項第六款所定情形者，勞工得於知悉損害結果之日起，三十日內為之。

3.有第一項第二款或第四款情形，雇主已將該代理人間之契約終止，或患有法定傳染病者依衛生法規已接受治療時，勞工不得終止契約。

4.第十七條規定於本條終止契約準用之。

第 15 條 1.特定性定期契約期限逾三年者，於屆滿三年後，勞工得終止契約。但應於三十日前預告雇主。

2.不定期契約，勞工終止契約時，應準用第十六條第一項規定期間預告雇主。

第 15-1 條 1.未符合下列規定之一，雇主不得與勞工爲最低服務年限之約定：

一、 雇主爲勞工進行專業技術培訓，並提供該項培訓費用者。

二、 雇主爲使勞工遵守最低服務年限之約定，提供其合理補償者。

2.前項最低服務年限之約定，應就下列事項綜合考量，不得逾合理範圍：

一、 雇主爲勞工進行專業技術培訓之期間及成本。

二、 從事相同或類似職務之勞工，其人力替補可能性。

三、 雇主提供勞工補償之額度及範圍。

四、 其他影響最低服務年限合理性之事項。

3.違反前二項規定者，其約定無效。4.勞動契約因不可歸責於勞工之事由而於最低服務年限屆滿前終止者，勞工不負違反最低服務年限約定或返還訓練費用之責任。

第 16 條 1.雇主依第十一條或第十三條但書規定終止勞動契約者，其預告期間依左列各款之規定：

一、 繼續工作三個月以上一年未滿者，於十日前預告之。

二、 繼續工作一年以上三年未滿者，於二十日前預告之。

三、 繼續工作三年以上者，於三十日前預告之。

2.勞工於接到前項預告後，爲另謀工作得於工作時間請假外出。其請假時數，每星期不得超過二日之工作時間，請假期間之工資照給。

3.雇主未依第一項規定期間預告而終止契約者，應給付預告期間之工資。

第 17 條 1.雇主依前條終止勞動契約者，應依下列規定發給勞工資遣費：

一、 在同一雇主之事業單位繼續工作，每滿一年發給相當於一個月平均工資之資遣費。

二、 依前款計算之剩餘月數，或工作未滿一年者，以比例計給之。未滿一個月者以一個月計。

第 17-1 條 1.要派單位不得於派遣事業單位與派遣勞工簽訂勞動契約前，有面試該派遣勞工或其他指定特定派遣勞工之行爲。

2.要派單位違反前項規定，且已受領派遣勞工勞務者，派遣勞工得於要派單位提供勞務之日起九十日內，以書面向要派單位提出訂定勞動契約之意思表示。

3.要派單位應自前項派遣勞工意思表示到達之日起十日內，與其協商訂定勞動契約。逾期未協商或協商不成立者，視爲雙方自期滿翌日成立勞動契約，並以派遣勞工於要派單位工作期間之勞動條件爲勞動契約內容。

4.派遣事業單位及要派單位不得因派遣勞工提出第二項意思表示，而予以解僱、降調、減薪、損害其依法令、契約或習慣上所應享有之權益，或其他不利之處分。

5.派遣事業單位及要派單位爲前項行爲之一者，無效。

6.派遣勞工因第二項及第三項規定與要派單位成立勞動契約者，其與派遣事業單位之勞動契約視爲終止，且不負違反最低服務年限約定或返還訓練費用之責任。

7.前項派遣事業單位應依本法或勞工退休金條例規定之給付標準及期限，發給派遣勞工退休金或資遣費。

第 18 條 有左列情形之一者，勞工不得向雇主請求加發預告期間工資及資遣費：
一、 依第十二條或第十五條規定終止勞動契約者。
二、 定期勞動契約期滿離職者。

第 19 條 勞動契約終止時，勞工如請求發給服務證明書，雇主或其代理人不得拒絕。

第 20 條 事業單位改組或轉讓時，除新舊雇主商定留用之勞工外，其餘勞工應依第十六條規定期間預告終止契約，並應依第十七條規定發給勞工資遣費。其留用勞工之工作年資，應由新雇主繼續予以承認。

▶ 第三章　工資

第 21 條 1.工資由勞雇雙方議定之。但不得低於基本工資。
2.前項基本工資，由中央主管機關設基本工資審議委員會擬訂後，報請行政院核定之。
3.前項基本工資審議委員會之組織及其審議程序等事項，由中央主管機關另以辦法定之。

第 22 條 1.工資之給付，應以法定通用貨幣為之。但基於習慣或業務性質，得於勞動契約內訂明一部以實物給付之。工資之一部以實物給付時，其實物之作價應公平合理，並適合勞工及其家屬之需要。
2.工資應全額直接給付勞工。但法令另有規定或勞雇雙方另有約定者，不在此限。

第 22-1 條 1.派遣事業單位積欠派遣勞工工資，經主管機關處罰或依第二十七條規定限期令其給付而屆期未給付者，派遣勞工得請求要派單位給付。要派單位應自派遣勞工請求之日起三十日內給付之。
2.要派單位依前項規定給付者，得向派遣事業單位求償或扣抵要派契約之應付費用。

第 23 條 1.工資之給付，除當事人有特別約定或按月預付者外，每月至少定期發給二次，並應提供工資各項目計算方式明細；按件計酬者亦同。
2.雇主應置備勞工工資清冊，將發放工資、工資各項目計算方式明細、工資總額等事項記入。工資清冊應保存五年。

第 24 條 1.雇主延長勞工工作時間者，其延長工作時間之工資，依下列標準加給：
一、 延長工作時間在二小時以內者，按平日每小時工資額加給三分之一以上。
二、 再延長工作時間在二小時以內者，按平日每小時工資額加給三分之二以上。
三、 依第三十二條第四項規定，延長工作時間者，按平日每小時工資額加倍發給。
2.雇主使勞工於第三十六條所定休息日工作，工作時間在二小時以內者，其工資按平日每小時工資額另再加給一又三分之一以上；工作二小時後再繼續工作者，按平日每小時工資額另再加給一又三分之二以上。

第 25 條 雇主對勞工不得因性別而有差別之待遇。工作相同、效率相同者,給付同等之工資。

第 26 條 雇主不得預扣勞工工資作為違約金或賠償費用。

第 27 條 雇主不按期給付工資者,主管機關得限期令其給付。

第 28 條 1.雇主有歇業、清算或宣告破產之情事時,勞工之下列債權受償順序與第一順位抵押權、質權或留置權所擔保之債權相同,按其債權比例受清償;未獲清償部分,有最優先受清償之權:

一、 本於勞動契約所積欠之工資未滿六個月部分。

二、 雇主未依本法給付之退休金。

三、 雇主未依本法或勞工退休金條例給付之資遣費。

2.雇主應按其當月僱用勞工投保薪資總額及規定之費率,繳納一定數額之積欠工資墊償基金,作為墊償下列各款之用:

一、 前項第一款積欠之工資數額。

二、 前項第二款與第三款積欠之退休金及資遣費,其合計數額以六個月平均工資為限。

3.積欠工資墊償基金,累積至一定金額後,應降低費率或暫停收繳。

4.第二項費率,由中央主管機關於萬分之十五範圍內擬訂,報請行政院核定之。

5.雇主積欠之工資、退休金及資遣費,經勞工請求未獲清償者,由積欠工資墊償基金依第二項規定墊償之;雇主應於規定期限內,將墊款償還積欠工資墊償基金。

6.積欠工資墊償基金,由中央主管機關設管理委員會管理之。基金之收繳有關業務,得由中央主管機關,委託勞工保險機構辦理之。基金墊償程序、收繳與管理辦法、第三項之一定金額及管理委員會組織規程,由中央主管機關定之。

第 29 條 事業單位於營業年度終了結算,如有盈餘,除繳納稅捐、彌補虧損及提列股息、公積金外,對於全年工作並無過失之勞工,應給與獎金或分配紅利。

▶ 第四章 工作時間、休息、休假

第 30 條 1.勞工正常工作時間,每日不得超過八小時,每週不得超過四十小時。

2.前項正常工作時間,雇主經工會同意,如事業單位無工會者,經勞資會議同意後,得將其二週內二日之正常工作時數,分配於其他工作日。其分配於其他工作日之時數,每日不得超過二小時。但每週工作總時數不得超過四十八小時。

3.第一項正常工作時間,雇主經工會同意,如事業單位無工會者,經勞資會議同意後,得將八週內之正常工作時數加以分配。但每日正常工作時間不得超過八小時,每週工作總時數不得超過四十八小時。

4.前二項規定,僅適用於經中央主管機關指定之行業。

5.雇主應置備勞工出勤紀錄,並保存五年。

6.前項出勤紀錄，應逐日記載勞工出勤情形至分鐘為止。勞工向雇主申請其出勤紀錄副本或影本時，雇主不得拒絕。

7.雇主不得以第一項正常工作時間之修正，作為減少勞工工資之事由。

8.第一項至第三項及第三十條之一之正常工作時間，雇主得視勞工照顧家庭成員需要，允許勞工於不變更每日正常工作時數下，在一小時範圍內，彈性調整工作開始及終止之時間。

第 30-1 條 1.中央主管機關指定之行業，雇主經工會同意，如事業單位無工會者，經勞資會議同意後，其工作時間得依下列原則變更：

一、 四週內正常工作時數分配於其他工作日之時數，每日不得超過二小時，不受前條第二項至第四項規定之限制。

二、 當日正常工作時間達十小時者，其延長之工作時間不得超過二小時。

三、 女性勞工，除妊娠或哺乳期間者外，於夜間工作，不受第四十九條第一項之限制。但雇主應提供必要之安全衛生設施。

2.依中華民國八十五年十二月二十七日修正施行前第三條規定適用本法之行業，除第一項第一款之農、林、漁、牧業外，均不適用前項規定。

第 31 條 在坑道或隧道內工作之勞工，以入坑口時起至出坑口時止為工作時間。

第 32 條 1.雇主有使勞工在正常工作時間以外工作之必要者，雇主經工會同意，如事業單位無工會者，經勞資會議同意後，得將工作時間延長之。

2.前項雇主延長勞工之工作時間連同正常工作時間，一日不得超過十二小時；延長之工作時間，一個月不得超過四十六小時，但雇主經工會同意，如事業單位無工會者，經勞資會議同意後，延長之工作時間，一個月不得超過五十四小時，每三個月不得超過一百三十八小時。

3.雇主僱用勞工人數在三十人以上，依前項但書規定延長勞工工作時間者，應報當地主管機關備查。

4.因天災、事變或突發事件，雇主有使勞工在正常工作時間以外工作之必要者，得將工作時間延長之。但應於延長開始後二十四小時內通知工會；無工會組織者，應報當地主管機關備查。延長之工作時間，雇主應於事後補給勞工以適當之休息。

5.在坑內工作之勞工，其工作時間不得延長。但以監視為主之工作，或有前項所定之情形者，不在此限。

第 32-1 條 1.雇主依第三十二條第一項及第二項規定使勞工延長工作時間，或使勞工於第三十六條所定休息日工作後，依勞工意願選擇補休並經雇主同意者，應依勞工工作之時數計算補休時數。

2.前項之補休，其補休期限由勞雇雙方協商；補休期限屆期或契約終止未補休之時數，應依延長工作時間或休息日工作當日之工資計算標準發給工資；未發給工資者，依違反第二十四條規定論處。

第 33 條 第三條所列事業，除製造業及礦業外，因公眾之生活便利或其他特殊原因，有調整第三十條、第三十二條所定之正常工作時間及延長工作時間之必要者，得由當地主管機關會商目的事業主管機關及工會，就必要之限度內以命令調整之。

第 3 4 條 1.勞工工作採輪班制者,其工作班次,每週更換一次。但經勞工同意者不在此限。

2.依前項更換班次時,至少應有連續十一小時之休息時間。但因工作特性或特殊原因,經中央目的事業主管機關商請中央主管機關公告者,得變更休息時間不少於連續八小時。

3.雇主依前項但書規定變更休息時間者,應經工會同意,如事業單位無工會者,經勞資會議同意後,始得爲之。雇主僱用勞工人數在三十人以上者,應報當地主管機關備查。

第 3 5 條 勞工繼續工作四小時,至少應有三十分鐘之休息。但實行輪班制或其工作有連續性或緊急性者,雇主得在工作時間內,另行調配其休息時間。

第 3 6 條 1.勞工每七日中應有二日之休息,其中一日爲例假,一日爲休息日。

2.雇主有下列情形之一,不受前項規定之限制:

一、 依第三十條第二項規定變更正常工作時間者,勞工每七日中至少應有一日之例假,每二週內之例假及休息日至少應有四日。

二、 依第三十條第三項規定變更正常工作時間者,勞工每七日中至少應有一日之例假,每八週內之例假及休息日至少應有十六日。

三、 依第三十條之一規定變更正常工作時間者,勞工每二週內至少應有二日之例假,每四週內之例假及休息日至少應有八日。

3.雇主使勞工於休息日工作之時間,計入第三十二條第二項所定延長工作時間總數。但因天災、事變或突發事件,雇主有使勞工於休息日工作之必要者,其工作時數不受第三十二條第二項規定之限制。

4.經中央目的事業主管機關同意,且經中央主管機關指定之行業,雇主得將第一項、第二項第一款及第二款所定之例假,於每七日之週期內調整之。

5.前項所定例假之調整,應經工會同意,如事業單位無工會者,經勞資會議同意後,始得爲之。雇主僱用勞工人數在三十人以上者,應報當地主管機關備查。

第 3 7 條 1.內政部所定應放假之紀念日、節日、勞動節及其他中央主管機關指定應放假日,均應休假。　2.中華民國一百零五年十二月六日修正之前項規定,自一百零六年一月一日施行。

第 3 8 條 1.勞工在同一雇主或事業單位,繼續工作滿一定期間者,應依下列規定給予特別休假:

一、 六個月以上一年未滿者,三日。

二、 一年以上二年未滿者,七日。

三、 二年以上三年未滿者,十日。

四、 三年以上五年未滿者,每年十四日。

五、 五年以上十年未滿者,每年十五日。

六、 十年以上者,每一年加給一日,加至三十日爲止。

2.前項之特別休假期日,由勞工排定之。但雇主基於企業經營上之急迫需求或勞工因個人因素,得與他方協商調整。

3.雇主應於勞工符合第一項所定之特別休假條件時，告知勞工依前二項規定排定特別休假。

4.勞工之特別休假，因年度終結或契約終止而未休之日數，雇主應發給工資。但年度終結未休之日數，經勞雇雙方協商遞延至次一年度實施者，於次一年度終結或契約終止仍未休之日數，雇主應發給工資。

5.雇主應將勞工每年特別休假之期日及未休之日數所發給之工資數額，記載於第二十三條所定之勞工工資清冊，並每年定期將其內容以書面通知勞工。

6.勞工依本條主張權利時，雇主如認為其權利不存在，應負舉證責任。

第 39 條 第三十六條所定之例假、休息日、第三十七條所定之休假及第三十八條所定之特別休假，工資應由雇主照給。雇主經徵得勞工同意於休假日工作者，工資應加倍發給。因季節性關係有趕工必要，經勞工或工會同意照常工作者，亦同。

第 40 條 1.因天災、事變或突發事件，雇主認有繼續工作之必要時，得停止第三十六條至第三十八條所定勞工之假期。但停止假期之工資，應加倍發給，並應於事後補假休息。

2.前項停止勞工假期，應於事後二十四小時內，詳述理由，報請當地主管機關核備。

第 41 條 公用事業之勞工，當地主管機關認有必要時，得停止第三十八條所定之特別休假。假期內之工資應由雇主加倍發給。

第 42 條 勞工因健康或其他正當理由，不能接受正常工作時間以外之工作者，雇主不得強制其工作。

第 43 條 勞工因婚、喪、疾病或其他正當事由得請假；請假應給之假期及事假以外期間內工資給付之最低標準，由中央主管機關定之。

▶ 第五章　童工、女工

第 44 條 1.十五歲以上未滿十六歲之受僱從事工作者，為童工。

2.童工及十六歲以上未滿十八歲之人，不得從事危險性或有害性之工作。

第 45 條 1.雇主不得僱用未滿十五歲之人從事工作。但國民中學畢業或經主管機關認定其工作性質及環境無礙其身心健康而許可者，不在此限。

2.前項受僱之人，準用童工保護之規定。

3.第一項工作性質及環境無礙其身心健康之認定基準、審查程序及其他應遵行事項之辦法，由中央主管機關依勞工年齡、工作性質及受國民義務教育之時間等因素定之。

4.未滿十五歲之人透過他人取得工作為第三人提供勞務，或直接為他人提供勞務取得報酬未具勞僱關係者，準用前項及童工保護之規定。

第 46 條 未滿十八歲之人受僱從事工作者，雇主應置備其法定代理人同意書及其年齡證明文件。

第 47 條 童工每日之工作時間不得超過八小時，每週之工作時間不得超過四十小時，例假日不得工作。

第 48 條 童工不得於午後八時至翌晨六時之時間內工作。

第 49 條 1.雇主不得使女工於午後十時至翌晨六時之時間內工作。但雇主經工會同
意,如事業單位無工會者,經勞資會議同意後,且符合下列各款規定者,不
在此限:
一、提供必要之安全衛生設施。
二、無大眾運輸工具可資運用時,提供交通工具或安排女工宿舍。
2.前項第一款所稱必要之安全衛生設施,其標準由中央主管機關定之。但雇
主與勞工約定之安全衛生設施優於本法者,從其約定。
3.女工因健康或其他正當理由,不能於午後十時至翌晨六時之時間內工作
者,雇主不得強制其工作。
4.第一項規定,於因天災、事變或突發事件,雇主必須使女工於午後十時至
翌晨六時之時間內工作時,不適用之。
5.第一項但書及前項規定,於妊娠或哺乳期間之女工,不適用之。
第 50 條 1.女工分娩前後,應停止工作,給予產假八星期;妊娠三個月以上流產者,
應停止工作,給予產假四星期。
2.前項女工受僱工作在六個月以上者,停止工作期間工資照給;未滿六個月
者減半發給。
第 51 條 女工在妊娠期間,如有較為輕易之工作,得申請改調,雇主不得拒絕,並不
得減少其工資。
第 52 條 1.子女未滿一歲須女工親自哺乳者,於第三十五條規定之休息時間外,雇主
應每日另給哺乳時間二次,每次以三十分鐘為度。 2.前項哺乳時間,視為工
作時間。

▶ 第六章 退休
第 53 條 勞工有下列情形之一,得自請退休:
一、工作十五年以上年滿五十五歲者。
二、工作二十五年以上者。
三、工作十年以上年滿六十歲者。
第 54 條 1.勞工非有下列情形之一,雇主不得強制其退休:
一、年滿六十五歲者。
二、身心障礙不堪勝任工作者。 2.前項第一款所規定之年齡,對於擔任具
有危險、堅強體力等特殊性質之工作者,得由事業單位報請中央主管機
關予以調整。但不得少於五十五歲。
第 55 條 1.勞工退休金之給與標準如下:
一、按其工作年資,每滿一年給與兩個基數。但超過十五年之工作年資,每
滿一年給與一個基數,最高總數以四十五個基數為限。未滿半年者以半
年計;滿半年者以一年計。
二、依第五十四條第一項第二款規定,強制退休之勞工,其身心障礙係因執
行職務所致者,依前款規定加給百分之二十。
2.前項第一款退休金基數之標準,係指核准退休時一個月平均工資。

3.第一項所定退休金，雇主應於勞工退休之日起三十日內給付，如無法一次發給時，得報經主管機關核定後，分期給付。本法施行前，事業單位原定退休標準優於本法者，從其規定。

第 56 條 1.雇主應依勞工每月薪資總額百分之二至百分之十五範圍內，按月提撥勞工退休準備金，專戶存儲，並不得作為讓與、扣押、抵銷或擔保之標的；其提撥之比率、程序及管理等事項之辦法，由中央主管機關擬訂，報請行政院核定之。

2.雇主應於每年年度終了前，估算前項勞工退休準備金專戶餘額，該餘額不足給付次一年度內預估成就第五十三條或第五十四條第一項第一款退休條件之勞工，依前條計算之退休金數額者，雇主應於次年度三月底前一次提撥其差額，並送事業單位勞工退休準備金監督委員會審議。

3.第一項雇主按月提撥之勞工退休準備金匯集為勞工退休基金，由中央主管機關設勞工退休基金監理委員會管理之；其組織、會議及其他相關事項，由中央主管機關定之。

4.前項基金之收支、保管及運用，由中央主管機關會同財政部委託金融機構辦理。最低收益不得低於當地銀行二年定期存款利率之收益；如有虧損，由國庫補足之。基金之收支、保管及運用辦法，由中央主管機關擬訂，報請行政院核定之。

5.雇主所提撥勞工退休準備金，應由勞工與雇主共同組織勞工退休準備金監督委員會監督之。委員會中勞工代表人數不得少於三分之二；其組織準則，由中央主管機關定之。

6.雇主按月提撥之勞工退休準備金比率之擬訂或調整，應經事業單位勞工退休準備金監督委員會審議通過，並報請當地主管機關核定。

7.金融機構辦理核貸業務，需查核該事業單位勞工退休準備金提撥狀況之必要資料時，得請當地主管機關提供。

8.金融機構依前項取得之資料，應負保密義務，並確實辦理資料安全稽核作業。

9.前二項有關勞工退休準備金必要資料之內容、範圍、申請程序及其他應遵行事項之辦法，由中央主管機關會商金融監督管理委員會定之。

第 57 條 勞工工作年資以服務同一事業者為限。但受同一雇主調動之工作年資，及依第二十條規定應由新雇主繼續予以承認之年資，應予併計。

第 58 條 1.勞工請領退休金之權利，自退休之次月起，因五年間不行使而消滅。

2.勞工請領退休金之權利，不得讓與、抵銷、扣押或供擔保。

3.勞工依本法規定請領勞工退休金者，得檢具證明文件，於金融機構開立專戶，專供存入勞工退休金之用。

4.前項專戶內之存款，不得作為抵銷、扣押、供擔保或強制執行之標的。

▶ 第七章　職業災害補償

第 59 條 勞工因遭遇職業災害而致死亡、失能、傷害或疾病時，雇主應依下列規定予以補償。但如同一事故，依勞工保險條例或其他法令規定，已由雇主支付費用補償者，雇主得予以抵充之：

一、勞工受傷或罹患職業病時，雇主應補償其必需之醫療費用。職業病之種類及其醫療範圍，依勞工保險條例有關之規定。

二、勞工在醫療中不能工作時，雇主應按其原領工資數額予以補償。但醫療期間屆滿二年仍未能痊癒，經指定之醫院診斷，審定為喪失原有工作能力，且不合第三款之失能給付標準者，雇主得一次給付四十個月之平均工資後，免除此項工資補償責任。

三、勞工經治療終止後，經指定之醫院診斷，審定其遺存障害者，雇主應按其平均工資及其失能程度，一次給予失能補償。失能補償標準，依勞工保險條例有關之規定。

四、勞工遭遇職業傷害或罹患職業病而死亡時，雇主除給與五個月平均工資之喪葬費外，並應一次給與其遺屬四十個月平均工資之死亡補償。其遺屬受領死亡補償之順位如下：

（一）配偶及子女。

（二）父母。

（三）祖父母。

（四）孫子女。

（五）兄弟姐妹。

第 60 條 雇主依前條規定給付之補償金額，得抵充就同一事故所生損害之賠償金額。

第 61 條 1.第五十九條之受領補償權，自得受領之日起，因二年間不行使而消滅。

2.受領補償之權利，不因勞工之離職而受影響，且不得讓與、抵銷、扣押或供擔保。

3.勞工或其遺屬依本法規定受領職業災害補償金者，得檢具證明文件，於金融機構開立專戶，專供存入職業災害補償金之用。

4.前項專戶內之存款，不得作為抵銷、扣押、供擔保或強制執行之標的。

第 62 條 1.事業單位以其事業招人承攬，如有再承攬時，承攬人或中間承攬人，就各該承攬部分所使用之勞工，均應與最後承攬人，連帶負本章所定雇主應負職業災害補償之責任。

2.事業單位或承攬人或中間承攬人，為前項之災害補償時，就其所補償之部分，得向最後承攬人求償。

第 63 條 1.承攬人或再承攬人工作場所，在原事業單位工作場所範圍內，或為原事業單位提供者，原事業單位應督促承攬人或再承攬人，對其所僱用勞工之勞動條件應符合有關法令之規定。

2.事業單位違背職業安全衛生法有關對於承攬人、再承攬人應負責任之規定，致承攬人或再承攬人所僱用之勞工發生職業災害時，應與該承攬人、再承攬人負連帶補償責任。

第 63-1 條 1.要派單位使用派遣勞工發生職業災害時,要派單位應與派遣事業單位連帶
負本章所定雇主應負職業災害補償之責任。

2.前項之職業災害依勞工保險條例或其他法令規定,已由要派單位或派遣事
業單位支付費用補償者,得主張抵充。

3.要派單位及派遣事業單位因違反本法或有關安全衛生規定,致派遣勞工發
生職業災害時,應連帶負損害賠償之責任。

4.要派單位或派遣事業單位依本法規定給付之補償金額,得抵充就同一事故
所生損害之賠償金額。

▶ 第八章 技術生

第 64 條 1.雇主不得招收未滿十五歲之人為技術生。但國民中學畢業者,不在此限。

2.稱技術生者,指依中央主管機關規定之技術生訓練職類中以學習技能為目
的,依本章之規定而接受雇主訓練之人。

3.本章規定,於事業單位之養成工、見習生、建教合作班之學生及其他與技
術生性質相類之人,準用之。

第 65 條 1.雇主招收技術生時,須與技術生簽訂書面訓練契約一式三份,訂明訓練項
目、訓練期限、膳宿負擔、生活津貼、相關教學、勞工保險、結業證明、契
約生效與解除之條件及其他有關雙方權利、義務事項,由當事人分執,並送
主管機關備案。

2.前項技術生如為未成年人,其訓練契約,應得法定代理人之允許。

第 66 條 雇主不得向技術生收取有關訓練費用。

第 67 條 技術生訓練期滿,雇主得留用之,並應與同等工作之勞工享受同等之待遇。
雇主如於技術生訓練契約內訂明留用期間,應不得超過其訓練期間。

第 68 條 技術生人數,不得超過勞工人數四分之一。勞工人數不滿四人者,以四人
計。

第 69 條 1.本法第四章工作時間、休息、休假,第五章童工、女工,第七章災害補償
及其他勞工保險等有關規定,於技術生準用之。

2.技術生災害補償所採薪資計算之標準,不得低於基本工資。

▶ 第九章 工作規則

第 70 條 雇主僱用勞工人數在三十人以上者,應依其事業性質,就左列事項訂立工作
規則,報請主管機關核備後並公開揭示之:

一、工作時間、休息、休假、國定紀念日、特別休假及繼續性工作之輪班方
法。

二、工資之標準、計算方法及發放日期。

三、延長工作時間。

四、津貼及獎金。

五、應遵守之紀律。

六、考勤、請假、獎懲及升遷。

七、受僱、解僱、資遣、離職及退休。

八、 災害傷病補償及撫卹。

九、 福利措施。

十、 勞雇雙方應遵守勞工安全衛生規定。

十一、 勞雇雙方溝通意見加強合作之方法。

十二、 其他。

第 71 條 工作規則，違反法令之強制或禁止規定或其他有關該事業適用之團體協約規定者，無效。

▶ 第十章 監督與檢查

第 72 條 1.中央主管機關，為貫徹本法及其他勞工法令之執行，設勞工檢查機構或授權直轄市主管機關專設檢查機構辦理之；直轄市、縣（市）主管機關於必要時，亦得派員實施檢查。

2.前項勞工檢查機構之組織，由中央主管機關定之。

第 73 條 1.檢查員執行職務，應出示檢查證，各事業單位不得拒絕。事業單位拒絕檢查時，檢查員得會同當地主管機關或警察機關強制檢查之。

2.檢查員執行職務，得就本法規定事項，要求事業單位提出必要之報告、紀錄、帳冊及有關文件或書面說明。如需抽取物料、樣品或資料時，應事先通知雇主或其代理人並掣給收據。

第 74 條 1.勞工發現事業單位違反本法及其他勞工法令規定時，得向雇主、主管機關或檢查機構申訴。

2.雇主不得因勞工為前項申訴，而予以解僱、降調、減薪、損害其依法令、契約或習慣上所應享有之權益，或其他不利之處分。

3.雇主為前項行為之一者，無效。

4.主管機關或檢查機構於接獲第一項申訴後，應為必要之調查，並於六十日內將處理情形，以書面通知勞工。

5.主管機關或檢查機構應對申訴人身分資料嚴守秘密，不得洩漏足以識別其身分之資訊。

6.違反前項規定者，除公務員應依法追究刑事與行政責任外，對因此受有損害之勞工，應負損害賠償責任。

7.主管機關受理檢舉案件之保密及其他應遵行事項之辦法，由中央主管機關定之。

▶ 第十一章 罰則

第 75 條 違反第五條規定者，處五年以下有期徒刑、拘役或科或併科新臺幣七十五萬元以下罰金。

第 76 條 違反第六條規定者，處三年以下有期徒刑、拘役或科或併科新臺幣四十五萬元以下罰金。

第 77 條 違反第四十二條、第四十四條第二項、第四十五條第一項、第四十七條、第四十八條、第四十九條第三項或第六十四條第一項規定者，處六個月以下有期徒刑、拘役或科或併科新臺幣三十萬元以下罰金。

第 78 條　1.未依第十七條、第十七條之一第七項、第五十五條規定之標準或期限給付者，處新臺幣三十萬元以上一百五十萬元以下罰鍰，並限期令其給付，屆期未給付者，應按次處罰。

　　　　2.違反第十三條、第十七條之一第一項、第四項、第二十六條、第五十條、第五十一條或第五十六條第二項規定者，處新臺幣九萬元以上四十五萬元以下罰鍰。

第 79 條　1.有下列各款規定行為之一者，處新臺幣二萬元以上一百萬元以下罰鍰：

　　　一、違反第二十一條第一項、第二十二條至第二十五條、第三十條第一項至第三項、第六項、第七項、第三十二條、第三十四條至第四十一條、第四十九條第一項或第五十九條規定。

　　　二、違反主管機關依第二十七條限期給付工資或第三十三條調整工作時間之命令。

　　　三、違反中央主管機關依第四十三條所定假期或事假以外期間內工資給付之最低標準。

　　　　2.違反第三十條第五項或第四十九條第五項規定者，處新臺幣九萬元以上四十五萬元以下罰鍰。

　　　　3.違反第七條、第九條第一項、第十六條、第十九條、第二十八條第二項、第四十六條、第五十六條第一項、第六十五條第一項、第六十六條至第六十八條、第七十條或第七十四條第二項規定者，處新臺幣二萬元以上三十萬元以下罰鍰。

　　　　4.有前三項規定行為之一者，主管機關得依事業規模、違反人數或違反情節，加重其罰鍰至法定罰鍰最高額二分之一。

第 79-1 條　違反第四十五條第二項、第四項、第六十四條第三項及第六十九條第一項準用規定之處罰，適用本法罰則章規定。

第 80 條　拒絕、規避或阻撓勞工檢查員依法執行職務者，處新臺幣三萬元以上十五萬元以下罰鍰。

第 80-1 條　1.違反本法經主管機關處以罰鍰者，主管機關應公布其事業單位或事業主之名稱、負責人姓名、處分期日、違反條文及罰鍰金額，並限期令其改善；屆期未改善者，應按次處罰。

　　　　2.主管機關裁處罰鍰，得審酌與違反行為有關之勞工人數、累計違法次數或未依法給付之金額，為量罰輕重之標準。

第 81 條　1.法人之代表人、法人或自然人之代理人、受僱人或其他從業人員，因執行業務違反本法規定，除依本章規定處罰行為人外，對該法人或自然人並應處以各該條所定之罰金或罰鍰。但法人之代表人或自然人對於違反之發生，已盡力為防止行為者，不在此限。

　　　　2.法人之代表人或自然人教唆或縱容為違反之行為者，以行為人論。

第 82 條　本法所定之罰鍰，經主管機關催繳，仍不繳納時，得移送法院強制執行。

▶ 第十二章　附則

第 83 條 為協調勞資關係，促進勞資合作，提高工作效率，事業單位應舉辦勞資會議。其辦法由中央主管機關會同經濟部訂定，並報行政院核定。

第 84 條 公務員兼具勞工身分者，其有關任（派）免、薪資、獎懲、退休、撫卹及保險（含職業災害）等事項，應適用公務員法令之規定。但其他所定勞動條件優於本法規定者，從其規定。

第 84-1 條 1.經中央主管機關核定公告之下列工作者，得由勞雇雙方另行約定，工作時間、例假、休假、女性夜間工作，並報請當地主管機關核備，不受第三十條、第三十二條、第三十六條、第三十七條、第四十九條規定之限制。

　　一、監督、管理人員或責任制專業人員。

　　二、監視性或間歇性之工作。

　　三、其他性質特殊之工作。

　　2.前項約定應以書面為之，並應參考本法所定之基準且不得損及勞工之健康及福祉。

第 84-2 條 勞工工作年資自受僱之日起算，適用本法前之工作年資，其資遣費及退休金給與標準，依其當時應適用之法令規定計算；當時無法令可資適用者，依各該事業單位自訂之規定或勞雇雙方之協商計算之。適用本法後之工作年資，其資遣費及退休金給與標準，依第十七條及第五十五條規定計算。

第 85 條 本法施行細則，由中央主管機關擬定，報請行政院核定。

第 86 條 1.本法自公布日施行。

　　2.本法中華民國八十九年六月二十八日修正公布之第三十條第一項及第二項，自九十年一月一日施行；一百零四年二月四日修正公布之第二十八條第一項，自公布後八個月施行；一百零四年六月三日修正公布之條文，自一百零五年一月一日施行；一百零五年十二月二十一日修正公布之第三十四條第二項施行日期，由行政院定之、第三十七條及第三十八條，自一百零六年一月一日施行。

　　3.本法中華民國一百零七年一月十日修正之條文，自一百零七年三月一日施行。

附錄四　職業訓練法

民國 72 年 12 月 05 日公布
民國 104 年 07 月 01 日修正

▶ **第一章　總則**

第　1　條 為實施職業訓練，以培養國家建設技術人力，提高工作技能，促進國民就業，特制定本法。

第　2　條 本法所稱主管機關：在中央為勞動部；在直轄市為直轄市政府；在縣（市）為縣（市）政府。

第　3　條 1.本法所稱職業訓練，指為培養及增進工作技能而依本法實施之訓練。

2.職業訓練之實施，分為養成訓練、技術生訓練、進修訓練及轉業訓練。

3.主管機關得將前項所定養成訓練及轉業訓練之職業訓練事項，委任所屬機關（構）或委託職業訓練機構、相關機關（構）、學校、團體或事業機構辦理。

4.接受前項委任或委託辦理職業訓練之資格條件、方式及其他應遵行事項之辦法，由中央主管機關定之。

第　4　條 職業訓練應與職業教育、補習教育及就業服務，配合實施。

第　4-1 條 中央主管機關應協調、整合各中央目的事業主管機關所定之職能基準、訓練課程、能力鑑定規範與辦理職業訓練等服務資訊，以推動國民就業所需之職業訓練及技能檢定。

▶ **第二章　職業訓練機構**

第　5　條 職業訓練機構包括左列三類：

一、政府機關設立者。

二、事業機構、學校或社團法人等團體附設者。

三、以財團法人設立者。

第　6　條 1.職業訓練機構之設立，應經中央主管機關登記或許可；停辦或解散時，應報中央主管機關核備。

2.職業訓練機構，依其設立目的，辦理訓練；並得接受委託，辦理訓練。

3.職業訓練機構之設立及管理辦法，由中央主管機關定之。

▶ **第三章　職業訓練之實施**

第一節 養成訓練

第　7　條 養成訓練，係對十五歲以上或國民中學畢業之國民，所實施有系統之職前訓練。

第　8　條 養成訓練，除本法另有規定外，由職業訓練機構辦理。

第　9　條 經中央主管機關公告職類之養成訓練，應依中央主管機關規定之訓練課程、時數及應具設備辦理。

第　10 條 養成訓練期滿，經測驗成績及格者，由辦理職業訓練之機關（構）、學校、團體或事業機構發給結訓證書。

第 二 節 技術生訓練

第 11 條 1.技術生訓練,係事業機構為培養其基層技術人力,招收十五歲以上或國民中學畢業之國民,所實施之訓練。
2.技術生訓練之職類及標準,由中央主管機關訂定公告之。

第 12 條 事業機構辦理技術生訓練,應先擬訂訓練計畫,並依有關法令規定,與技術生簽訂書面訓練契約。

第 13 條 主管機關對事業機構辦理技術生訓練,應予輔導及提供技術協助。

第 14 條 技術生訓練期滿,經測驗成績及格者,由事業機構發給結訓證書。

第 三 節 進修訓練

第 15 條 進修訓練,係為增進在職技術員工專業技能與知識,以提高勞動生產力所實施之訓練。

第 16 條 進修訓練,由事業機構自行辦理、委託辦理或指派其參加國內外相關之專業訓練。

第 17 條 事業機構辦理進修訓練,應於年度終了後二個月內將辦理情形,報主管機關備查。

第 四 節 轉業訓練

第 18 條 轉業訓練,係為職業轉換者獲得轉業所需之工作技能與知識,所實施之訓練。

第 19 條 1.主管機關為因應社會經濟變遷,得辦理轉業訓練需要之調查及受理登記,配合社會福利措施,訂定訓練計畫。　　2.主管機關擬定前項訓練計畫時,關於農民志願轉業訓練,應會商農業主管機關訂定。

第 20 條 轉業訓練,除本法另有規定外,由職業訓練機構辦理。

第 五 節(刪除)

第 21 條 (刪除)
第 22 條 (刪除)
第 23 條 (刪除)

▶ 第四章　職業訓練師

第 24 條 1.職業訓練師,係指直接擔任職業技能與相關知識教學之人員。
2.職業訓練師之名稱、等級、資格、甄審及遴聘辦法,由中央主管機關定之。

第 25 條 1.職業訓練師經甄審合格者,其在職業訓練機構之教學年資,得與同等學校教師年資相互採計。其待遇並得比照同等學校教師。
2.前項採計及比照辦法,由中央主管機關會同教育主管機關定之。

第 26 條 1.中央主管機關,得指定職業訓練機構,辦理職業訓練師之養成訓練、補充訓練及進修訓練。
2.前項職業訓練師培訓辦法,由中央主管機關定之。

▶ 第五章　事業機構辦理訓練之費用

第 27 條 1.應辦職業訓練之事業機構，其每年實支之職業訓練費用，不得低於當年度營業額之規定比率。其低於規定比率者，應於規定期限內，將差額繳交中央主管機關設置之職業訓練基金，以供統籌辦理職業訓練之用。　2.前項事業機構之業別、規模、職業訓練費用比率、差額繳納期限及職業訓練基金之設置、管理、運用辦法，由行政院定之。

第 28 條 1.前條事業機構，支付職業訓練費用之項目如左：
一、自行辦理或聯合辦理訓練費用。
二、委託辦理訓練費用。
三、指派參加訓練費用。
2.前項費用之審核辦法，由中央主管機關定之。

第 29 條 依第二十七條規定，提列之職業訓練費用，應有獨立之會計科目，專款專用，並以業務費用列支。

第 30 條 應辦職業訓練之事業機構，須於年度終了後二個月內將職業訓練費用動支情形，報主管機關審核。

▶ 第六章　技能檢定、發證及認證

第 31 條 1.為提高技能水準，建立證照制度，應由中央主管機關辦理技能檢定。
2.前項技能檢定，必要時中央主管機關得委託或委辦有關機關（構）、團體辦理。

第 31-1 條 1.中央目的事業主管機關或依法設立非以營利為目的之全國性專業團體，得向中央主管機關申請技能職類測驗能力之認證。
2.前項認證業務，中央主管機關得委託非以營利為目的之專業認證機構辦理。
3.前二項機關、團體、機構之資格條件、審查程序、審查費數額、認證職類、等級與期間、終止委託及其他管理事項之辦法，由中央主管機關定之。

第 31-2 條 1.依前條規定經認證之機關、團體（以下簡稱經認證單位），得辦理技能職類測驗，並對測驗合格者，核發技能職類證書。
2.前項證書之效力比照技術士證，其等級比照第三十二條規定；發證及管理之辦法，由中央主管機關定之。

第 32 條 辦理技能檢定之職類，依其技能範圍及專精程度，分甲、乙、丙三級；不宜分三級者，由中央主管機關定之。

第 33 條 1.技能檢定合格者稱技術士，由中央主管機關統一發給技術士證。
2.技能檢定題庫之設置與管理、監評人員之甄審訓練與考核、申請檢定資格、學、術科測試委託辦理、術科測試場地機具、設備評鑑與補助、技術士證發證、管理及對推動技術士證照制度獎勵等事項，由中央主管機關另以辦法定之。
3.技能檢定之職類開發、規範製訂、試題命製與閱卷、測試作業程序、學科監場、術科監評及試場須知等事項，由中央主管機關另以規則定之。

第 34 條 進用技術性職位人員，取得乙級技術士證者，得比照專科學校畢業程度遴用；取得甲級技術士證者，得比照大學校院以上畢業程度遴用。

第 35 條 技術上與公共安全有關業別之事業機構，應僱用一定比率之技術士；其業別及比率由行政院定之。

▶ 第七章　輔導及獎勵

第 36 條 1.主管機關得隨時派員查察職業訓練機構及事業機構辦理職業訓練情形。
　　　　2.職業訓練機構或事業機構，對前項之查察不得拒絕，並應提供相關資料。

第 37 條 主管機關對職業訓練機構或事業機構辦理職業訓練情形，得就考核結果依左列規定辦理：
　　　　一、著有成效者，予以獎勵。
　　　　二、技術不足者，予以指導。
　　　　三、經費困難者，酌予補助。

第 38 條 私人、團體或事業機構，捐贈財產辦理職業訓練，或對職業訓練有其他特殊貢獻者，應予獎勵。

第 38-1 條 1.中央主管機關為鼓勵國民學習職業技能，提高國家職業技能水準，應舉辦技能競賽。
　　　　2.前項技能競賽之實施、委任所屬機關（構）或委託有關機關（構）、團體辦理、裁判人員遴聘、選手資格與限制、競賽規則、爭議處理及獎勵等事項之辦法，由中央主管機關定之。

▶ 第八章　罰則

第 39 條 職業訓練機構辦理不善或有違反法令或設立許可條件者，主管機關得視其情節，分別為下列處理：
　　　　一、警告。
　　　　二、限期改善。
　　　　三、停訓整頓。
　　　　四、撤銷或廢止許可。

第 39-1 條 1.依第三十一條之一規定經認證單位，不得有下列情形：
　　　　一、辦理技能職類測驗，為不實之廣告或揭示。
　　　　二、收取技能職類測驗規定數額以外之費用。
　　　　三、謀取不正利益、圖利自己或他人。
　　　　四、會務或財務運作發生困難。
　　　　五、依規定應提供資料，拒絕提供、提供不實或失效之資料。
　　　　六、違反中央主管機關依第三十一條之一第三項所定辦法關於資格條件、審查程序或其他管理事項規定。
　　　　2.違反前項各款規定者，處新臺幣三萬元以上三十萬元以下罰鍰，中央主管機關並得視其情節，分別為下列處理：
　　　　一、警告。
　　　　二、限期改善。

三、 停止辦理測驗。

四、 撤銷或廢止認證。

3.經認證單位依前項第四款規定受撤銷或廢止認證者，自生效日起，不得再核發技能職類證書。

4.經認證單位違反前項規定或未經認證單位，核發第三十一條之二規定之技能職類證書者，處新臺幣十萬元以上一百萬元以下罰鍰。

第 39-2 條 1.取得技能職類證書者，有下列情形之一時，中央主管機關應撤銷或廢止其證書：

一、 以詐欺、脅迫、賄賂或其他不正方法取得證書。

二、 證書租借他人使用。

三、 違反第三十一條之二第二項所定辦法關於證書效力等級、發證或其他管理事項規定，情節重大。

2.經認證單位依前條規定受撤銷或廢止認證者，其參加技能職類測驗人員於生效日前合法取得之證書，除有前項行為外，效力不受影響。

第 40 條 依第二十七條規定，應繳交職業訓練費用差額而未依規定繳交者，自規定期限屆滿之次日起，至差額繳清日止，每逾一日加繳欠繳差額百分之零點二滯納金。但以不超過欠繳差額一倍為限。

第 41 條 本法所定應繳交之職業訓練費用差額及滯納金，經通知限期繳納而逾期仍未繳納者，得移送法院強制執行。

▶ 第九章　附則

第 42 條

（刪除）

第 43 條 本法施行細則，由中央主管機關定之。

第 44 條 1.本法自公布日施行。

2.本法修正條文，除中華民國一百年十月二十五日修正之第三十一條之一、第三十一條之二、第三十九條之一及第三十九條之二自公布後一年施行外，自公布日施行。

Mistakes are a fact of life. It is the response to the error that counts.
犯錯在所難免。問題是對犯錯所採取的反應（行動）才重要。

Nelson Domille
尼爾森·戴明里

資料來源：http://www.usanatopone.com/ch/c_mentality.html

B

Appendix

索引表

國家圖書館出版品預行編目（CIP）資料

企業訓練與發展：維持競爭力的不二法門 /
　　張仁家著.--五版.--
新北市：全華圖書股份有限公司，2023.05
　　面；　公分

　　ISBN 978-626-328-453-1(平裝)
　　1.CST: 在職教育 2.CST: 人力資源發展
494.386　　　　　　　　　112006498

企業訓練與發展：維持競爭力的不二法門

作　　者 / 張仁家

發 行 人 / 陳本源

執行編輯 / 黃郁純

封面設計 / 戴巧耘

出 版 者 / 全華圖書股份有限公司

郵政帳號 / 0100836-1號

印 刷 者 / 宏懋打字印刷股份有限公司

圖書編號 / 0806204

五版一刷 / 2023 年 5 月

定　　價 / 新臺幣 500 元

I S B N / 9786263284531

全華圖書 / www.chwa.com.tw

全華網路書店 Open Tech / www.opentech.com.tw

若您對書籍內容、排版印刷有任何問題，歡迎來信指導book@chwa.com.tw

臺北總公司（北區營業處）
地址：23671 新北市土城區忠義路21號
電話：(02) 2262-5666
傳真：(02) 6637-3695、6637-3696

南區營業處
地址：80769高雄市三民區應安街12號
電話：(07) 381-1377
傳真：(07) 862-5562

中區營業處
地址：40256 臺中市南區樹義一巷26號
電話：(04) 2261-8485
傳真：(04) 3600-9806（高中職）
　　　(04) 3601-8600（大專）

歡迎加入 全華會員

● 會員獨享
會員享購書折扣、紅利積點、生日禮金、不定期優惠活動…等。

● 如何加入會員
掃 QRcode 或填妥讀者回函卡直接傳真 (02) 2262-0900 或寄回，將由專人協助登入會員資料，待收到 E-MAIL 通知後即可成為會員。

如何購買 全華書籍

1. 網路購書
全華網路書店「http://www.opentech.com.tw」，加入會員購書更便利，並享有紅利積點回饋等各式優惠。

2. 實體門市
歡迎至全華門市（新北市土城區忠義路 21 號）或各大書局選購。

3. 來電訂購
(1) 訂購專線：(02) 2262-5666 轉 321-324
(2) 傳真專線：(02) 6637-3696
(3) 郵局劃撥（帳號：0100836-1　戶名：全華圖書股份有限公司）
※ 購書未滿 990 元者，酌收運費 80 元。

OpenTech.com.tw 全華網路書店

全華網路書店 www.opentech.com.tw
E-mail: service@chwa.com.tw

※ 本會員制如有變更則以最新修訂制度為準，造成不便請見諒。

讀者回函卡

掃 QRcode 線上填寫▶▶▶

姓名：　　　　　　　生日：西元　　　年　　　月　　　日　性別：□男 □女

電話：（　　）　　　　　　　手機：

e-mail：（必填）

通訊處：□□□□□

學歷：□高中‧職 □專科 □大學 □碩士 □博士

職業：□工程師 □教師 □學生 □軍‧公 □其他

學校/公司：　　　　　　　　科系/部門：

註：數字零，請用 Φ 表示，數字 1 與英文 L 請另註明並書寫端正，謝謝。

‧需求書類：

□ A. 電子 □ B. 電機 □ C. 資訊 □ D. 機械 □ E. 汽車 □ F. 工管 □ G. 土木 □ H. 化工 □ I. 設計

□ J. 商管 □ K. 日文 □ L. 美容 □ M. 休閒 □ N. 餐飲 □ O. 其他

‧本次購買圖書為：　　　　　　　　書號：

‧您對本書的評價：

封面設計：□非常滿意 □滿意 □尚可 □需改善，請說明

內容表達：□非常滿意 □滿意 □尚可 □需改善，請說明

版面編排：□非常滿意 □滿意 □尚可 □需改善，請說明

印刷品質：□非常滿意 □滿意 □尚可 □需改善，請說明

書籍定價：□非常滿意 □滿意 □尚可 □需改善，請說明

整體評價：請說明

‧您在何處購買本書？

□書局 □網路書店 □書展 □團購 □其他

‧您購買本書的原因？（可複選）

□個人需要 □公司採購 □親友推薦 □老師指定用書 □其他

‧您希望全華以何種方式提供出版訊息及特惠活動？

□電子報 □DM □廣告 （媒體名稱　　　　　　）

‧您是否上過全華網路書店？（www.opentech.com.tw）

□是 □否 您的建議

‧您希望全華出版哪方面書籍？

‧您希望全華加強哪些服務？

感謝您提供寶貴意見，全華將秉持服務的熱忱，出版更多好書，以饗讀者。

填寫日期：　　/　　/

2020.09 修訂

親愛的讀者：

感謝您對全華圖書的支持與愛護，雖然我們很慎重的處理每一本書，但恐仍有疏漏之處，若您發現本書有任何錯誤，請填寫於勘誤表內寄回，我們將於再版時修正，您的批評與指教是我們進步的原動力，謝謝！

全華圖書 敬上

勘誤表

書號	頁數	行數	書名	作者
			錯誤或不當之詞句	建議修改之詞句

我有話要說：（其它之批評與建議，如封面、編排、內容、印刷品質等...）

得　分	企業訓練與發展	班級：＿＿＿＿＿＿＿
	課堂活動	學號：＿＿＿＿＿＿＿
	CH1　緒論	姓名：＿＿＿＿＿＿＿

▶活動一　暖身活動

　　請將全班分成4-6人一組，每一組的成員報數後開始進行1分鐘的自我介紹，全組都完成自我介紹與生涯發展目標後，每位成員逐一再介紹你的前一號的成員他想成為甚麼，打算如何達成，還要接受哪些學習與訓練，例如你是5號，就請幫4號作自我介紹；4號介紹3號，以此類推。

1.我是第＿＿＿＿＿＿＿組，第＿＿＿＿＿＿＿號

2.前一號同學的姓名是：＿＿＿＿＿＿＿

3.他來自：＿＿＿＿＿＿＿（學校）

4.他家住：＿＿＿＿＿＿＿縣市，＿＿＿＿＿＿＿鄉鎮區

5.他的專長是：

6.他的興趣是：

7.他未來的夢想是：（如未來從事的職業、職務等）

得 分		企業訓練與發展 課堂活動 CH2 人力資源發展與職涯規劃	班級：＿＿＿＿＿＿＿ 學號：＿＿＿＿＿＿＿ 姓名：＿＿＿＿＿＿＿

▶活動二 知己知彼

一、104職業適性測驗

由國內知名大學教授、企管職能專家與104資深人資顧問團隊共同研發，是一份藉由自我性格解析進而瞭解個人職場定位的測驗，適用範圍包含自我瞭解、職務推薦、轉職參考、性格特質小提醒與小建議等，請以15-20分鐘的時間，上網〔職業適性測驗〕（網址：https://guide.104.com.tw/personality/）完成該測驗，並透過線上的評量解釋，了解自己的人格傾向與工作性向，作為未來工作選擇的參考。

二、硬實力與軟實力

任何一項職業都包括－硬實力與軟實力。硬實力即職業本身的專業能力；而軟實力則為職業中所需的軟性能力（soft skills），包括創造思考、問題解決、危機處埋、工作熱情、處事積極、幽默風趣、待人謙和、知所進退等，包羅萬象，涵蓋面大，通常都與工作態度有關。試舉一項您最想從事的職業是甚麼？該職業所需要的硬實力與軟實力為何？

（請沿虛線撕下）

三、您覺得硬實力與軟實力哪個比較重要呢？為什麼？你該如何充實這些硬實力
與軟實力呢？

得　分	企業訓練與發展	班級：_____
	課堂活動	學號：_____
	CH3　執照、證書、證照在教育訓練 　　　之角色	姓名：_____

▶活動三　證照達人

　　最近五年，您有哪些證書或證明？有哪些是經過驗證單位發給您的？有哪些是政府單位發給您的？哪些是私人機構發給您的？有些證書或證明是有期限的，期限最短的是哪一張？有多久？您知道這些證書或證明的用途與效力又是如何？

我的證書或證明或執照有：

證書或證明名稱	發證單位	證書有效期限 （請填日期）	該證的用途
1.			
2.			
3.			
4.			
5.			
6.			
7.			
8.			
9.			
10.			
11.			

（本表不敷使用可以寫在背面）

<table>
<tr><td>得　分

</td><td>企業訓練與發展
課堂活動
CH4　員工教育訓練需求評估</td><td>班級：＿＿＿＿＿＿＿
學號：＿＿＿＿＿＿＿
姓名：＿＿＿＿＿＿＿</td></tr>
</table>

▶活動四　職能充電

請拿出一張紙寫出以下問題的答案：

一、您未來最想從事的職業是甚麼？

二、與該職業相關的兩項職業又是甚麼？

三、該職業所需的能力有哪些？

四、您目前具備這些能力嗎？

五、還有哪些能力還不足？

六、您知道該如何補足或提升這些能力嗎？

七、所需的時間成本有多少？

八、所需的財務成本有多少？

九、投入了這些成本之後，您的能力真的有提升嗎？

十、如何確知您的能力真的提升了？

得　分	企業訓練與發展	班級：＿＿＿＿＿＿＿
	課堂活動	學號：＿＿＿＿＿＿＿
	CH5　教育訓練計畫的擬定	姓名：＿＿＿＿＿＿＿

▶活動五　用人唯才

　　為了追求業務成長或取得全球供應鏈下的優勢地位，其中最大挑戰就是如何覓得國際人才，尤其對於新興市場，合格的外派人員需求量日益增加。這個難題同樣發生在某公司的真實案例，過去每當這家公司要拓展新興市場的海外據點，需要中層管理或資深技術人員投入外派隊伍時，這些人大多以子女教育、配偶反對或照顧家庭為由拒絕徵召。公司在不得已的情況下，只好採用威脅利誘的方式，逼迫一些仍有生產力的同仁就範，但大部份並非A級人才。然而，就如同大多數的研究發現，這些被點名的外派人員績效表現往往不符期待，並且耗費勞資雙方相當大的資源在外派薪酬福利及稅務議題上周旋。

　　因此，該公司決定仿效一些跨國企業的做法，聘請國際人力資源總監，同時對公司外部與內部招聘全球自願到東南亞的遠征軍。這位國際人力資源總監透過LinkedIn人脈連結，很快地找到四位合格的應徵者，並運用Skype與這四位來自不同地區的人選進行一對一面談，並探詢真正的外派動機。

　　第一位面試者表示：「我們國家沉淪在選舉文化，產業轉型失利，經濟陷入持續性地停滯……我已看不到任何機會，我必須逃離這裡！」

　　第二位面試者表示：「由於本地的薪資成長緩慢，我希望自己的收入能透過外派加給和相關福利，在短期內快速提升。」

　　第三位面試者表示：「我喜歡嘗試新事物，體驗不同的文化，我有自信可以快速適應當地的風土民情，並融入當地的團隊。」

　　第四位面試者表示：「基於個人職業生涯規劃，此外派經驗有利於我未來在海外的長期發展，並提升全球移動力，我沒有回任的打算！」

　　透過不同的甄選工具，以上四位應徵者無論在專業、語文、人格特質或跨文化融合能力上皆符合公司外派職缺的要求，最大的差別就在於外派動機，分別為「不滿現況」、「追求報酬」、「體驗人生」、「發展自我」。

（資料來源：IHRCI國際人力資源認證協會（2012）。他們為何自願外派？取自http://www.ihrci.org/content/news_show/110）

（請沿虛線撕下）

一、第一位面試者的動機是：

二、第二位面試者的動機是：

三、第三位面試者的動機是：

四、第四位面試者的動機是：

五、如果您是這位人力資源總監您會選擇誰呢？為什麼？

六、拒絕其他三位的理由又是甚麼？

得　分

企業訓練與發展
課堂活動
CH6　教育訓練的基礎─學習理論

班級：＿＿＿＿＿＿＿＿
學號：＿＿＿＿＿＿＿＿
姓名：＿＿＿＿＿＿＿＿

▶活動六　成人學習

請詳閱下面文章後，回答下列問題：

　　陳尚蓉（民98）以行政院農業委員會委託各縣市政府與農會辦理之農漁民第二專長訓練1,200位參訓者為對象進行訓練成效評估，此種大規模調查在國內並不多見，該研究結果指出：工作導向的參與動機、符合需求的課程設計、以及工作環境之支持對參訓成效有顯著的正向影響。當農漁民抱著為提升工作能力、考取專業證照或接受未來新工作挑戰之動機參加符合需求的第二專長參訓，若是回到工作崗位上，工作夥伴能夠給予確實的支持，或是外在環境能夠配合提供相關的資訊與機會，其參訓成效將愈明顯。有趣的是，參訓遷移的成效不會因為不同的性別、年齡、地區、教育程度、主要工作、參與次數與參與班別之間而有差異。而真正影響農漁民第二專長訓練的主要因素反而是：工作導向的參與動機、符合需求的課程設計，以及工作環境之支持。最後，該研究建議農漁民第二專長參訓之規劃應與當地產業的發展與需求密切配合。

（資料來源：陳尚蓉（民98）。農漁民第二專長訓練移轉成效評估。
技術及職業教育學報，2(3)，1-30。）

一、您覺得這樣的研究發現是不是很有趣？

二、如果是您，您會採用甚麼方法調查訓練成效評估呢？

三、在她的研究中，影響成效遷移所評估出來的正向因素是甚麼？

四、除此之外，您覺得還有甚麼可能正向因素？您覺得為什麼是這些因素呢？

五、所評估出來的無關影響因素又是甚麼？

得　分	企業訓練與發展	班級：＿＿＿＿＿＿＿＿＿
	課堂活動	學號：＿＿＿＿＿＿＿＿＿
	CH7　講師教學方法之探討	姓名：＿＿＿＿＿＿＿＿＿

▶活動七　貴人難遇

請詳閱下面文章後，回答下列問題：

　　從事雜誌美術編輯工作有10幾年經驗的張曉義（化名），個性極內向很內向，很少說話，2001年來活力中心的第2年，當年中心的雜誌主編，有一天跟我說：「Tonny，你年紀已有一些了，你應該轉型改變，你不能再從事美術編輯這工作……」，於是叫我自己去開拓業務，自己去想辦法，那時每天自己真的不知道能做什麼？我會做什麼？有將近半年的時間沒事做，所以心裡每天都在恨這位主編。直到有一天，那時的福委會總幹事對我說：「Tonny可否請你來協助福委會處理一些事？」以及在2005年一個偶然機會下認識企劃組同事，希望我可以協助他們形象商圈計畫，並邀請我假日去幫忙，我都答應了，個性漸漸地開朗起來，也很喜歡這工作。那時一直很想進企劃組，但當時組經理及其他同事都反對，因為我只會美編，但不會寫計畫書，歷經半年的努力表現，才總算如願的來到企劃組，可以從事形象商圈這份得來不易的工作，於是每天都工作到凌晨，比別人更努力，什麼事都做，從支援G形象商圈到第一個自己輔導的P形象商圈，我的人生開始有了重大的轉變，我找到工作的樂趣，人生的新方向。經過數年，輔導過這麼多的商圈及累積的經驗，也交出了商圈輔導亮麗的成績單，找到人生的新方向，回想起來，我還真的要感謝當年的雜誌主編，要我改變還有提攜我的同事們，謝謝你們讓我有這樣的改變。

　　（本故事純屬杜撰，如有雷同純屬巧合）

一、您覺得這位雜誌主編是Tonny的貴人？還是排斥Tonny的人？

二、您有沒有類似的奮鬥故事呢？您是否也有改變您人生際遇的貴人呢？可否分
　　享一下呢？

三、您在成長的過程中有沒有遭遇挫折呢？遇到挫折時您是如何因應？

得 分	企業訓練與發展	班級：_____
	課堂活動	學號：_____
	CH8 課程的設計與規劃	姓名：_____

▶活動八 尊重他人

　　上課時，教師準備並提供教材給學生，其目的有三：提供學習者上課學習、幫助學習者課後複習、日後查詢的工具書。但各位可曾想過將這些教師精心設計的教材，讓更多（或日後）的學習者也能看到呢？如此一來，就引發幾個問題：

一、教師所提供的講義或教材，學員可以直接copy嗎？

二、同學的筆記抄得很好，您是否可以直接借來影印？

三、如果在網路上看到別人編寫的講義很精彩，是否可以直接複製印給其他同學使用？會不會侵犯他人的智慧財產權？

四、就引用他人的著作資料時，我們應留意哪些地方？才不至於犯法。

得　分	企業訓練與發展	班級：＿＿＿＿＿＿＿＿
	課堂活動	學號：＿＿＿＿＿＿＿＿
	CH9 教案設計與實務	姓名：＿＿＿＿＿＿＿＿

▶活動九　徵人啓事

請詳閱下面文章後，回答下列問題：

　　在眾多的人力資源管理活動中，招募甄選是少數幾項對企業運作有顯著影響的人力資源管理措施；因為對線上主管（line manager）來說，人才需求若不能即時滿足，將立即影響單位的營運與績效；對企業整體而言，若不能找到適任的人才，除了短期企業經營會受影響外，長期而言甚至會影響一個企業的興衰；因此，如何協助組織可以源源不絕的注入健康的活水以滿足短、中、長期的人才需求，是每位企業主管及人資從業人員都關心的問題。

　　假設您是一位人資專員，現在您的主管希望您能針對公司最近要招募的一批新職缺訂定招募計畫書，請您就招募所需的：(1)人才種類、(2)人數多寡、(3)資格條件及(4)所需預算進行招募規劃。

得　分

企業訓練與發展
課堂活動
CH10　教育訓練的成效評估

班級：_____
學號：_____
姓名：_____

▶活動十　績效評估

請詳閱下面文章後，回答下列問題：

　　公司善用績效衡量，不但可以激勵團隊向目標邁進，持續進步，並且也能向團隊強調公司希望聚焦的重點，引導員工的行為。但是如果處理不好，常常會使得員工在事後感到情緒低落，自信心受損，因為他們無法理解自己的評估為什麼會那麼糟。有幾個一般公司在做績效評估時常犯的錯誤：第一、把績效評估當成年度大事。有很多主管認為績效評估是一年一度的大事，但事實上，很多主管平時不說，等到年度評估時累積了很多的負面意見，才一口氣告訴員工；第二、只重視評估的量化數字忽略了實質的肯定。一直以來，許多主管的錯誤行為，就是將太多的重點放在「年度績效評估」上面，以致於喪失了導正員工行為的先機，讓主管給員工的建議過了時效；第三、以為績效指標的訂定越細越好。很多主管為了強化掌控，陷入了一種迷思，以為指標越多、越細越好，因此將一些不太重要的項目也納入範圍，結果資訊龐雜，讓員工難以確認哪些事情才是重要的。項目過多，也可能誤導員工，養成錯誤的行為模式，追逐枝微末節的小事；第四、不同部門採用相同的績效評估指標。不同團隊之間的績效指標常常互相干擾，組織內的團隊各自獨立，常常讓某個團隊的績效衡量指標，妨礙了其他團隊的表現。舉例來說，如果訂單處理的團隊太過講究訂單輸入的格式，資料的鉅細靡遺，結果可能會導致成員花了太多的時間在處理輸入，影響到後面物流團隊的運作，物流團隊可能就因此延誤了貨物運送的時間，造成顧客滿意度下降，競爭力不足。

（資料來源：新局企管網-績效評估的陷阱。2013年07月03日，
部分內容取自http://www.easy221.com/304.html）

＜背面尚有試題＞

（請沿虛線撕下）

一、想像一下，如果您是主管，您會如何避免這些錯誤呢？

二、除了上述四個錯誤之外，您覺得還有其他的嗎？為什麼？要如何避免這些錯誤呢？

得　分

企業訓練與發展
課堂活動
CH11　臺灣企業訓練品質系統（TTQS）

班級：＿＿＿＿＿＿＿＿
學號：＿＿＿＿＿＿＿＿
姓名：＿＿＿＿＿＿＿＿

▶活動十一　賦權增能

請詳閱下面文章後，回答下列問題：

　　近代管理非常鼓吹賦權（empowerment）的概念，即透過向下授權和參與的過程，期以提升決策速度、能力，與工作滿足感，因此也常被稱作「灌能」。然而，2013年Journal of Cross-Cultural Psychology的一篇研究摘要指出，賦權在強調位階與權力的社會文化下（例如：中國），不僅不易施行，且沒有效果，因為人們普遍認同上位者握有絕對的權力。在西方社會裡，賦權常被當作提升員工工作滿足感的工具，在操作上可分成三種方式：(1)實質賦權（discretionary empowerment）：授與部屬超越其崗位應有的更高決策權力與自主性。(2)心理賦權（psychological empowerment）：讓部屬感受到自己的能力與地位已超越崗位的條件。(3)領導力賦權（leadership empowerment）：讓部屬協助「領導」他人，影響、激勵及支持其他人完成工作任務。研究發現，不同的賦權方式，在不同文化情境下，會產生不同的效果。在重視位階權力的文化下，員工多半習慣由主管決定一切，若對員工進行實質賦權，員工反而容易不知所措，或認為是加重工作負擔，變成一種懲罰。換言之，權力距離愈高的文化會降低實質賦權對員工的價值。不過，在重視位階權力的文化下，員工會將能否影響他人的權力視為一種地位的象徵。因此，有些主管會故意讓部屬去傳達命令，或賦予其拿雞毛當令箭的權力，來激勵或犒賞部屬，通常都能換來不錯的效果。此外，心理賦權具備放諸四海皆準的效果，無論處於權力距離高或低的文化情境下，部屬皆會因被心理賦權而提升滿足感。但在重視位階權力的東方社會下，其影響效果遠不及西方。因為東方社會的權力大多仍來自位階，而非專業能力或個人魅力。

（資料來源：IHRCI國際人力資源認證協會（民102）。員工真的在意賦權嗎？
民103年7月20日取自 http://www.ihrci.org/content/news_show/154）

＜背面尚有試題＞

（請沿虛線撕下）

一、如果您是主管，您希望採取何種賦權？為什麼？這將會帶給部屬甚麼效果？

二、如果您是部屬，您希望您的主管賦權嗎？為什麼？您希望他採用何種賦權來
　　激勵您？為什麼？

得　分	企業訓練與發展 課堂活動 CH12　企業訓練與發展實例	班級：＿＿＿＿＿＿＿＿ 學號：＿＿＿＿＿＿＿＿ 姓名：＿＿＿＿＿＿＿＿

▶活動十二　貨比三家

在詳閱各主要企業的訓練與發展體系後，請回答下列問題：

一、請說出你最喜歡的企業是哪一家？該企業的訓練與發展體系有哪些優點？

二、您覺得哪一家企業的訓練與發展體系不夠健全？為什麼？

（請沿虛線撕下）